—珠光溢彩—

珍珠首饰艺术

PEARL JEWELRY ART

王静敏　汪洋　著

中国农业出版社

北　京

内容摘要

本书是关于珍珠首饰艺术与设计方面的专著。书中全面系统地梳理了中外珍珠首饰发展与演变的历史，并对一定历史时期中外珍珠文化交流的史实加以陈述，在此基础之上，着重分析凝聚在珍珠首饰上的象征寓意及其文化内涵。依据不同的分类标准对珍珠首饰全面系统地进行类型划分，并探讨珍珠首饰的多元化特征。通过从设计创意、造型特征、材质选择、色彩搭配、加工工艺等方面分析，总结了珍珠首饰设计创意及工艺制作方法。此外，本书还从珍珠首饰的选择与佩戴、珍珠首饰与服饰搭配等方面来分析珍珠首饰与流行时尚的关系。全书融知识性与趣味性、理论性与实用性于一体，既适合研究珍珠文化和从事珍珠首饰设计专业人员阅读，也可以作为了解珍珠首饰文化艺术的大众科普读物。

序一

在琳琅满目的珠宝首饰世界中，珍珠以其圆润而细腻光滑、晕彩丰富而柔美以及浑然天成的特质被奉为神奇的珍宝，有“珠宝皇后”的美誉。作为服饰品的重要组成部分，珍珠首饰主要佩戴在人体着装的几个最引人注目的部位，起着“画龙点睛”之妙的点缀作用，不仅能够映衬人们着装之灵气，而且也能够反映出佩戴者的审美品位和时尚特征。因而，珍珠首饰也是时尚文化的真实载体和价值承担者，是人们了解时尚文化最直观、最便捷的途径。随着现在人们生活水平的提高，人们的衣着配饰更注重美观和个性品位，也对首饰品的精神功能和时尚价值有着更高的要求。人们佩戴首饰品，更多的是为了体现身份和品位，表达自己的个性，提升形象，引领潮流。

设计创新在珍珠首饰中的作用是不可忽视的。在时尚行业中，设计师不断地重新诠释和设计珍珠首饰，除了保持一直以来的高贵、优雅和永恒美丽的象征以外，还尝试运用不同的设计手段和工艺，以适应不同的时代背景和审美需求。设计创新不仅让珍珠首饰更加时尚和个性化，还能够创造出更多元化、多样化的款式，提升珍珠首饰的市场竞争力。

众所周知，我国珍珠产业长期以来处于高产量低产值的发展瓶颈，其原因是珍珠产品在设计与加工方面存在滞后、创新力度不够，以至于珍珠附加值不高。现阶段越来越多的从业者开始进行珍珠产品的开发和设计加工，以期我国从珍珠产量大国变为珍珠品牌大国。因此，培养更多的珍珠首饰设计人才、重视珍珠首饰的设计与研发、加强珍珠首饰品牌的铸造是提高珍珠附加值的重要手段。珍珠首饰行业要长远发展，需要高校与地方珍珠产业更好地开展合作，需要更多从业者、设计师、研究者通力合作。浙江农林大学暨阳学院近些年来在探索高校与地方珍珠特色产业融合方面做出可贵的探索。该校坐落于中国珍珠之乡——诸暨市，多年来，一直致力于面向地方特色经济需要培养应用型人才，尤其是面向珍珠产业培养珍珠设计、珍珠营销、珍珠养殖等应用型人才方面，成效显著。该校于2020年与诸暨市人民政府联合成立产业学院——浙江农林大学暨阳学院中国珍珠学院，通过面向珍珠产业需求和整合学校优势专业及学科资源，走出了一条颇具特色的产学研融合发展之路。浙江农林大学暨阳学院中国珍珠学院获评2023年高等教育学会“校企合作双百计划”典型案例，同年又获批浙江省重点支持现代产业学院建设点，在省内外产生重要影响。本书的作者是浙江农林大学暨阳学院中国珍珠学院建设和发展的骨干成员，除了积极参与谋划产业学院发展，组织人才培养方案的制定和实施以外，还一直致力于珍珠首饰艺术研究和教学实践，并把研究成果运用于珍珠特色人才培养，取得了显著成效。本著作即是他们多年来教学和研究成果的归纳与总结，也是近些年来浙江农林大学暨阳学院中国珍珠学院发展与珍珠首饰特色课程建设成果的展示，相信对同类高校在珠宝首饰设计类人才培养方面具有一定的借鉴和启示作用。该著作对珍珠首饰艺术与设计理论进行探讨，不仅对向大众普及珍珠首饰时尚文化和审美常识具有重要的意义，也为首饰设计师的创意思维打开新的思路，为现代珍珠首饰的时尚性创新提供理论依据和参考。

中国珠宝玉石首饰行业协会副会长、秘书长

毕立君

序二

本书是一本较为全面研究珍珠首饰艺术与设计方面的专著。作者在大量搜集与查阅文献基础之上，全面系统地梳理了中外珍珠首饰发展与演变的历史，并对一定历史时期中外珍珠文化交流的史实加以陈述，展现其源远流长、绚丽多彩的艺术风貌。同时，作者又从权力符号、民俗文化、人生礼仪等多维文化视野，着重分析凝聚在珍珠首饰上的象征寓意及其文化内涵。

对于珍珠首饰的类型、特征及价值，书中也进行了全面的整理与总结。依据不同的分类标准（如装饰部位、工艺手段、艺术风格、使用对象等）对珍珠首饰进行全面系统的类型划分，并探讨珍珠首饰的装饰性、情感性、适用性、审美性、技艺性等多元化特征。珍珠首饰的价值主要包括人文价值、艺术价值、鉴藏价值、品牌价值等。

珍珠首饰设计是一门艺术，需要设计师具备扎实过硬的专业知识与专业技能，更需要创造力和艺术灵感。珍珠首饰设计不仅要款式新颖、造型美观，充分展现珍珠自然、质朴、圆润之美，而且要注重情感传递、与自然元素融合、与时尚结合以及与品牌的传承关系。

珠宝首饰主要具有装饰美化功能，但同时也起着情感传递的作用。珠宝首饰是情感的载体与纽带，把设计者、观赏者、佩戴者的情感紧紧联系在一起。特别是在当代社会，随着生活水平的提高和审美需求的多元化，人们越来越趋向于追求超越物质之上的带有精神慰藉的设计产品。对于首饰设计来说，情感的表达与诠释尤为重要，一件好的珠宝首饰产品，不仅其本身具有价值和装饰功能，而且往往是丰富情感的融合和注解，成为人们喜爱并能打动人心灵的作品。设计师是情感的引导者，这也意味着珠宝首饰设计应注重情感的表达，并通过形态、结构、肌理、色彩等造型语言加以表达，让首饰品与佩戴者、观赏者产生情感的共鸣，使首饰设计可以满足人的情感需求，在情感交流中发挥重要作用。

当代珍珠首饰设计对自然元素的偏爱已蔚然成风，这缘于人们对自然的认识更为理性，更为自觉。自然元素与首饰设计融合不只是在形式上对自然材料的应用，而且也是对自然精神的诉求，是托物言志，传达情感与意趣，以表达对客观自然世界的看法和态度。通过“人类第二表情”的首饰，能够实现与自然对话，体现自然回归精神。所以，以自然为主题、融入自然元素的珍珠首饰不再只是作为纯粹意义上的装饰首饰，它在从形式和功能上给人们带来身心愉悦和温馨享受的同时，也体现着人与自然和谐统一的深层次心理需求。

珠宝首饰创意设计离不开对工艺方面的开拓创新。我们在传承与发扬优秀传统珠宝首饰工艺的同时，也要注重新材料、新工艺的开发利用，特别是要善于利用当代科技最新成果，创造出别具一格、令人耳目一新的珠宝首饰，如珍珠雕刻与刻面工艺、融合智能化工艺等，都是新工艺的体现，以满足当代消费者求新、求变的猎奇心理。

在进行珍珠首饰创意设计时，我们还应注重品牌的传承。

目前市场上珍珠首饰品牌繁多，竞争异常激烈，但耳熟能详的大牌珠宝首饰却屈指可数，很多品牌特色不够，同质化现象严重，没有市场竞争力。因此，设计师在进行珠宝首饰创意设计时，要注重保持珠宝首饰设计品牌风格的独特性、一致性，并不断延续传承，要借鉴世界知名珍珠首饰品牌发展模式，加强品牌风格定位，尝试与国际知名的设计师合作，通过锐意创新和大胆尝试，设计制作一系列能代表品牌形象的款式新颖、工艺精良、品牌内涵丰富的高级典藏珠宝，不断加强品牌推介与宣传，以品牌的吸引力影响商家和消费者，以振兴珍珠首饰产业和提升珠宝的价值。

珍珠首饰与时尚之间的相互关系非常密切。时尚影响着珍珠首饰的设计和流行趋势，而珍珠首饰也影响着时尚的流行趋势和设计风格。这种相互影响的关系推动了珍珠首饰和时尚界的共同发展和创新，珍珠首饰成为时尚潮流中不可或缺的重要元素。时尚是历史性的，会随着时代发生变迁，这就需要设计师敏锐地把握时尚发展趋势，在造型款式、材料和工艺方面开拓创新，创造出具有时尚感和现代感的珠宝首饰。

中国珠宝玉石首饰行业协会专职副会长、
中宝协珍珠分会会长

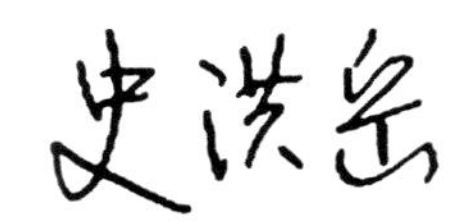

目录

第一章 | 珍珠首饰的历史与文化

一、珍珠首饰的发展与演变

（一）中国珍珠首饰发展简史

中国是最早发现和使用珍珠的国家之一，历经几千年的中华文明，形成了源远流长的珍珠历史文化。在古代中国，把珍珠用作首饰是最重要的表现形式，成为中华珠宝首饰百花园中的一朵灿烂的奇葩。珍珠的珠圆玉润、莹润光泽，衬托出雍容华贵之美。珍珠通常可以与彩色宝石组合搭配而被镶嵌在金、银上，制成冠饰、头饰和日常生活各种首饰品，造就了千姿百态的珍珠首饰样式，演绎了一段绚丽多彩的珍珠首饰发展史。

1.远古到先秦时期

对珍珠首饰发展史溯源离不开对珍珠采集与利用的历史考证。大约在6 000年以前，华夏远古先民就开始采集和利用珍珠了。据《海史·后记》记载，传说中的五帝之一——禹，曾定“南海鱼草、珠玑大贝”为贡品。从中可以解析出，南海不仅盛产鱼类，也盛产珍珠的贝类，而且采集的贝类珍珠主要是作为贡品献给帝王。《尚书·禹贡》也记载："厥贡惟土五色，羽畎夏翟，峄阳孤桐，泗滨浮磬，淮夷嫔珠暨鱼。"其中"淮夷嫔珠暨鱼"之"嫔"是指"蚌"，意思是在淮河流域就有淡水河蚌珍珠出产，而且当时珍珠也是作为献给皇室的贡品。在古代，珍珠被人们看作比金子还要贵重的物品，历来就是帝王的专宠，更是帝王刻意追求的至宝。《墨子》载："和氏之璧，夜光之珠，三棘六异，此诸侯之所谓良宝也。""夜光之珠"指的是"隋侯之珠"，有学者考证这里的"珠"就是珍珠[1]，并说明了其珍贵价值之所在，以及诸侯国视其为珍宝的史实。另外，《诗经》《山海经》《尔雅》《管子》等书都有对珍珠的相关记载。

珍珠被用作首饰品的历史，可溯源至周朝初始，也就是距今3 000年左右。据唐代宇文氏编《妆台记》载："周文王于髻上加珠翠翘花，傅之铅粉，其髻高名曰凤髻"。由此可见，在周文王时代关于女性的妆容方面，不仅要抹脂粉，而且要把头发挽结起来梳成凤形，并以珍珠装饰发髻，这种发饰称为"凤髻"。

春秋战国时期，也有珍珠作为装饰品使用的记载，在《尔雅·释器》中云："以金者谓之铣，以蜃者谓之珧，以玉者谓之圭。""蜃""珧"均指海中的贝类水产。《说文》云："蜃属，谓之珠者也。谓老产珠者也。一名蚌，一名含桨，周礼谓之（豸卑）物。"从中

[1] 如此考证的理由有以下几点：①《太平御览》引《墨子》佚文云："隋之明月，出于蚌蜃"，以此为依据而认为隋侯珠即珍珠。②支持者还认为隋侯珠不像和氏璧那样经过了"理"和"琢"，它的出现没有什么波折可言，因为它就是一颗天然之"珠"。"隋珠弹雀"之说，更证明隋侯珠是天然的"珠"体。③有学者考证，随州地区存在古代大型深水湖泊和云梦古代蓄水工程遗址，具有天然淡水珍珠贝的良好生存环境，有出产径寸（周朝时1寸等于2.3cm）大珍珠的可能。④西汉《说苑》载："径寸，绝白而有光，因号隋珠"，说明隋珠符合珍珠特征。⑤《战国策·秦策》载："周有砥厄，宋有结绿，梁有悬黎，楚有和璞。此四宝者，工之所失也，而为天下名器。"而唯独没有写隋侯珠，间接地说明隋侯珠是颗天然的大珍珠。⑥《天工开物》载：珍珠五分至一寸五分为大品，古称"明月珠"或"夜光珠"，白昼晴明之时，有光一线闪烁不定。以上内容参阅周波《揭秘随侯珠——随侯珠既是陨石钻石夜明珠又是神眼琉璃珠》一文，随州炎黄文化研究会-随州炎帝神农网（http://www.szydsn.com/portal.php?aid=108&mod=view）。

可以看出，河蚌珍珠在战国已作为饰品使用。楚国有人把珍珠比喻为玉女，珍珠的美丽和纯洁进入审美视野。珍珠可以展现女性之美，也表明了当时我国妇女已使用珍珠作装饰品。此外，该时期珍珠有用作鞋饰的记载，《史记·春申君列传》载："春申君客三千余人，其上客皆蹑珠履以见赵使，赵使大惭。"《晏子春秋》载："景公为履，黄金之綦，饰以银，连以珠"。这些贵族所穿的鞋上以金丝为鞋带，用银来装饰，用珍珠来连接，且数量不在少数，也反映出其生活的奢侈浪费。

2.秦汉时期

从秦、汉两朝开始，珍珠饰品在上层社会中逐渐普及，珍珠成为珍贵和身份的象征，帝王贵胄尤其以佩戴珍珠为荣，珍珠成了帝王将相、达官贵人的奢侈品和至善至美的装饰之物。

西汉时期，皇族诸侯将珍珠视为珍宝，日常生活如衣、住、行等都以珍珠作为装饰。汉高祖作为一代君王，对珍珠的喜好与追逐尤甚，为了得到一颗珍珠，他甚至动用皇权不择手段地据为己有，可见珍珠在当时朝野的分量。对珍珠的竞相追逐也在朝廷中助长了一种攀比的奢靡之风，据相关记载，汉高祖夫人吕雉对珠宝十分喜爱，曾用"五百金"从会稽珠贩那里购买了一颗"三寸大珠"；鲁元公主听说后有些不甘示弱，竟花费"七百金"购买了一颗"四寸大珠"来与吕雉攀比。西汉晁错曾在给汉文帝的奏疏上写道："夫珠玉金银，饥不可食，寒不可衣，然而众贵之者，以上用之故也。"从这段文字里可以看出，一方面晁错把珍珠放在玉器金银之前，另一方面指出虽然珠玉金银没有"可食""可衣"等实用价值，但皇上却喜欢用这种"饥不可食、寒不可衣"之物，主要因为珍珠是天赐宝物，不易得到，所以珍珠的价值之高甚至超过玉器金银。史载汉武帝也曾表现出对珍珠的狂热追逐。例如《汉书》中提到汉武帝使人"入海市明珠"，大珠至围二寸以上。《述异记》载汉武帝喜爱径数寸的明珠，"明耀绝世矣"。皇帝利用自己的特权和身份得到的珍珠，自然是绝世的珍品，这也说明汉武帝对珍珠的偏爱。

以珍珠装饰皇冠可以从出自唐代人所作的汉光武帝画像（图1-1）得到印证。据说这幅画像描述的是公元25年汉光武帝称帝时的场景，其所戴王冠前后均挂满了珍珠，由此可以推测，在这前后的历朝皇帝戴有挂满珍珠的王冠已是很普遍的现象。帝王对珍珠的喜爱，自然给了大臣利用珍珠向帝王“献媚”的机会，史载东汉桂阳太守文砻就曾向汉顺帝“献珠求媚”。《后汉书》中也有关于珍珠作为饰品的记载，而且珍珠并不局限于首饰品，还被广泛用于服饰、礼服和出行工具上。《汉书·霍光传》记载：“太后被珠襦，盛服坐武帐中”，珠襦就是用珍珠缀成的短袄，这是当时皇室盛行的穿着，也是特权阶层享有的荣华奢靡。皇帝除了所戴皇冠用珠帘装饰以外，所穿朝服更是镶满了珍珠，珍珠已渗透到皇帝生活的方方面面，比如东汉孝明帝车辇上的垂帘用珍珠串成，皇帝所穿礼服连同太后、皇后、公主以及嫔妃拜谒太庙的礼服也都镶有珍珠。此外，王公大臣也以穿戴珍珠表示其尊贵的身份和权力地位，当然，不同级别的官员所使用的珍珠的数量和大小都有严格的规定。

3.隋唐时期

珍珠用作首饰，在隋唐时期越来越成为普遍的现象，珍珠色泽莹润、形态浑圆，尽显珠光宝气，能衬托出女性雍容华贵之美。隋朝时宫人戴有一种名为“通天叫”的宫帽，上面插着琵琶钿，下面垂着如杨柳状的珍珠，“昨日官家清宴里，御罗清帽插珠花”指的就是这种帽子。此时，花丝工艺与珍珠的结合成为这一时期首饰的重要内容之一，其主要的代表是隋朝李静训墓中出土的饰品。例如这件“嵌珍珠宝石金花蝶头饰”（图1-2），金冠饰插满了用粗金丝编成的花枝，花枝上缀有许多用金箔、银箔剪成的5瓣花朵，花蕊中镶嵌珍珠，金冠饰的顶部有一只呈飞翔状的蝴蝶，蝴蝶的眼睛也是用珍珠镶嵌。此外，还出现了珍珠项链，如隋朝李静训墓中出土的一件鸡血石珍珠项链（图1-3）。该项链由28个金质球形链珠组成，每个球形链珠上又

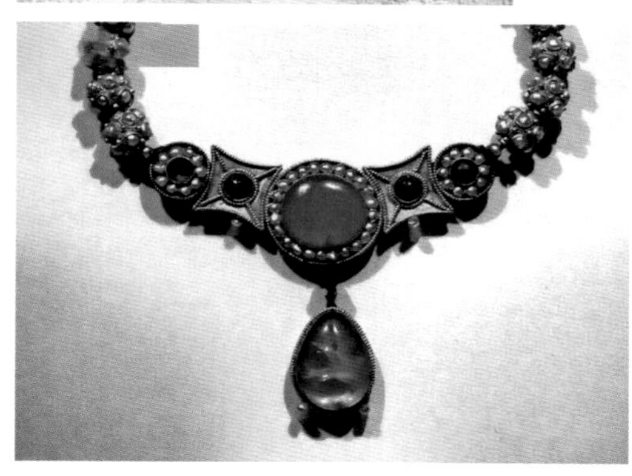

1 | 2
3

图1-1　汉光武帝画像
图1-2　隋朝嵌珍珠宝石金花蝶头饰
图1-3　鸡血石珍珠项链

各嵌10颗闪闪夺目的珍珠，在项链下端居中的大圆金饰上镶嵌一块晶莹的鸡血石，在鸡血石四周嵌有24颗珍珠。这件精美的项链据专家分析，可能来自西方，因为此时的拜占庭帝国首都君士坦丁堡的珠宝加工盛行，同时期有一款项链也使用了祖母绿、珍珠和大量的海蓝宝等珠宝镶嵌。

唐朝是中国封建社会的鼎盛时期，政治上十分清明，经济、文化出现繁荣的局面，对外实行比较开放的政策，中外交往频繁，贸易发达，社会安定祥和。在这样的社会背景下，女性意识开始觉醒，社会风气包容开放，女性地位开始提高，贵族妇女们常常身着华丽的服装、佩戴精美的饰品和装扮靡丽的妆容出现在公众场合，来展示自我风采、价值与自信。珍珠作为重要宝石，普遍被用来装饰冠饰、头饰、耳饰、颈饰等。例如，唐朝公主李倕，系唐高祖的第五代孙女，考古发现其使用的凤冠饰（图1-4）使用了包括绿松石、琥珀、珍珠、红宝石、贝壳、玛瑙等珍贵珠宝达370多颗，其中的珍珠等宝石大多从波斯、拜占庭帝国（《旧唐书》中指拂菻国）和斯里兰卡（《新唐书》中指狮子国）等国进口。其珠宝品类丰富、雕琢精巧、珍珠镶嵌工艺考究，据专家推测可能是其父亲（唐朝嗣舒王）送给她的陪嫁。珍珠耳饰也开始出现，例如，扬州博物馆收藏一件出自唐朝中后期的镶有珍珠的耳坠，采用花丝镶嵌技艺制成，该耳坠华丽精美、繁荣高贵（图1-5）。珍珠耳坠由穿环、镂空金球和坠饰三个部分组成。耳坠上部穿环断面呈圆形，直径达到2.4cm；在环下穿两颗珍珠对称而置，中部镂成金丝花球状，球径1.6cm；在花球腰部中线的位置，等距离镶嵌了6个红宝石以及焊接了6个小金圈，每个小金圈上各垂挂一串宝石。此外，在花球底部中心小金圈上也垂

图1-4　唐朝公主李倕冠饰上的珍珠

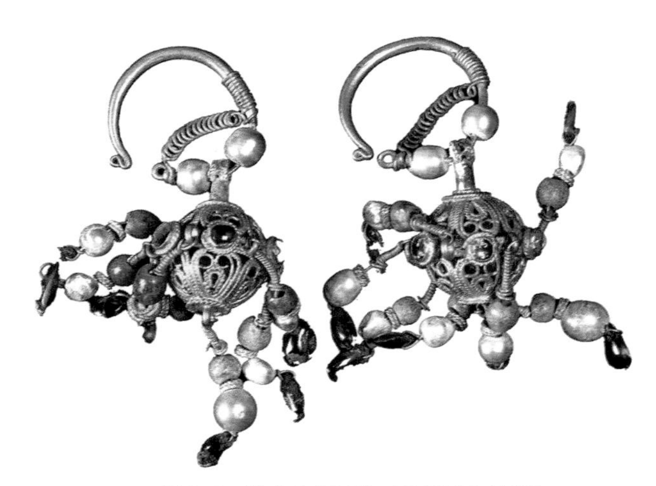

图1-5 嵌珍珠金耳坠（扬州博物馆藏）

挂了一串宝石，每串配以牛肉红宝、珍珠、料珠各一颗。该耳坠制作精细，装饰华丽。但值得注意的是，唐朝汉族女子不尚穿耳，也无耳环，这件在唐墓中出土的文物据专家考证大概率为少数民族的遗物。此外，唐朝妇女间还广为流行一种首饰，名为“花钿”。花钿在魏晋南北朝时期就出现了，是我国古代女子用来贴在两鬓、眉间或面颊上的一种花朵形装饰物，在唐朝时期发展到顶峰，“春阴扑翠钿”“眉间翠钿深”“鹅黄剪出小花钿”等诗句都是对唐朝妇女贴花钿的生动描写。简单的花钿仅是一个小小的圆点，高档的花钿采用金箔片、珍珠、鱼鳃骨、鱼鳞、茶油花饼、黑光纸、螺钿壳及云母等材料制成各种花朵形状[1]，珍珠是用来点缀装饰花钿的。此外，唐朝也有用珍珠点缀装饰金、银制的头簪、耳环等首饰。

4. 宋元时期

宋代物质丰盈，百姓富庶，无论朝廷还是民间，使用珍珠制作

---

❶ 李家乐，白志毅，刘晓军．珍珠与珍珠文化［M］．上海：上海科学技术出版社，2015．

首饰的风气都很浓，社会各阶层对于珍珠需求旺盛。不仅在广西、福建、海南等地设采珠场，而且设采珠专官，又置海舶司官。同时宋代强大的造船能力，带来航海业的发达以及商业外贸的兴盛，通过海外贸易可以大量购买珍珠和其他奢侈品。而在宋代民间，珍珠贸易也很兴盛，追忆南宋都城临安（今杭州）城市风貌的著作《武林旧事》记录了临安交易珍珠动辄“数万”的情形，以及临街商铺和首饰行加工制作、售卖珍珠装饰品的繁荣市景。在宋代宫廷绘画中，可以发现贵族女子用珍珠来装饰头冠，或用作面饰，甚至连普通侍女都用珍珠首饰，皇家更是用珍珠装饰衣服和椅垫。例如，南薰殿旧藏的帝后画像中有宋徽宗郑皇后像，头上的凤冠满饰珍珠，两颊和额头也以珍珠为妆靥，显得淡雅清秀而不失奢华。

宋代女子装扮流行“珍珠妆”，这是对唐朝花钿妆的一种改良，即将数颗珍珠贴于额头、鬓角与脸颊上妆容，粘贴珍珠的位置基本上沿袭了唐朝女子装饰花钿的位置。宋代珍珠花钿妆的装饰风格已与唐朝迥异，偏向于清秀质朴的素雅格调，不如唐朝华彩艳丽。正如宋代词人晏几道（1038—1110年）在《菩萨蛮·娇香淡染胭脂雪》中所描写：“娇香淡染胭脂雪，愁春细画弯弯月。花月镜边情，浅妆匀未成。”该词句描绘出宋代妇女涂脂抹粉、精心化妆的情景。白皙的肤色，浅浅的腮红，弯弯细柔的眉毛，充分地展现了女性的内敛含蓄与素雅秀美。

宋代女性妆容的审美特点与整个社会的政治、经济、文化背景不无关系。宋代由于理学盛行，不仅改变了宋代人的生活与思考方式、思维模式，也连带改变了审美风尚，尤其是对女性的思想、生活、审美层面产生了巨大影响。如苏轼（1037—1101年）曾说“是故幽居默处而观万物之变，尽其自然之理”，以“观物必造其质”的思维方式，冷静而深沉地观察自然万物变幻，并从中体悟自然中的道理。有了追求自然的思想转变，导致宋代人普遍偏向清秀质朴、平淡天真的审美趣味，使得宋代女子妆容极为素雅，尽管仍有额黄、鸦黄（妇女

图1-6　珍珠花钿妆

涂额头的黄粉）、眉黛、红粉、口脂与花钿等妆扮，但用色上相当典雅。特别是珍珠色白，质地温润，又与三白妆相得益彰，所以珍珠妆成为后妃命妇们流行的妆容。这样的打扮可以从后妃命妇的画像看到（图1-6）。这些珍珠都是天然的，极为稀少和珍贵，又大又圆的珍珠更是万里挑一，是比黄金更贵重的奢侈品。因此仅限于宫廷女子和贵族妇女才能使用珍珠妆，平民女子的“珍珠妆”则在面颊上贴花草、榆钱来代替珍珠。

宋代从宫廷到民间，还流行在胸前佩戴名为“珠璎”的配饰。其款式是项圈、项牌与珍珠组合出丰富多变的样式，走起路来丰姿摇曳，顾盼生辉，别有一番风采。该首饰广泛流行于社会各个阶层，从王公贵族到民间妇孺，都流行佩戴珠璎。对此，宋代曾有“元宵观灯之后，满地遗珠”的盛况描述。由于社会普遍盛行佩戴“珠璎”配饰，对珠子的需求量自然就显著增大，这样也就带动了珠宝行业的繁荣，甚至出现了专门给珠子穿孔的“散儿行”的职业。再从首饰制作材料和工艺的精美程度来看，民间所出饰品与皇家所出几乎不相

图1-7 “罟罟冠”上的珍珠装饰

上下，难以区分品质优劣、价值高低。

元代对珍珠使用仍不逊于宋代，无论宫廷还是民间，对珍珠的需求量十分巨大，甚至珍珠资源一度枯竭，出现“采集千百螺，罕见其一”的现象。元代统治者在金玉局下面专门设有“管领珠子民匠官”，掌管“采捞蛤珠”即天然珍珠一类，延祐四年（1317年）十二月复置廉州采珠都提举司，专事采珠。元代妇女偏爱珊瑚、珍珠一类的有机宝石，她们用珍珠宝石来装扮衣饰，彰显身份。其中贵族妇女所戴的“罟罟冠”一般都以珍珠作为最重要的装饰（图1-7）。例如，这幅贵族妇女佩戴“罟罟冠”的画像十分雍容华丽，冠体主要由帽子、披幅、冠顶装饰、掩耳垂珠、冠帽装饰品等部分构成，其形态冠头高耸、形如鹅头，前面正中位置用珍珠花装饰，帽顶也用珍珠花点缀，两侧挂长长的掩耳垂珠串，耳为大颗珍珠坠。由于它位于最起眼的部位，最能反映出佩戴者的身份、地位和经济实力[1]。元代蒙古妇女佩戴珍珠耳饰也较为普遍，据记载，元太祖成吉思汗的第三子——窝阔台汗宠爱的木格哈敦“耳边戴着两颗珍珠”。元代耳饰制作讲究，主体部分以装饰为主，工艺材料以珍珠、玛瑙、绿松石等宝石镶嵌或雕琢成装饰纹样，连接主体部分则弯曲成曲柄形弯钩。此外，还出现一种垂珠式耳饰，在之后成为明清时期的主要样式。元代民间则延续宋代以来的“珠璎”样式，大多也是用珍珠装饰。

[1] 杨静兮．元大都蒙古族妇女服饰探究［J］．首都博物馆论丛，2014（00）：312-318．

5. 明朝时期

明朝时期珍珠更是受到社会各阶层的重视和喜爱，其受喜爱程度甚至超过了黄金。正如《合浦县志》中这样描述：“卖珠之人千百，产珠之池一，而用珠之国及于东西南朔。富者以多珠为荣，贫者以无珠为耻，至有金子不如珠子之语。”明朝时期珍珠不仅被广泛用于日常佩戴装饰，而且作为私人收藏、馈赠礼物之用，此外，美容、丧葬同样会使用大量珍珠，因此对珍珠的开采也达到了空前阶段。明朝历代皇帝几乎都设有采珠令，据记载隆庆年间，朝廷曾下令仅广东一地就需采珠8 000两[1]以供宫廷使用。珍珠作为贡品和赏赐品也十分常见，如永乐皇帝曾接受苏禄王朝贡的大珍珠，他同样也以珍珠赏赐给皇亲国戚和大臣，永乐四年他一次性就赏赐给蜀王珍珠多达192两。

明朝使用珍珠风气之盛，可以从冠饰方面得到体现。例如明十三陵定陵出土的明神宗孝端皇后佩戴的龙凤冠（图1-8），造型繁缛庄重，工艺制作精美。用漆竹扎成胎帽，前部饰9条金龙，下有8只点翠金凤，加上后面1只金凤，一共9只。翠凤下又用3排以红蓝宝石为中心的珠宝钿装饰，其间点缀翠兰花叶。金龙、金凤均口衔珠滴，亦如金龙腾跃于翠云之上，金凤翱翔于珠宝花丛之中。龙凤冠总体镶有5 000多

图1-8　明神宗孝端皇后佩戴的龙凤冠

[1] 明朝时期一两等于37.8克。

颗珍珠及100多块红蓝宝石，显得金翠交辉，富丽堂皇。

此外，明代嵌珍珠金耳饰也较为普遍，通常结合细金工艺制作而成，采用了累丝、錾刻、炸珠、焊接、锤鲽、掐丝、镶嵌等工艺。在造型设计及工艺技法等各方面工巧细致，达到相当完美的程度。明代宫廷珍珠镶嵌金耳饰款式多种多样，有珠排环、八珠环、四珠葫芦环、梅花环、垂珠耳饰等，其形制依据不同身份品级择而戴之。

①珠排环。珠排环即以珍珠呈一字排列而成的耳环，最早出现在宋代。宋明时期珠排环是规格最高的一种耳饰，一般人不能佩戴。明代在服饰上力求恢复唐宋旧制，《大明会典》“冠服”部载：皇后受册、谒庙、朝会时礼服所配耳饰为“珠排环一对”，皇太子妃礼服所配耳饰为“珠排环一对”。[1]在故宫所藏“中东宫冠服”中，有珠排环具体明确样式的图像（图1-9），环脚呈S形，连接环脚并贴近耳部配以珍珠翠叶花饰或梅花饰，其下坠以7颗珍珠串儿，在珍珠串末端坠大珠一颗[2]。

②八珠环。八珠环为一只耳环嵌四珠，两耳共嵌八珠的款式。“八珠环”最早出现在《朴通事谚解》一书中，书中对“八珠环”的注解为：“珍珠大者，四颗连缀为一只，一共八珠。”明代宫廷亦继承此样式，《大明会典》“皇帝纳后仪”所备礼物中即有“八珠环一对”。台北故宫博物院所藏明孝贞纯皇后像、孝康敬皇后像、孝静毅皇后像、孝洁肃皇后像，所戴均为形制规整的金镶八珠环。《天水冰山录》中，也有“金宝八珠耳环一双”“金镶八珠耳环四双”记载。如江西南城明益宣王墓出土的孙妃“金镶八珠耳环”（图1-10），形制规整对称，环脚呈弯钩状，其下各缀4颗珍珠，中间缀宝石一颗，与历史文

---

[1] 千姿百态！不容忽视的古代女子耳畔风景（https://www.sohu.com/a/361797668_743805）。

[2] 李芽．明代耳饰款式研究［J］．服饰导刊，2013，2（1）：13-22．

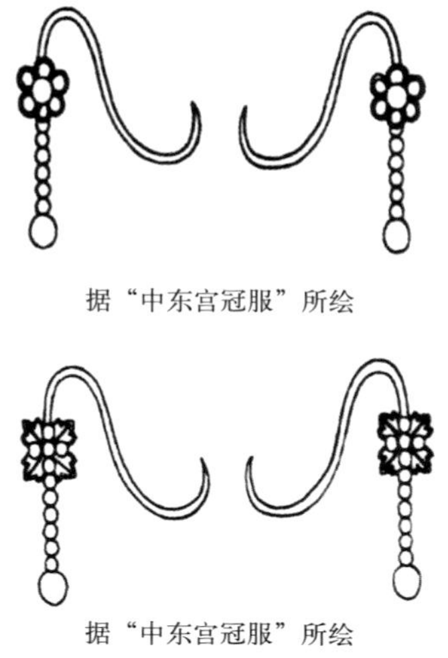

图1-9 “中东宫冠服”中的排珠环样式

图1-10 金镶八珠耳环（明益宣王墓出土）

献中所记载的及皇后画像中所呈现的款式基本相同❶。

③四珠葫芦环。四珠葫芦环又称“四珠环”“葫芦环”。其形制与八珠环相似，每只耳环由两颗珠子穿成，一对耳环共四珠，形如葫芦状，故称为“葫芦环”。古代葫芦有子孙繁衍的象征，因而“葫芦环”是已婚妇女比较隆重的饰物，在元代宫廷中亦已流行，至明代则成为宫廷中最为流行的一种款式，一般为后妃朝服正装时佩戴。《大明会典》“冠服”部载：皇妃礼服和亲王妃礼服所配耳饰皆为“梅花环、四珠环各一对”。《大明会典》“皇帝纳后仪”所备礼物中提到“四珠葫芦环一双”。此类耳饰形制也在明代宫廷画像中得以体现，如明太祖孝慈高皇后、明成祖仁孝文皇后、明仁宗诚孝昭皇后等，所戴均是金镶四珠葫芦环（图1-11）。其形制上部为斜长S形金脚，金脚弧形较小的一端连接两颗上小下大的珍珠串成葫芦状，葫芦顶端覆盖金叶，亚腰处用细金圈装饰，下端又用金叶托底。

❶ 李芽．明代耳饰款式研究［J］．服饰导刊，2013，2（1）：13-22．

图1-11　明太祖孝慈高皇后所戴四珠葫芦环

图1-12　金镶珠宝琵琶耳环

④金镶珠宝琵琶耳环。在明代还出现一种金穿珠宝耳环。该首饰整体用金丝做成琵琶的造型，上面用珍珠和宝石点缀装饰，显得简洁而又轻巧，故称为金镶珠宝琵琶耳环。考古学者在甘肃、湖北、江苏、江西都有发现这一款式，所以其是广为流行的一种款式。此件耳环出土于江西南城明益端王朱佑槟墓（图1-12），其形制简洁，工艺也不太过复杂，三角形金丝框架用金丝上下左右盘绕成形，两边各串两颗珍珠，在金丝框架与长长金脚交汇处又串有一颗形如伞盖的绿松石，起着点缀与呼应的作用，和下边三角形的金丝框架相映成趣，虚实交映。

6.清朝时期

随着历史的发展，珍珠用于首饰品在清朝发展至巅峰。清朝皇室曾经居住与生活的东北地区有珍珠出产，被称为东珠。东珠属于淡水珠，色白而透明度较差，粒径最大可达16mm，因其产于满族发源地的黑龙江和松花江等流域，且产量极少，所以在清朝受到特别推崇，成为皇室典章制度中代表品秩所用的珠宝。这些珍珠虽然是淡水珍珠，但是深受清朝皇室的喜爱。他们认为东珠产自皇家故土，是珍珠中的至尊，只有皇家、贵族方可使用。清朝皇室专门在东北设机构、配人员、拨银两，由官方垄断着东珠的采集，所有采集的东珠都要上交宫廷，严禁一般民众使用。“对于采集的东珠，按照质量、个头，分为一、二、三、四等级别。一等东珠只有皇帝才能享用，一般都用在朝冠上。二、三等东珠则用于清朝皇后冠饰和配饰。”[1]

清朝皇室广泛使用珍珠作为首饰或作为装扮衣饰之用，宫廷有专门用以加工珠宝的作坊，其工艺加工水平极高。珍珠用于皇室女性装饰品和首饰品的种类繁多，主要分为冠饰、头饰和日常首饰三大类。

（1）冠饰

①凤冠。清宫后妃所戴的礼冠，虽然延续了明代凤凰首饰的做法，但形制与汉族传统冠式有很大差异，其称谓在官方的典制中并不叫凤冠，而是称为朝冠，分为冬、夏两式。故宫珍宝馆藏有一顶金嵌珍珠皇后冬朝冠（图1-13），通高30cm，口径23cm，冠为圆式，帽檐上仰，貂皮为地，覆以朱纬。与明代皇后凤冠相比，清朝皇后朝冠有冠顶。冠顶有三只重叠的金凤，顶尖镶嵌大东珠一颗，下面每层间也各饰东珠一颗，所有金凤口中衔东珠一颗，头部、翅膀各饰东珠两颗，尾部也均饰有珍珠若干。朱纬周围缀金凤7只，其上饰猫睛石各一块，东珠各9颗，尾部同样饰有珍珠。冠后饰金翟一只，猫睛石一块，尾饰珍珠数颗。此朝冠使用东珠88颗、珍珠516颗，以及猫睛石、青金石、珊瑚等珍贵材料，结合精美的金累丝镶嵌技艺制成，显得异常繁复奢华、熠熠夺目、精彩绝伦。

②凤钿。凤钿是清朝旗人成年女性所佩戴钿子的一种。所谓钿子，是用金、玉、珠宝制成的冠饰，在构造上分为钿胎和钿花。钿花是在钿胎上镶嵌的珍珠、宝石、凤簪、点翠等组成的吉祥纹饰。根据镶嵌的珠翠宝石数量多少，钿子又分为凤钿、满钿、半钿、挑杆钿子

[1] 苑洪琪．珍珠与清代后妃首饰［J］．中国宝石，2001（3）：57-59．

图1-13 金嵌珍珠皇后冬朝冠

四种。凤钿是指钿子的装饰钿花为凤凰纹样，通常凤钿为皇后、太后所戴，是最高等级的钿子。如故宫珍宝馆藏“金累丝嵌珍珠宝石五凤钿”（图1-14），该凤钿高14cm，宽30cm，重671g，以黑丝骨架上金地翠鸟羽毛点翠为底，前部缀5只累丝金凤，上嵌珍珠、宝石，凤口衔珍珠、宝石、流苏。金凤下排缀9只金翟，质地为金外镀银质，形体较小，口中衔着用珍珠、珊瑚、绿松石等贯穿的流苏。此钿子用大珍珠50颗，二、三等珍珠几百颗，宝石200余块，极尽奢华之能事。

③帽花。清宫后妃的冠帽除了朝服冠、吉服冠外，还有便帽。与朝服冠、吉服冠严格按照等级制作与佩戴相比，帽花具有随意性。如这件“金嵌珍珠宝石帽花”是套在便帽上的装饰品（图1-15）。该帽花整体呈圆形，纹饰分为内外两层。内层由翠片、碧玺组成6只蝙蝠，蝙蝠头顶嵌珍珠，两侧各有寿桃一个；外层8个如意头纹饰，内由翠片、碧玺组成花朵；内外纹饰边缘满缀米珠（天然小珍珠），桃、蝠纹寓意“福寿万年”。

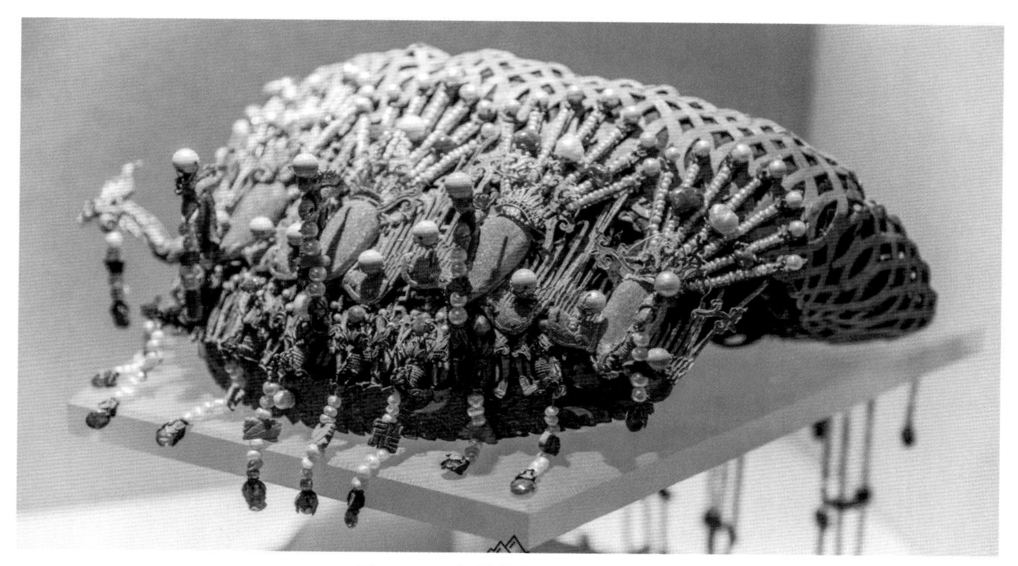

图1-14　金累丝嵌珍珠宝石五凤钿

图1-15　金嵌珍珠宝石帽花

（2）头饰

①金约。金约是清朝后妃穿朝服时佩戴的头饰之一。在戴朝冠时需先戴金约，用来束发。金约形似圆圈发卡，由金箍和后部垂缀的贯珠两部分组成（图1-16）。金箍上镶嵌若干镂雕云纹的金托，其上云纹中间镶嵌东珠，作为区分后妃等级的标志，不同后妃等级在东珠的数目以及脑后所垂的贯珠形制上有明显的区别。比如，皇后的金约为镂金云十三，串珠五行二就（即垂珍珠五串，称五行；以青金石等玉石作为分节点，将珍珠分为上下两段，称二就）；皇贵妃、贵妃为镂金云十二，串珠三行三就；妃为镂金云十一，串珠三行三就；嫔为镂金云八，串珠三行三就等。

②流苏。清朝宫廷后妃比较喜爱的头饰还有流苏，俗称“挑子”。其造型近似簪头，在簪头的顶端垂下几排珠穗，属于步摇一类。每逢皇帝大婚或吉庆节日，后妃皆喜欢佩戴。如这件“银镀金点翠穿珠流苏”，通长43cm，宽4.5cm，由银钎和三串珍珠组成。银钎顶端用银镀金点翠云蝠纹装饰，云蝠纹有着“福在眼前”的吉祥寓意。云蝠纹构件上打孔穿环，环下连接三串珍珠。每串珍珠有珊瑚制成的“囍”字两枚以作点缀，且串珠末端有红宝石坠角，三串珍珠用两块结牌相连，珍珠共计104颗（图1-17）。

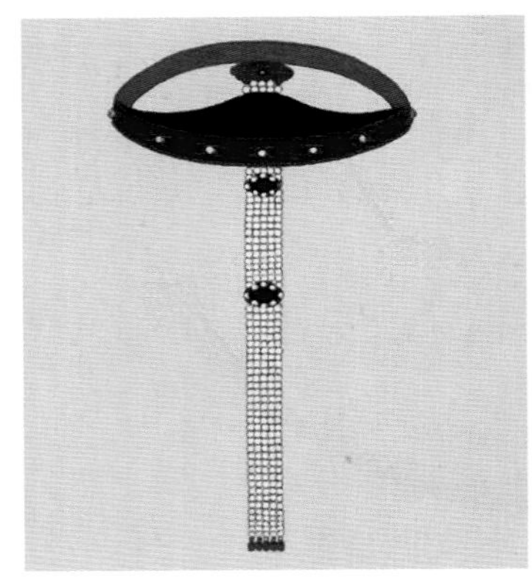
图1-16　金约

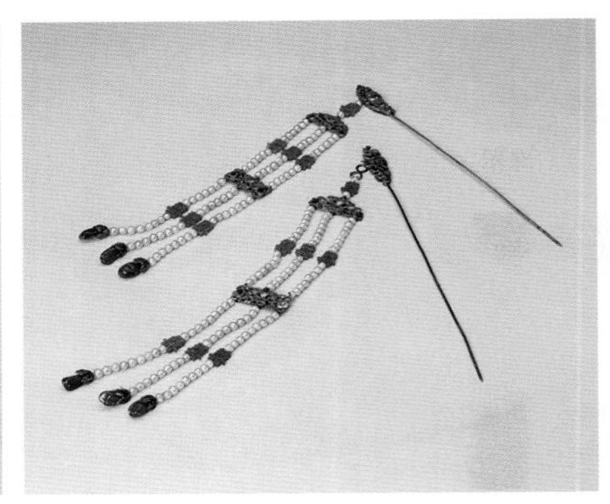
图1-17　银镀金点翠穿珠流苏

图1-18　金镶珠翠宝簪

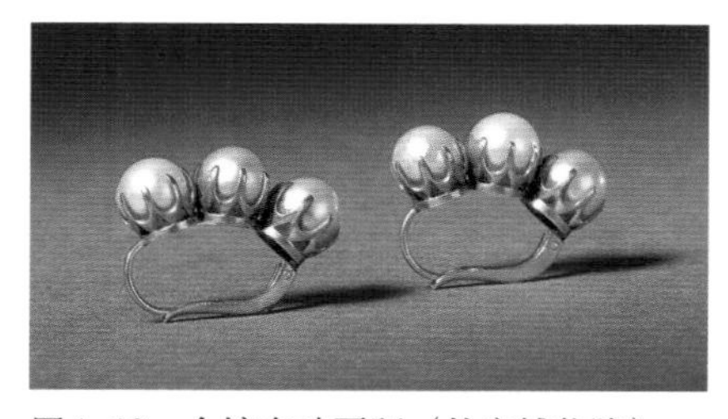

图1-19　金镶东珠耳环（故宫博物院）

③发簪。发簪是用来固定和装饰头发的一种首饰。清代宫廷中用珍珠装饰发簪或将珍珠作为发簪构件的一部分也十分常见。这件“金镶珠翠宝簪”长15cm，发簪柄上粗下细，上端镶嵌着翠制手执如意状造型，与簪柄相连的手腕处饰有套环。如意前端为活环，系有6颗珍珠一串，下面末端用四瓣式金托包祖母绿坠角。此发簪造型别致，用料考究，工艺精湛，殊为少见（图1-18）。

（3）日常珍珠首饰

①珍珠耳饰。珍珠耳饰分耳环和耳坠两类，款式多样，做工精湛。清朝后妃戴耳环是有讲究的，要按照身份等级高低佩戴不同的款式。比如穿朝服时，皇后所戴耳环镶嵌三颗东珠，妃嫔所戴耳环则镶嵌一对珍珠。这件“金镶东珠耳环”长2.3cm，为金托，嵌三颗东珠，式样简约大方，珠质光洁润泽，颗颗饱满（图1-19）。珍珠用作耳坠也十分常见，如这件“金镶珠翠耳坠”长8.5cm，造型为流苏式，金托上嵌翡翠蝴蝶，背面有用于穿耳的金针，下坠一串8颗珍珠，最上一颗粒径较大，为三等珍珠，珍珠串下端为茄形翡翠坠角，以粉色碧玺为托，两侧也各镶嵌珍珠一颗（图1-20）。

②珍珠手镯。珍珠手镯的款式有金胎珍珠手镯、米珠缀宝石手镯、纯珍珠手镯

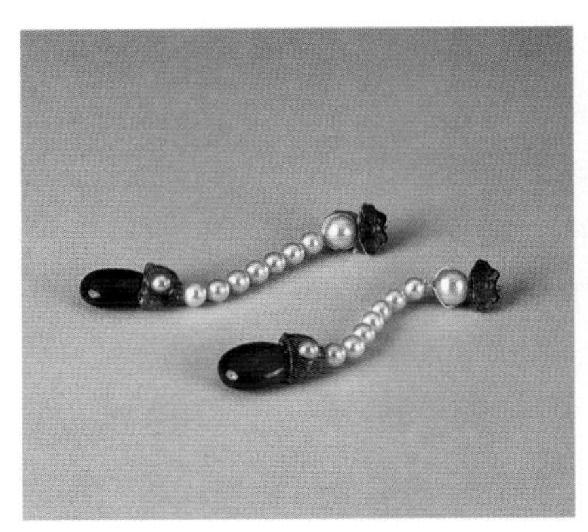

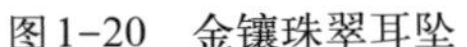

图1-20　金镶珠翠耳坠

图1-21　金胎穿珍珠手镯（沈阳故宫博物院藏）

等。特别是珍珠与各类金属、宝石、翡翠等材料相间制作，形成各种材料相互依托、相得益彰的独特造型。例如，这件“金胎穿珍珠手镯”为清末代后妃婉容曾经佩戴的首饰，由黄金、珍珠复合制成。该手镯外径6.55cm，宽1cm，手镯胎身以黄金錾刻工艺加工制成，上下圆环边缘均錾刻精细的花纹，手镯胎身外环制成凹槽形状，其内置入一圈大颗粒珍珠，样式显得十分奢华、高贵（图1-21）。

（二）欧洲珍珠首饰发展简史

人类使用珍珠作为首饰品的历史远比我们想象的要久远得多。现今考古发现的珍珠实物最远可追溯到5 500年前，但由于珍珠是有机物质，出土珠宝中几乎没有珍珠首饰，所以珍珠何时用作时尚首饰则难以断定。在欧洲，使用珍珠的历史最早可追溯到2 000多年前的古希腊时期，珍珠开始成为贵族们喜爱、推崇的装饰品。随着11—13世纪罗马天主教发动的战争，更多的珍珠首饰从东方传入欧洲大陆，在此后的几个世纪中，珍珠首饰一直是欧洲宫廷贵族中的流行风向标。直到17世纪末，珍珠从欧洲宫廷开始走向市井，首饰的装饰性不再局限于对财富和地位的阐释，而是逐渐成为普通平民都可以佩戴、享用的珠宝。

1. 古希腊、罗马时期

有文献记载，欧洲人开始认识珍珠并喜爱珍珠的时间可以追溯到荷马时期。公元前8世纪，古希腊诗人荷马在《荷马史诗》中提到女神朱诺佩戴“水滴形的珠子”的珍珠耳环，“三颗闪耀的宝石在她的耳朵上闪闪发光”，“她的耳环闪闪发光，水滴形的宝石放射出耀眼的光”[1]。据记载在古典雕像中，女神朱诺的耳朵上也经常佩戴着三颗梨形的耳坠，与《荷马史诗》描述的“水滴形”珍珠相一致。早期古希腊人使用的珍珠很可能来自东方国度，他们也许是通过商业贸易途径从位于东方的腓尼基人[2]那里取得。大约在公元前4世纪，随着马其顿国王亚历山大在征服波斯和印度的过程中把珍珠掠夺到欧洲，同时也把东方格调的装饰审美风尚带回欧洲，珍珠被视为美与爱的象征，逐渐得到欧洲人的喜爱。在亚历山大帝国之后的两个多世纪里，欧亚大陆又先后出现著名的王朝，如托勒密王朝和塞琉古王朝，它们相继统治了海湾地区和整个亚细亚海岸，保证了珍珠源源不断地从东方输送到西方世界。

古希腊人对珍珠的喜爱在古罗马继续得到延伸。古罗马是指从公元前9世纪初开始在意大利半岛中部兴起的文明，其后历经罗马王政时期、共和国时期和帝国时期，到1世纪前后扩张成为横跨欧洲、亚洲、非洲的庞大帝国。罗马帝国在扩张过程中，把从亚洲掠夺的珍宝运回国内，对珍珠的使用也逐渐成为社会风尚。与罗马帝王好大喜功相匹配，古罗马人更倾向于崇尚奢华的首饰风格，与古希腊推崇的唯美优雅的自然风格迥异。

在罗马共和国的早期，古罗马人因对珍珠的喜爱而闻名。珍珠是如此稀少而珍贵，以致被用作区分社会地位高低的标志，只有在官方

---

[1] 丁洁雯．珍珠 散落在东西方之间的宝贝［J］．文明，2017（4）：18．

[2] 腓尼基人（Phoenician）是一个古老民族，相当于生活在今天地中海东岸的黎巴嫩和叙利亚沿海一带，自称为迦南人（Canaan），被希腊人称为腓尼基人，是西部闪米特人的西北分支，创立了腓尼基字母（见百度百科－腓尼基人）。

正式场合人们才被允许佩戴珍珠。为了获得更多的珍珠，古罗马贵族不惜“投江海不测之深，以捞珍珠”。罗马紧邻海洋，而珍珠产于海洋，但本地产量毕竟有限，满足不了需求，因而罗马帝国一方面通过战争扩张从东方劫掠珠宝，另一方面通过贸易从中亚和远东国家获得优质珍珠，并且用于购买珍珠的金钱数额十分惊人。对此，古罗马学识渊博的科学家、作家老普林尼（Pliny the Elder）曾在他的代表作《自然史》中记述：“仅珍珠一项，每年就要耗费罗马帝国一亿银币，支付给印度、中国和阿拉伯诸国。”[1]

随着珍珠源源不断地流入古罗马，珍珠渐渐地不再由王室和贵族专享，而是拓展到社会更大范围内，一时佩戴珍珠成为时尚，同时珍珠也作为一种社会交往礼仪。老普林尼曾这样描述：有一位夫人只是去参加一个普通的订婚仪式，就把自己从头到脚都用珍珠和祖母绿装扮起来[2]。他还提到“庞贝统治罗马期间，共有33顶用极品珍珠制成的王冠，庞贝的一幅自画像也用大量珍珠精制罗列而成”[3]。可见，在当时的古罗马，珍珠在所有珍贵物品中独占鳌头。此外，古罗马的肖像画也充分表明了当时罗马妇女的珍珠时尚。女人的发式用珍珠来装饰，并且佩戴珍珠项链和耳坠，甚至珍珠被用来装饰帽子和服装。

从古罗马使用的珍珠种类来看，除了常见的圆形珍珠，还有半球形珍珠、异形珍珠、珠母贝等形态，它们都被古罗马工匠依据各自的特点，或独立，或搭配，或穿孔串联，或磨制，或镶嵌在不同贵重的黄金首饰上。从珍珠装饰的品类款式来看，有头饰、耳饰、项链、手镯、戒指等。古罗马的耳环是身份的标识，皇后及其他贵妇们通常用精美的珍珠首饰来装扮自己，比如佩戴镶有祖母绿和珍珠的耳环能显

---

[1] 珍珠在西方的辉煌历史（http://www.doc88.com/p-6139851482168.html）。

[2] 钱琳萍．珍珠文化论［M］．北京：中外名流出版社，2013．

[3] 李家乐，白志毅，刘晓军．珍珠与珍珠文化［M］．上海：上海科学技术出版社，2015．

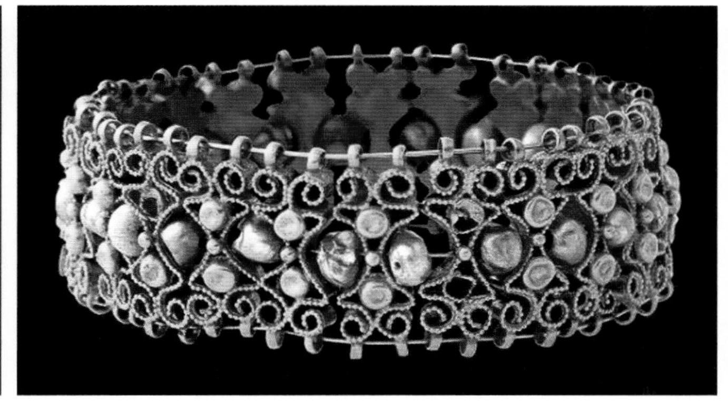

图 1–22　镶珍珠松石金耳环
图 1–23　罗马镶珍珠金手镯
图 1–24　镶珠宝黄金项链

22 | 23 | 24

示其珍贵的身份。这件“镶珍珠松石金耳环”造型独特时尚，工艺精美绝伦，显得珠光宝气十足。该耳环由两部分组成，上端主体部分采用金丝盘绕的镶嵌手法将一颗大珍珠固定在金丝环中，下端由两串吊坠组成，每串吊坠由一颗绿宝石和小颗珍珠串连而成（图 1-22）。

珍珠结合黄金镶嵌工艺也较为精湛，例如这件“罗马镶珍珠金手镯”是 3 世纪制成的珍珠镶嵌金首饰。该手镯器形由纯金制成，器身中部有一圈排列整齐的珍珠，是用金丝组成的纹样加以固定的，精彩纷呈，华丽无比（图 1-23）。项链也是古罗马女性最常佩戴的首饰，很多项链也是采用黄金、珍珠与各种宝石等材质加工而成，例如，这款“镶珠宝黄金项链”出自古罗马皇室，由黄金、珍珠、祖母绿、蓝宝石等制成，制作精美，工艺繁复细腻，各种元素组合在一起相得益彰，协调统一，无论是宝石的镶嵌还是珍珠的连缀工艺，都达到了极致，兼具工艺价值与审美价值（图 1-24）。特别是大量珍珠和各色宝石的运用，使首饰整体呈现高级感和奢华感。

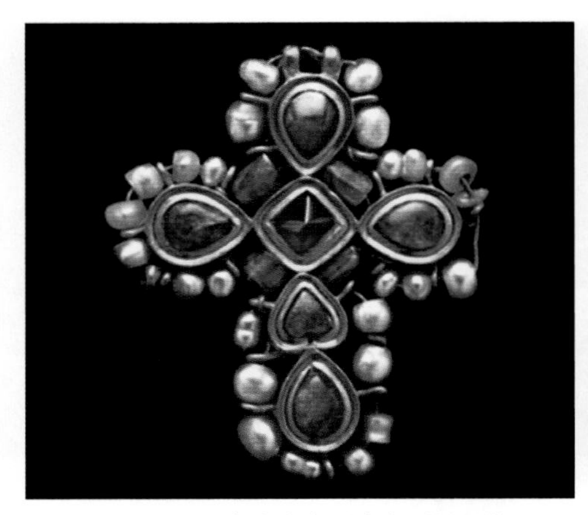

图1-25　拜占庭式宝石十字项链吊坠

图1-26　拜占庭黄金珍珠耳坠

2.拜占庭时期

公元330年，拜占庭成为罗马帝国的首都，这标志着拜占庭帝国的建立。拜占庭地处亚洲和欧洲之间的黄金贸易通道上，并且受到东方的品位和时尚的影响，这使得拜占庭一度成为艺术的中心，而珍珠成为广受人们喜爱的装饰物。“在拉文纳圣维塔教堂那幅著名的马赛克画中，拜占庭皇帝（483—565年）头戴珍珠帽，皇后头戴一顶由三排珍珠环绕的头饰，从头饰上垂下的珍珠几乎垂到腰间。”[1]再从当时流通的钱币来看，钱币中所显示的王冠、衣领、项链等首饰，大多以珍珠为主首饰品[2]。现卡塔尔博物馆藏有一件“拜占庭式绿宝石十字项链吊坠”（图1-25），制作于7世纪，造型美观，工艺先进。该吊坠整体为十字架造型，中间偏上的位置镶嵌一颗红宝石，5块水滴形绿宝石沿十字形金质框架镶嵌布局，整个十字架外围由一圈大小不等、形态各异的珍珠包裹，是同时期珠宝首饰中的精品。

[1] 丁洁雯．珍珠 散落在东西方之间的宝贝［J］．文明，2017（4）：18．

[2] 谈中世纪早期的西方珍珠首饰（https://www.docin.com/p-1148603910.html）。

拜占庭时期，佩戴耳饰也广为流行，耳饰的款式分为新月形耳饰和长坠形耳饰。新月形耳饰的材质为黄金，上面雕刻有十字架、孔雀等图案，四周以金珠作为点缀；长坠形耳饰下方坠有彩宝流苏，会随着身体的移动而摇曳生姿。例如，这款长坠形耳坠珍藏于克利夫兰艺术博物馆，耳坠整体呈三角形，材质为6个镂空为圆形的黄金框架，在镂空圆形中间嵌入粉紫色珍珠，沿镂空圆形周边饰以黄金花朵，在三角形黄金框架下面挂三串珠宝坠，呈流苏样式，中间一串宝坠偏长，每串珠宝由形状不规则的祖母绿、珍珠等串成，造型别致生动，隐隐透着一丝东方文化的含蓄和内敛，是一件不可多得的艺术珍品（图1-26）。手镯也是贵族妇女佩戴的主要饰品之一，一般成对佩戴。珍珠也是用来制作手镯的主要材料，通常与黄金、各种宝石相搭配镶嵌而成。例如，这对手镯属典型拜占庭风格，主体结构由宽金圈与圆盘组成，在圆盘中间镶嵌一颗大蓝宝石，数颗珍珠以蓝宝石为中心镶嵌围绕成一圈，在金圈外围上下又镶嵌两圈珍珠，中间再用紫水晶、玻璃、祖母绿等珠宝点缀，极为奢华富丽（图1-27）。

图1-27　拜占庭黄金珠宝手镯

3. 欧洲中世纪时期

欧洲中世纪时期，珍珠依旧珍贵无比，均使用天然海洋珍珠制作珠宝首饰。随着罗马天主教会发起了历经近200年的战争（1096—1291年），从东方掠夺大量财富，大量珍珠被带入欧洲，同时也带回了熟练的珠宝工匠艺人。中世纪的珍珠主要来自波斯湾和马纳尔湾的天然珍珠，十分罕见，也极为珍贵，只有皇室贵族才有资格拥有。而且，“珍珠成为男性的专属，被用来装饰在王冠、国王的御座、国王和教皇的权杖、皇家饰品、宗教饰品以及男人的剑柄上”[1]。中世纪珍珠首饰与古希腊、古罗马时期的珍珠首饰相比较，既有承续关系，也有自身的特点，主要体现在三个方面：“一是在材质搭配方面。古希腊、古罗马时期采用贵重金属，以黄金为主，辅以各种珍贵宝石。除了蓝绿宝石、红绿玉髓、珍珠等以外，珠母贝也常被磨制成圆形进行黏合镶嵌。中世纪早期首饰大量采用综合材料，如金、银、铜、铁及铜铁合金，合金常用作底片和饰针，珍珠常搭配珐琅、石榴石和茶晶等半宝石。二是在使用位置方面。古希腊、古罗马时期的首饰中，珍珠（或珠母贝）可以单独作为主体装饰，也可以作为贵重宝石的辅石。中世纪早期的首饰中，珍珠往往作为从属装饰，虽然所占份额较小，却位于重要的位置，起点睛的妙处。三是在工艺方面。这三个时期的首饰中，珍珠均打孔穿眼，采用串珠镶或包镶。古希腊和古罗马时期，串珠镶或包镶珍珠常与浇铸、雕镂、微粒、滚珠等工艺相结合。中世纪早期，包镶珍珠常与贴箔珐琅烧制工艺相结合，金银箔往往压印成简单的几何花纹。”[2]

4. 文艺复兴时期

14—17世纪，由意大利兴起而席卷整个欧洲的文艺复兴运动，不

---

❶ 珍珠在西方的辉煌历史. 道客巴巴（http://www.doc88.com/p-6139851482168.html）。

❷ 谈中世纪早期的西方珍珠首饰. 豆丁网（https://www.docin.com/p-1148603910.html）。

仅带来了文学艺术的繁荣，也为珍珠首饰的发展提供了一个恢宏的舞台。其间的16—17世纪又被称为“珍珠时代”，欧洲一度进入对珍珠狂热吹捧的年代。其原因主要有以下几方面。首先，随着1498年5月哥伦布开启大航海时代的大西洋第三次航行，当他率领的船队到达委内瑞拉帕里亚半岛（Paria Peninsula），他们在奥里诺科河发现了大量珍珠和各种首饰，并将这些珍珠带回欧洲，自此在欧洲贵族中掀起珍珠热潮。其次，欧洲许多国家开始为珍珠立法，对珍珠的佩戴与装饰使用等作了严格规定，只允许那些社会地位及身份等级高的人佩戴珍珠。如1612年英王室立法规定，除王室以外，一般贵族不得将珍珠用于服饰和其他装饰之中。因而，珍珠成为代表权力、社会身份、财富与地位的标识。最后，文艺复兴推动装饰美学和工艺的蓬勃发展，在此阶段涌现出大量精美的珍珠首饰。巴洛克风格的盛行，使异形珍珠有了用武之地，在历史上留下了浓墨重彩的一笔。在当时欧洲的很多国家，珍珠被广泛用于珠宝首饰设计，皇室贵族等上流社会人士都用珍珠作为装饰品。无论是在贵妇的发间、脖项还是在衣裙之间，珍珠都是饰物外形的点睛之笔，闪耀着夺目的光芒。伊丽莎白一世作为“童贞女王”，也是一位狂热的珍珠爱好者，她所戴的王冠镶满了珍珠，她那明亮的茶色发髻上也用珍珠装扮，她穿的每件衣裙也都把珍珠镶于面料之上（图1-28）。而伊丽莎白一世最喜欢佩戴的多层叠加的长珍珠项链，则是由其情人罗伯特所赠。他花了将近两年的时间，寻找最好的珍珠宝石和设计师，设计了这款长达2m的珠链，配合女王尊贵的服饰，将华丽的珠链缠绕其身，表达一生一世守护之意。

随着欧洲文艺复兴的进一步开展，民众的个性进一步得到解放，使珍珠饰品突破了社会各阶层的限制，珍珠不再作为财富与身份的标志，人们开始关注珍珠饰品的纯粹的审美性，追求体现人体、服装和珍珠饰品的统一。其时的珠宝设计有一个显著的特点，就是坠饰设计大都选用珍珠吊坠，耳坠、项链吊坠等都以珍珠作为最普遍的装饰。此外，不规则的巴洛克珍珠得到广泛应用是这个时期的另一个特点。随着一些著名的画家和雕塑家参与珠宝设计，新兴艺术家打破了传统珠宝设计的严谨、庄重与深沉，追求张扬、夸张、奔放的艺术效果。在珍珠设计中，他们以巴洛克珍珠的形状作为设计灵感起点，巧妙地结合其他多种珠宝材质，因材施艺，赋予异形珍珠独特的魅力，达到巧夺天工、浑然天成的艺术效果。其中有一件著名的意大利项坠——“坎宁海神吊坠”，为16世纪后期的珠宝首饰作品（图1-29）。该作品表现出惊人的大胆与狂放不羁，吊坠以一块硕大的巴洛克珍珠作为海神的躯体，珍珠表面不规则的凹凸肌理与光泽恰好再现海神结实的肌肉，而海神弯曲的人鱼尾、举过头顶的武器以及身体其他部位的装饰则使用黄金和珐琅来制作，风格与其时巴洛克艺术所体现的运动力量与奢华的格调基本吻合，该吊坠是巴洛克珍珠首饰设计中的精品。

一个时代首饰风格、样式的变迁与那个时代服饰装扮观念的变化有直接的关系。比如16世纪欧洲有些国家发式开始出现微妙变化，即不再流行把耳朵遮住的发式，转而开始流行佩戴耳环的风尚。这一风尚首先兴起于西班牙，之后传到法国、英国，最后在伊丽莎白时期达到了顶峰[1]。初期耳饰大多比较简约，通常只用单颗珍珠、红宝石或钻石镶嵌，后期款式逐渐丰富多样。耳环不仅是女子的专利，也是男子喜好的饰物，用珍珠制作的耳饰是当时最受欢迎的珠宝首饰之一。此外，这一时期的人们还非常喜爱戒指，佩戴珍珠戒指也非常流行。用珍珠制作项链、手链或用作头饰也十分常见。例如，这幅德国公主阿玛利亚·海德维希的画像中，公主佩戴有精美、富丽堂皇的珍珠项链、手链等珠宝首饰，展现其高贵、优雅、端庄的气质（图1-30）。

5.18—19世纪

在18世纪之前，珍珠与黄金一样，一直是欧洲最为珍贵的珠宝

---

[1] 珍珠在西方的辉煌历史.道客巴巴（http://www.doc88.com/p-6139851482168.html）。

图1-28　伊丽莎白一世画像
图1-29　坎宁海神吊坠
图1-30　阿玛利亚 · 海德维希的珍珠首饰

28 | 29 | 30

之一，只有皇室贵族才可以拥有。17世纪随着钻石矿产资源的开发与“玫瑰切工”的出现，钻石的美丽光彩被发掘出来，珍珠的地位一度受到挑战。但在珍珠养殖没有普及的年代，天然珍珠仍然是稀缺珍贵的资源，所以在18世纪的欧洲，无疑珍珠首饰还是深受上流人士吹捧与喜爱。18世纪又是欧洲“洛可可”艺术流行时代，崇尚风格纤巧、精美、浮华、烦琐的艺术格调，珠宝首饰也极尽柔美、轻盈、奢华、细腻，与其时流行的服饰风格相一致。这个时期的珍珠首饰注重外在装饰，追求视觉感官的极致美以及浓郁浪漫的情调，还出现了大量珍珠与钻石相叠加的、更为华贵的时尚首饰品。

例如，这款钻石珍珠耳坠来自18世纪罗马帝国皇后佩戴的首饰，所以看起来有古典复古风的意味（图1-31）。该耳坠的耳垂部分是一个由金属打造成的圆环。其下设计了一个看起来像裙摆样式的金属配饰，在金属裙摆表面还镶嵌了大小呈渐变状点缀的钻石，排列规整，有秩序也有活力。耳环的吊坠是两颗硕大的梨形纯天然海水珍珠，珍珠表面分外洁白、透亮，光泽度为上乘，金属的坚硬质感与珍珠的柔美相得益彰，散发出一种细腻、柔和、精致的气息。

另一件曾为法国王后玛丽·安托瓦内特（Marie Antoinette）所佩戴过的珍珠项链也十分经典。该项链采用钻石和珍珠搭配制作而成，三串珍珠链层叠排列，显得有秩序和节奏韵律感，这些珍珠经专家鉴定直径为7.30～9.30mm，大小不等，共有116颗海水珍珠、3颗淡水珍珠（图1-32）。如果抛开单颗珍珠本身的价值，这三串珍珠项链从款式来看十分普通。但该项链的经典之处，也是最引人注目的是圆形的链扣设计。圆形链扣的直径与三排珍珠链并置的宽度相当，采用星形图案装饰，外表用枕形切割钻石镶嵌。钻石的璀璨与珍珠的珠光异彩在此形成美丽的相遇，将各自光华尽数绽放开来。

到了19世纪，欧洲步入工业革命和社会革新的时代，但是珠宝的潮流却转向对古典设计的向往，新古典主义风格成为时尚主旋律，其中以维多利亚时期的珠宝首饰最具代表性。维多利亚时期（1837—

图1-31　钻石珍珠耳坠

图1-32　法国王后玛丽·安托瓦内特的珍珠项链

1901年）是英国历史上最为辉煌的时代，在经济、文化和艺术繁荣的背景下，珠宝首饰形成了崇尚奢华、复古和自然的独特风格，表现出怀旧的情感与浪漫主义格调。

维多利亚时期早期，珍珠仍旧十分稀有与珍贵。用珍珠与其他宝石镶嵌制作的王冠熠熠生辉，代表王权的至高无上；用珍珠镶嵌制作的各种首饰异彩纷呈，演绎高贵的自然、怀旧与浪漫。例如，这件维多利亚风格蓝宝石珍珠项链是由多串饱满的珍珠串成的，且这些珍珠错落有致地组合在一起，蓝宝石吊坠呈方形设计，四周边缘用钻石镶嵌装饰，显得庄重、富丽、高贵大气（图1-33）。佩戴胸针、胸花也是当时盛行的礼节与时尚，用珍珠镶嵌制作的胸饰是贵族女性喜爱的饰品。这件维多利亚花卉胸针采用新古典主义珠宝设计盛行的以植物、花卉、藤蔓等为题材的表现形式，沿袭古希腊与古罗马时期的写实手法，用流畅的枝干线条和生气勃勃的叶片衬托"果实"的饱满，也体现出维多利亚时期女性的高贵与优雅（图1-34）。此外，新古典主义还盛行将加工成型的浮雕饰品融入珠宝首饰设计中。浮雕同样遵循古希腊美学传统，追求典雅、庄重、和谐的古典韵味，珍珠与其他

图1-33　维多利亚风格蓝宝石珍珠项链

图1-34　花卉珍珠胸针

宝石通常用来点缀装饰浮雕。其款式多种多样，有发饰、吊坠、胸针、手镯等。

19世纪珍珠首饰演变发展的另一个现象值得关注，那就是随着工业革命材料技术的进步和工业资产阶级的崛起，珠宝首饰制作使用的新材料和新工艺越来越多，珠宝首饰行业亦开始蓬勃兴起与发展，这使得珍珠逐渐走向品牌化、市场化、商业化，成为人人都能拥有的珠宝，引领着人们朝着向美、向善的时尚方向前行，为20世纪珍珠辉煌时代的到来奠定了一定的基础，指明了发展的方向。

（三）世界其他地区珍珠首饰

在亚洲，除了中国悠久的珍珠首饰文化以外，诸如古代印度人、埃及人、斯里兰卡人、波斯人等也有着古老的采撷和利用珍珠装饰的历史，尤其是大型优质珍珠被视为无价之宝，且珍珠被视为护身符和财富的象征，王公贵族经常佩戴珍珠首饰以示身份。

古印度最早的珍珠采撷可追溯到距今2 500余年前的马纳尔湾地区，即现在位于印度与斯里兰卡之间的海域。这里的海域贝类丰富，天然珍珠不仅产量多，而且质地优良。当时西班牙有位冒险家在游历古印度归来后写道："每一间茅舍里都能发现宝石，庙宇则是用珍珠装饰起来，珍珠之多，即使九百个人和三百匹马，也无法将它们全部拿走。"[1]古印度有关珍珠的记载在佛学经典上比比皆是，其中佛学经典《法华经》《阿弥陀经》就记载说，珍珠是"佛家七宝"之一，把珍珠视为至圣之物。古印度人对珍珠的热衷与痴迷使他们在加工各种首饰品时不忘用珍珠加以点缀和装饰。例如，古印度人在按照"纳瓦拉特那"风格制作的金指环或银指环等首饰品中，就镶嵌着光彩夺目的珍珠。尽管古印度文献中记载的众多精美珍珠饰品现在大多难以寻觅，但从考古发现的数量有限的文物中仍能想象出其曾经的辉煌与荣

[1] 李家乐，白志毅，刘晓军．珍珠与珍珠文化［M］．上海：上海科学技术出版社，2015．

耀。最具代表性的是现今在印度的巴罗达市仍珍藏着一条由珍珠制成的饰带，上面镶缀着100排珍珠，数量之多，品质之优良，工艺之精美，令人叹为观止。

公元前2 000年左右，波斯湾地区盛产珍珠，开始发展采珠业，采珠业的发达与珍珠贸易的兴盛为波斯赢得了大量的黄金白银，也为日后诞生的波斯帝国奠定了坚实的财富基础。波斯的国王和皇后对珍珠宠爱有加，不惜动用全国人力、物力大规模采撷珍珠，并将珍珠加工成各种昂贵的珍珠饰品。在巴黎卢浮宫波斯馆内，存有一条迄今为止发现的最早的珍珠饰品。1901年，考古学家在对伊朗的古苏萨遗址发掘中，从波斯公主的青铜石棺中发现的珍珠项链——“苏萨珍珠”项链，被认为是世界上最古老的珍珠项链（图1-35）。历史学家估计这条项链大约来自公元前420年，是波斯国王佩戴的珍珠饰品。该项链用青铜丝捆绑，共有三排216颗珍珠，是一件具有重要史料价值的珍珠饰品。

公元前200年，古埃及也开始采撷、使用珍珠。埃及附近的红海是世界上久负盛名的天然珍珠产地。在古埃及人的眼里，珍珠无疑是最受青睐的珠宝。贵族以拥有珍珠作为莫大的荣耀，他们把珍珠制成各种首饰品，争相佩戴，甚至死后也要以珍珠作为殉葬品。在埃及许

图1-35 “苏萨珍珠”项链

多被发现的墓穴里都有珍珠随葬品，这可能是对死者的一种尊重，也表明了其身份和权力地位。相传古埃及艳后克娄巴特拉所佩戴的耳环上镶有两颗硕大的珍珠，这两颗珍珠价值相当之高，据说当时这两颗珍珠如果换成金钱可以养活一个世纪的埃及国民，足见王后的生活是多么奢靡。

珍珠并不是欧洲和亚洲的专属。北美洲有自己的珍珠历史，在欧洲人到达北美洲之前，北美洲印第安人就已将密西西比河出产的珍珠串成项链，将它们缝在头巾上或者镶嵌在铜质饰品上以示高贵。在哥伦布到达美洲后，越来越多的欧洲人也开始登上新大陆。当西班牙人看到这片“被发现”的土地盛产珍珠以后，开始迫使奴隶们潜入中美洲的深水中寻找珍珠，然后运回国内。英国殖民者也发现印第安人脖子上和手臂上缠绕着一串又一串的珍珠，据此，他们把今天的俄亥俄州、密西西比州和田纳西州附近的河流流域视为盛产珍珠的宝地，并不断地进行采撷与贸易。所有这些珍珠被殖民者掠夺或贩卖回欧洲，从而引发16—17世纪欧洲的“珍珠热”，也就是历史上的“珍珠时代”。

二、珍珠首饰的文化意蕴

（一）珍珠首饰与民俗文化

民俗文化是一个国家、民族、地区中的普通民众在生产生活过程中形成的一系列物质的、精神的文化现象。既包括祭祀活动、生活习俗等非物质文化现象，也包括生活生产器具、珠宝首饰等物质文化现象。它具有普遍性、传承性和变异性。如同其他门类珠宝首饰一样，珍珠首饰也是植根于一定地域文化中的由普通民众所创造、共享的装饰物，并且受到民族、地理、社会等诸多因素的影响，造就了对珍珠首饰的特有的欣赏观念和佩戴方式，从而形成了各民族各地区独特的首饰民俗文化现象。这就是我们广为熟知的凝聚在珍珠首饰上的吉祥寓意、信仰、节庆、礼仪等象征性社会文化功能，是从民间习俗中发源、产生、代代延续与传承，并随时代的发展注入新的内涵。

1.珍珠首饰与吉祥民俗

“吉祥”意为吉利、祥瑞、幸运，即预示好运之征兆。《周易·系辞下》有“吉事有祥”之说，即现在人们常说的吉言、吉兆、幸福、祥和、吉星高照等积极正面的情感词汇。“吉祥民俗是人们心理观念的反映。人们在长期的社会生活实践和社会活动的基础上形成了期望福禄喜庆、长寿安康、万事顺心的心理倾向。为了表达这种心理倾向，人们便赋予特定的语言、图案、自然物和人造物以神秘的光环，利用这种神秘的光环，能够帮助人们驱灾辟邪、趋吉避凶、去秽除魔，带给人们平安好运、幸福安康、吉庆祥瑞。”[1] 珍珠是大自然赐予的瑰宝，其形态、材质、色彩、佩戴方式在一定程度上体现了民众在生产生活中的各种民俗现象，表达了民众的心理愿望，所以珍珠在世人心中一直象征着健康、纯洁、富裕、幸福、长寿等，是吉祥民俗的鲜明体现。当然各国、各民族民俗文化背景不同，其吉祥民俗文化表现也具有差异性，如在古罗马珍珠代表爱和欢愉、在印度珍珠代表快乐、在阿拉伯珍珠代表财富、在中国珍珠代表康复、在埃及珍珠代表爱、在希腊珍珠代表纯洁等。概而言之，珍珠首饰体现的吉祥民俗主要在如下几个方面。

（1）寓意美满幸福

珍珠的外形圆润美好，自古以来就有“珠圆玉润”一说，寓意圆润、美满、幸福。“在波斯，有这样一个关于珍珠的美丽传说，据说珍珠是由诸神的眼泪变成的，他们在一次痛苦中吸纳了人间所有的眼泪，珍珠因此变成了可驱除忧愁的吉祥化身，而佩戴了温润珍珠的

---

[1] 吉祥民俗与文化象征意义.道客巴巴（https://www.doc88.com/p-2741542343452.html）。

女人从此便会远离忧愁，幸福长久。”[1]从珍珠的形态来看，其形状浑圆，颗粒饱满，质地光洁润泽。所谓“珠圆玉润”不仅是珍珠所展示的浑然天成的艺术之美，也象征着“一家团团圆圆”“圆满幸福”。同时，从家庭社会角色来看，珍珠的圆润温婉也代表着女性的温和、柔美、贤淑的形象。另外，从珍珠的形成过程来看，珍珠是在贝蚌中经历长时间的磨炼而成的结晶，人们通常以此来比喻天下所有母亲孕育与培养儿女所付出的艰辛与无私的奉献，所以珍珠也象征着母爱的伟大。因此珍珠通常作为吉祥之物，是子女送给母亲最好的反哺礼物，以表达对母亲的爱与孝顺，也蕴含着希望母亲吉祥安康、生活圆满的含义。

（2）寓意吉祥康寿

在中国，珍珠素有“康寿之石”的美誉，是健康、长寿和财富的象征。珍珠又被称为“五皇之后”，是佛教七宝之一，也代表着健康、长寿的意义。珍珠之所以被赋予健康、长寿、吉祥的象征，与珍珠本身所具有的养生、养心功能密切相关。

首先，珍珠具有养生保健的作用。珍珠中含有大量的微量元素和矿物质，能有效地提高身体的免疫力。经常佩戴珍珠首饰，可以起到维持人体正常肌体平衡的作用，对维护健康有着很大的帮助。珍珠是一种有机宝石，主要含有角蛋白、碳酸钙、氨基酸、磷酸钙、硅酸钙以及硒、锰、锌、铜等多种微量元素。当人们在佩戴珍珠首饰时，珍珠与皮肤接触，汗液会分化珍珠中的营养成分，并且这些营养成分会透过皮肤表层进入底层，发挥美容养颜、保健防衰、明目去火的功能。手腕处是人体血液的末端，当佩戴珍珠手链时，随着手腕的摆动，珍珠就可以不停地与手腕产生物理摩擦，可以有效地促进人体血液循环。

其次，珍珠具有养心安神的作用。珍珠能舒缓减压，具有镇静安

---

[1] 钱琳萍．珍珠文化论［M］．北京：中外名流出版社，2013．

神、抑制惊悸失眠等功效。珍珠中含有多种氨基酸和微量元素，能镇定和安抚大脑中枢神经，长期佩戴珍珠可以缓解人的烦躁情绪，改善心神不宁、情绪喜怒无常的情况，起到镇静安神、舒缓心情的作用。此外，长期佩戴珍珠有助于滋养人体过度兴奋而导致疲劳的细胞，使人的心境达到自然平和的状态，从而提高睡眠质量。

因此，无论是养身保健，还是养心安神，珍珠都代表着健康和长寿。

（3）寓意好运连连

珍珠是有生命的宝石，也是有“灵性”的宝石，古往今来由珍珠演绎的神话故事和传说不在少数。珍珠拥有神秘的能量，能帮助人们克服困难，度过逆境，在生活和事业上获得成功。所以，人们喜爱珍珠，并将珍珠视为生命中的一部分，时刻佩戴在身，希望珍珠能给自己带来好运。在西方的珠宝习俗中，每一个月都对应一种生辰珠宝，珍珠被奉为六月的生辰石或幸运石。佩戴珍珠首饰，意味着好运一生相伴。孩童佩戴珍珠，能伴随其幸福、健康、茁壮地成长；成人佩戴珍珠，可助其事业一帆风顺；新婚夫妇佩戴珍珠首饰，寓意爱情天长地久，幸福美满的生活伴他们白头到老；老人佩戴珍珠首饰，福禄健康伴其左右，好运连连。因此，佩戴珍贵的珍珠首饰，是人们希望幸运之神永远眷顾，助其人生、家庭、事业更为圆满成功！

2.珍珠首饰与中秋节令

珍珠与中秋的关系源远流长。在民间流传着这样一则古老的神话故事。远古时期鲛女生活在中国南海里，她们曾经是月亮女神嫦娥的侍仆，后因为做错事被嫦娥罚到海里织绡。这种“绡”也称“鲛绡”，是一种薄如蝉翼、滑若凝脂的丝绸。身在异乡，这些鲛女不免想念在天宫无忧无虑的岁月。每逢月圆之夜，她们常常站在峭石上，遥望月亮，伤心落泪。她们流下的泪水便是珍珠。令人不可思议的是，珍珠的圆润竟然与月亮的盈亏有很大关系，即月圆之夜珠亦圆，月缺之夜珠亦缺。唐朝诗人李商隐根据这个传说写下千古名句：“沧海月明珠有泪，蓝田日暖玉生烟。”这就是民间相传的“滴露成珠”“神女的眼泪”等珍珠有关的神话。

此外，民间还有一个与月亮有关的传说故事，即珍珠是西施的化身。相传嫦娥有一颗美丽的珍珠，日常由五彩金鸡守候。有一天，这只金鸡在嫦娥出门的时候将珍珠拿出来玩耍，结果一不留神珍珠掉下了凡间。金鸡随即下凡去寻找。珍珠有灵，不想回月宫，便趁机附体在西边浣纱的浣女肚中，经过了16个月的怀胎，终于降生了一个美丽的女孩，取名为西施。这就是“尝母浴帛于溪，明珠射体而孕”的传说。

珍珠与月亮的关系除了出现在民间神话与传说中以外，中国传统古籍文献和地方志中也有记载。如明代宋应星所著的《天工开物》就有：“凡珍珠必产于蚌腹，映月成胎，经年最久，乃为至宝。”“凡蚌孕珠，即千仞水底，一逢圆月中天，即开甲仰照，取月精而成其魄。中秋月明，则老蚌尤喜甚。若彻晓无云，则随月东升西没，转侧其身而映照之。”[1]这里把珍珠的诞生与月亮圆缺变化相联系，充满了东方文化天人合一的意味。《岭南见闻录》中也有类似的记载，如“蚌闻雷而孕，望月而胎珠。”再如《合浦县志》中记载：“蚌蛤含月之光以成珠，珠者月之光所凝。”“蚌蛤食月之光，于腹以成珠。”

从古老的神话传说到古代典籍记载，可以看出珍珠是大自然与上苍赐予人类的礼物，与月亮结缘带来美好的想象与憧憬。“珍珠属于淡色宝石系列，尤其是它的洁白，会让人想到银河的冷辉和秋天的月光，典型的珍珠光泽和晕彩效应给人以朦胧的美感，珍珠的圆形、半月形等很像月缺月圆的变化形状。”[2]当代珠宝设计师由传统珍珠文化有感而发，从珍珠的形态、材质、色彩引发对月亮意象的联想，设计出适合中秋节赠送或佩戴的珍珠首饰，如阮仕珍珠“花好月圆系列”

[1] [明]宋应星．天工开物［M］．钟广言注释，广州：广东人民出版社，1976．

[2] 钱琳萍．珍珠文化论［M］．北京：中外名流出版社，2013．

以珍珠结合红蓝宝石镶嵌工艺创造出月亮和花朵的复合意象（图1-36）。中间15mm优质珍珠作为花蕊，又可视为晶莹的月亮；由蓝宝石镶嵌的花瓣闪耀着动人的光芒，亦如夜空中的星辰，但并没有喧宾夺主，反而把月亮（花蕊）衬托得更加明亮。所谓一颗珍珠一份思念，一轮明月一片真情，珍珠和明月一起送上的浓浓的情意，正如一首诗云："浮云似纱尽飘散，明月如珠照人来，团圆美满今朝醉，暖风轻抚花儿娇，柔情蜜意满人间。"如今，在中秋佳节家人团聚和走亲访友的时候，选择一件珍珠首饰送给长辈也逐渐成为一种新习俗。圆圆的珍珠犹如中秋的明月般澄澈明亮，珍珠首饰作为中秋的礼物不仅温馨，非常应景，而且高雅有品位。所谓珠月交相辉映，以表达"人月两圆"的美好祝福。

图1-36 "花好月圆系列"之戒指（阮仕珍珠）

3.珍珠首饰与风水民俗

风水是中国传统的一种特有文化现象，植根于民间风俗文化之中。中国古代把风水称为堪舆，堪指天道，舆指地道。《史记》将堪舆家与五行家并行，有仰观天象，俯察地理之意。中国古代把万物用金、木、水、火、土归类为五行。万物皆属五行，而四方均衡的五行能量为我们提供了"五行能量守护场"。由此可见，风水理论与五行理论的核心思想是人与大自然的和谐，达到"天人合一"的境界。珍珠是大自然赐给人类的瑰宝，离不开五行属性，其颜色、材质、形状等都暗含五行气场。珍珠的五行属土和水。从化学特性来分析，珍珠主要成分是碳酸钙，五行属性应该属土；从生命的角度上讲，珍珠本身还含有角蛋白、十几种氨基酸和多种微量元素（如硒、锗等），又具有水的特性。并且珍珠多是从水中珍珠贝类和珠母贝类软体动物体内取出的，故而也有水象。按五行分类来说，珍珠是极水之物。在风水命理学上，气与水二者相辅相成、互为条件，彼此之间成为不可或缺的要素。水乃气之源头，气流动则风送，风生则水起，有“球”必应，昭示运转顺畅、蓬勃兴旺。而圆润、晶莹剔透的珍珠恰恰能把人们对美好事物向往的希冀表达出来。在古代珍珠被人们认为具有避难护身的作用。在西方传说中，珍珠是月神的眼泪滴到蚌壳内生成的，珍珠被视为月神的宝石。在印度神话中，珍珠具有强大的守护力量。所以，佩戴一颗颗“珠圆玉润”的珍珠不仅可以驱邪避凶，还可以协调能量与磁场，提升智慧，让人生顺利走向成功。

（二）珍珠首饰与权力符号

珍珠以其稀世的美丽、高贵和典雅，在人类文明发展的进程中，不仅见证了人类对美的认知，也见证了人类对权力、财富无尽的贪婪与追求。在奴隶制及封建君主时代，珍珠被赋予了极其尊贵的地位，成为权贵阶层竞相追逐的至宝，拥有珍珠代表着崇高的地位以及殷实的财富。所以，珍珠历来就是皇室贵族炫耀财富的资本，也是一种至高无上的权力象征。

1. 珍珠首饰作为西方皇室贵族的专用珠宝

珍珠与皇权相连，代表着权力与财富，在欧洲由来已久。在古罗马时期，珍珠就是上流社会的身份标志，佩戴品质上佳的珍珠越多，表明其身份地位越高、权力越大。据记载，公元前1世纪罗马统帅恺撒大帝就曾经佩戴过用珍珠制作的王冠，并与“恺撒”头衔称谓一起为西方后世帝王效仿和沿用。罗马共和国早期，佩戴珍珠是贵族绝对的时尚，他们喜欢将珍珠镶嵌在黄金上，经常有人从头到脚都用珍珠、祖母绿装饰。为了表明其特殊的社会地位和对珍珠财富的绝对占有，古罗马对珍珠的佩戴也有严格规定，只有帝王、达官显贵才能佩戴珍珠，其他人严禁以任何形式使用珍珠。

欧洲自1530年之后，开启了所谓的“珍珠时代”。为了保证上流社会对珍珠享用的特权，同时遏制珍珠向平民阶层的流动，许多欧洲国家开始针对如何使用珍珠进行立法。威尼斯和佛罗伦萨两个城市甚至颁发了《珍珠法》，明确规定必须按照社会地位及身份等级佩戴珍珠。此举激发了贵族对珍珠的热情，助长了社会以珍珠炫耀财富与地位的奢靡之风。在英国的伊丽莎白时代，珍珠被赋予至高无上的地位，英国王室为了独霸珍珠，不惜通过立法来严禁王室成员以外的其他任何人佩戴珍珠。如1612年英国王室就立法规定“只有王室成员才可以佩戴珍珠饰品”，即使一般贵族、专家、学者及其夫人等也不得佩戴珍珠饰品，甚至连镶有珍珠的衣服也不被允许穿着，更不用说社会地位低下的一般臣民了。这样苛刻的条文在世界珠宝史上可谓是绝无仅有。当年素有“童贞女王”之称的伊丽莎白一世是一位“珍珠狂热爱好者”，她购买珍珠是以“篓”为单位进行计算。有资料显示，伊丽莎白一世拥有超过3 000件饰有珍珠的连衣裙和80顶饰有珍珠的假发，丝绸衣服上也镶满了珍珠。她的帽饰、耳饰、项饰等都缀以珍珠，用珍珠制作的戒指、手镯、胸针和挂坠等也件件精彩绝世，无与伦比。她甚至将珍珠戴在头发上，缝在拖鞋和大衣上，可见伊丽莎白一世对珍珠宠爱的疯狂与穷奢程度。

珍珠作为权力的符号，最为典型的珍珠当属欧洲王冠上最闪耀、璀璨的明珠。众所周知，王冠是王权的直接代言，甚至是一个国家国力的象征，而珍珠被视为最能体现王冠统治力的饰品。在欧洲从古罗马伊始，珍珠作为王冠装饰的通用珠宝，不仅塑造了历代大气磅礴的王者之冠，也点缀了历代精致俏丽的王后桂冠。以下列举较有代表性的珍珠王冠。

①乔治四世的加冕珍珠王冠。1820年，年近60岁的乔治四世才

当上国王，他为自己的加冕礼典专门打造了这款王冠（图1-37）。该王冠镶嵌了1 333颗钻石，总克重达到325.75g，同时在皇冠的底座上还镶嵌了169颗天然珍珠。这顶王冠除了用数量众多且价值连城的珠宝镶嵌之外，还融合了玫瑰、蓟草和三叶草等造型元素进行装饰设计，使王冠更显得富丽堂皇，珠光熠熠。并且玫瑰、蓟草和三叶草还具有一定的象征意义，分别代表着苏格兰、英格兰和爱尔兰。在英国传统王室中，这顶王冠一直为女王和王后所佩戴，而王室中男性则未曾使用过。伊丽莎白二世出席重大的典礼和活动时常佩戴它，并且作为经典的国家形象印制在邮票和刻制钱币上。这款王冠以及同批制作的共7件钻石镶嵌的艺术品，现都保存在英国王室。

②欧仁妮皇后珍珠钻石王冠。这款王冠制作于1853年，现收藏于罗浮宫，是拿破仑三世委托著名的珠宝设计师特意为欧仁妮皇后制作的礼物。王冠上面镶嵌了200多颗天然珍珠，同时镶嵌了近2 000颗钻石。极其奢华的设计，使得这款王冠成为世界上最昂贵的皇冠之一（图1-38）。

③珍珠钻石冠冕。这顶王冠制作于1913年，属于奥地利玛丽·瓦莱丽女大公。她是奥地利的弗兰茨皇帝与伊丽莎白皇后（也就是茜茜公主）的女儿，所以享有“女大公”的封号。这顶王冠是由奥地利的皇家珠宝商A.E. Köchert采用珍珠和钻石精制而成的（图1-39）。王冠由钻石镶嵌成缎带和藤蔓花纹图案造型，在正面和双侧面图案中间位置镶嵌了三颗硕大的水滴形珍珠，在藤蔓图案的衬托下，珍珠显得闪闪发光。王冠还能拆分为三件珍珠胸针，与这顶王冠相配套的还有项链和耳环，项链和耳环同样是采用珍珠和钻石制作成的。

2.珍珠饰品作为中国古代礼制王权的象征

在中国传统文化中，龙是皇权的象征，皇帝被称为真龙天子，皇权的代表图腾是龙。龙与龙珠形影不离，无论是民间流传的许许多多龙的神话，还是民间建筑、雕刻、服饰绣品中看到的龙的图案纹

图1-37　乔治四世的加冕珍珠王冠

图1-38　欧仁妮皇后珍珠钻石王冠（罗浮宫）

图1-39　奥地利玛丽·瓦莱丽女大公珍珠钻石冠冕

样，其题材大多与龙的传说中的“龙戏珠”相关。当然，“龙戏珠”又以“单龙戏珠”“二龙戏珠”“三龙戏珠”“多龙戏珠”等多种题材与图案呈现。此外，古代典籍中也有龙与龙珠关系的描述。《庄子》云：“夫千金之珠，必在九重之渊而骊龙颌下。”《埤雅》也言“龙珠在颌”。《述异记》讲：“凡珠有龙珠，龙所吐者……越人谚云：‘种千亩木奴，不如一龙珠。’”上述说法讲了两个意思：一是龙珠常藏在龙的口腔之中，适当的时候，龙会把它吐出来；二是龙珠的价值很高，用民谚来说，就是得一颗龙珠，胜过种一千亩柑橘[1]。那么这么贵重的龙珠从何而来？是何种宝珠？龙为水族之长，珠子与龙相伴，水中的动物也一定能生出珠来。按现在的科学原理来解释，珍珠是在珍珠贝和珠母贝等一类的软体动物中产生的，在一定的外界条件刺激下，其

[1] 海南京润珍珠博物馆.珍珠传奇［M］.哈尔滨：哈尔滨出版社，2011.

贝壳内分泌珍珠质包裹沙粒并形成圆形珍珠颗粒。基于珍珠在水环境中产生，所以把龙珠视为珍珠是顺理成章的。珍珠常常和象征皇权的龙形影不离，而与龙相伴的珍珠也经常出现在各种龙纹图案中。在古人看来，龙珠是龙的生命之珠，如果龙失去了龙珠，也就意味着龙失去了生命的依托，龙就不会再有强大的力量了。并且珍珠的孕育过程也是充满了神秘色彩，没有经过任何人工修饰，在蚌里自然生长，浑然天成，并且出落得那么光滑、圆润、美丽动人，所有这一切都让皇帝将珍珠看为上天专赐的宝物。所以，中国古代历代君王都视珍珠为皇室的专属珠宝，用珍珠装饰自己的冠冕、朝服、首饰、车乘等，以此标识权威至上、尊贵无比的身份地位。

传说夏禹时期，珍珠就是天子的专用珠宝。据传禹曾亲定“南海鱼草、珠玑大贝”为贡品，开创了以珍珠进贡朝廷的先河。战国时期就流传着“隋侯珠”的故事（该故事最早见于《庄子·让王》和《韩非子·解老》），据说“隋侯珠”价值连城，所谓的远古稀世两宝——“隋侯之珠”“和氏之璧”，其中之一指的就是珍珠，“隋侯珠”由此成为战国时期王者必争的两件至宝之一。秦昭王把珠与玉并列为“器饰宝藏”之首。玉在中国古代社会是权力的象征，玉器的颜色、大小、造型都象征着不同的等级，品质最佳的宝玉只能由君王独享专用，不同品级的官员也因为权力大小而要佩戴符合身份地位的品质玉器。珍珠能与玉并列，可见珍珠的价值及其在社会功能中的地位得到提升。汉代更是把珍珠排在金、玉的前面，而且是君王的专宠。汉大夫晁错曾写道：“夫珠玉金银，饥不可食，寒不可衣，然而众贵之者，以上用之故也。”之所以大家都觉得珍珠珍贵，是君王使用的缘故。在所有的宝物中，汉武帝刘彻也独偏爱珍珠。他为了得到钟爱的珍珠，不惜使用特权手段获取。据《汉书》记载，汉武帝使人“入海市明月”，大珠至围二寸以上。

历史上珍珠不仅获得了超越金银、玉石的美誉，成为帝王的尊贵地位和权力的象征，而且很多朝代皇帝的冠冕、朝服、首饰、车乘

图1-40　清代皇帝镶有珍珠的夏朝冠

等都以珍珠作为主要装饰品。宫廷成员及文武官员也上行下效聚敛珍珠，以示特权、身份和地位。当然，如同欧洲历史上很多国家针对“珍珠”佩戴等级制立法，中国古代皇室对珍珠的佩戴与使用也有一整套的严格的等级规定。

①朝冠上的珍珠。古代皇帝祭祀大典所带的冠冕，前后各有12条珠串，称为“冕旒”。这个冕旒只能用珍珠来串制而不能用其他珠宝，足见珍珠为皇帝专用的独尊地位。朝冠是历代皇帝出席朝会时戴的一顶冠帽。用珍珠装饰冠冕在明清时期尤为兴盛。清朝皇帝的冠冕有朝冠、吉服冠、行冠、端罩等品类，其中朝冠又有冬朝冠、夏朝冠之分。冬朝冠以熏貂和黑狐皮制成，其上覆盖朱穗，正中饰3层金宝顶，每层贯一等大东珠各1颗，环绕金宝顶周围装饰4条金龙，并饰东珠4颗，金宝顶的顶部再嵌大东珠1颗。如图1-40所示，夏朝冠的金宝顶形式与冬朝冠相同，但冠体呈圆锥状，用织玉草或藤竹丝制成，上面也覆盖朱穗。冠前面点缀镂空金佛，金佛周围饰东珠15颗，后面缀舍林，并饰以东珠7颗。

图1-41　清代朝珠

清朝官员戴的管帽又称大帽，在帽顶上镶嵌有数量不等的珍珠（主要为东珠）以区分官衔的高低。官衔越高，帽顶上镶嵌的珍珠数量也就越多，但最多不得超过9颗。一般而言，“亲王朝冠饰东珠9颗，邵五朝冠饰东珠8颗，贝勒朝冠饰东珠7颗，贝子朝冠饰东珠6颗，镇国公朝冠饰东珠5颗，辅国公朝冠饰东珠4颗，候朝冠饰东珠3颗，伯朝冠饰东珠2颗，子朝冠饰东珠1颗，其余非高官厚禄的没有资格使用东珠。”❶

②朝珠。朝珠是清朝皇帝、皇后及王公大臣穿礼服上朝时挂在颈上垂于胸前的珠串（图1-41）。朝珠是身份和地位的象征，一般官员和百姓不能随意佩戴，只有清朝皇帝、皇后、皇太后、妃嫔、五品以上的文官、四品以上的武官才有资格佩戴朝珠。“封建时代官员觐

❶ 汪尚．中国古代官员的服饰［J］．决策与信息（下旬刊），2012（11）：66-70．

见皇帝时，必须伏地行跪，拜叩首礼，而清代挂戴朝珠者受到特殊待遇。据说，挂戴朝珠的大臣行叩首礼时只要朝珠碰地，便可替代额头触地。官阶越高，朝珠的粒径越大，珠串越长，佩挂者叩首的幅度便可愈小，这可以说是皇上对不同官职施以不同的恩赐与礼遇。”[1]“朝珠样式不是随意的，具有严格统一规范，通常由身子、佛头、背云、纪念、大坠、坠角六部分组成，每串朝珠都严格规定为108颗。”[2]朝珠串数和念佛珠串数相同，但两者的意义不同，佛教的佛珠代表着对佛的虔诚，而朝珠108颗寓意一年有12个月、24个节气、72个气候。对于佩戴何种质地的朝珠，清朝典章制度也有严格的区分与等级规定。东珠朝珠在所有朝珠中最为珍贵，只有皇帝和皇太后、皇后在宫中举行大典时才能佩戴[3]。皇后、皇妃佩戴珍珠也有严格区别。皇后、皇太后戴头等珠，皇贵妃、贵妃戴二等东珠，妃戴三等珍珠，嫔戴四等珍珠。

（三）珍珠首饰与人生礼仪

“人生礼仪是个人在其生命过程中，从一种社会地位和角色转向另一种社会地位和角色时所举行的礼仪。它在人的一生中发挥着转换社会地位和角色的功能和作用。”[4]人生礼仪是人类社会普遍存在的一种民俗现象，世界上每一个国家、每一个民族都拥有自己一套独特的人生礼仪文化，都在人一生中的几个重要阶段上约定俗成一些仪式和礼节，一般包括诞生礼、成年礼、结婚礼、丧葬礼等阶段，并在相应的阶段都要举行一定仪式。通过这种世俗仪式感，昭示着生命个体已跨越成长过程的一道道“关口”，也表明个体在心理上逐渐成熟并融

---

❶ 郑恒有．珍珠与权力［J］．中国宝玉石，2000（4）：59．

❷ 宋歌．浅谈清代宫廷首饰［C］//北京画院．大匠之门13．南宁：广西美术出版社，2016．

❸ 东珠朝珠．故宫博物院（https://www.dpm.org.cn/collection/embroider/232174.htmlThe）。

❹ 李富强．壮族传统服饰与人生礼仪［J］．广西民族研究，1997（3）：67-76．

入社会生活。人类佩戴首饰，不仅是为了装扮自己，也是社会生活的一个重要组成部分。人生成长的每一个阶段礼仪都与首饰选择和佩戴有着或多或少、或隐或显、或直接或间接的联系。就珍珠首饰来说，与人生礼仪中的成年礼、婚俗礼仪关系密切。

1.珍珠首饰与成年礼

成年礼是人生礼仪的一个重要阶段，是人生旅程的一个重要转折点。通过为少男少女举办的象征迈入成年人阶段的仪式，标志着年轻人开始步入社会，并被接纳为社会的正式成员，承担起相应的社会所赋予的权利和义务。不仅国内家庭非常重视成年礼，国外很早以前也已流行成年礼，其中“珍珠成人礼”是少女长大成人的人生第一礼，寄托着父母望女成凤的愿望。自成年礼后，孩子们要转变角色，以大人的标准和成人行为严格要求自己，担负起应尽的责任，履行应尽的义务与职责，成就自我，回报父母和造福社会。所以，香奈儿女士曾经说过：“一个女人如果连珍珠都没有的话，不能称为真正的女人。”[1]可见佩戴珍珠是女性成长成熟的标志。以日本女性为例，她们非常注重穿戴礼仪，首饰的佩戴也很讲究，必须与服饰搭配相得益彰。在首饰中，日本女性对珍珠情有独钟，甚至一生都要以珍珠相伴。在日本的婚丧嫁娶仪式上，女性都要佩戴珍珠首饰，并有不少有关珍珠的习俗和讲究。有的父母从女儿出生开始，每年都要送女儿一颗珍珠，等到女儿在20岁举行成年礼时，父母便把每一颗珍珠串成一串珍珠作为成年礼的信物送给女儿，并亲自戴在女儿的脖子上。可以说，这串珍珠颗颗粒粒都是见证孩子一步一步长大成人的重要信物。有的父母虽不是每年都送一颗珍珠，但会在20岁成年礼上送女儿一套珍珠首饰，一般包括项链和耳环，价格在20万～50万日元（约合人民币1万～3万元）。在成年礼上送给女儿如此珍贵的礼物，是因为一套珍珠首饰

---

[1] 李家乐，白志毅，刘晓军．珍珠与珍珠文化［M］．上海：上海科学技术出版社，2015．

往往会伴随女性一生，也是父母希望女儿一生幸福伴随。在美国也有同样的习俗，当家中女孩长到18周岁，父母都要精心地为女孩举行成年仪式，隆重一些的还会特意布置场地，邀请亲朋好友，在众人的祝福中，父母送上一串珍珠项链以祝贺她长大成人。

2.珍珠首饰与婚俗礼仪

中国有句俗话："男大当婚，女大当嫁。"婚姻是人生中的一件大事，而婚礼作为"五礼"中的"嘉礼"，是礼的本源与发端，是人生最重要的礼仪之一。无论是在中国或西方，所有的民族都十分重视结婚，把结婚视为人生极为重要的事情，甚至关乎民族的延续与发展。而通常作为爱情代言者的珍珠首饰，在婚礼上有着多重寓意。

首先，珍珠首饰的特性符合婚礼的格调。珍珠晶莹剔透，洁白中透着彩色光晕，其色调温和，不冷不燥，恰如其分，显得高贵脱俗、光彩照人。珍珠历来都是婚纱最完美的配饰，各种珍珠首饰点缀着新娘子的精致造型，在白色婚纱映衬之下，把新娘高贵、淡雅、纯真的气质充分显现出来，所以，珍珠又象征纯洁的爱，代表着珍惜、珍爱，十分符合婚礼的格调与气氛。并且，珍珠的珠圆玉润的形态，代表着一切圆满与美好，是对新娘圆满、幸福、和美姻缘的最美好祝愿。

其次，婚礼上佩戴珍珠首饰彰显女性的气质和母性的光辉。当珍珠闪耀在新娘身上，就如同珍珠找到真正属于自己的归属，衬托出新娘温婉、优雅、脱俗、纯净的气质。正如一位研究珠宝美学的专家所言："女性喜爱珍珠，除了珍珠本身外形所具有的光洁圆润美感外，潜意识中更会被深蕴其中的纯洁、生命灵气、柔润、含蓄内敛等象征女性内在美的气质所打动，产生向往和共鸣。"[1]此外，珍珠的珠光溢彩还寓意着母性的光辉。珍珠是由母贝孕育出来的，是生命的呵护与润泽的结晶，这就意味着女性自做新娘伊始，母性的气质开始逐渐在

---

[1] 钱琳萍．珍珠文化论［M］．北京：中外名流出版社，2013．

女性的身上培养。

再次，珍珠可以作为亲朋好友送给新人的礼物，寄托他们的祝福。送结婚礼物是亲友表达对新人祝福的重要方式之一，那些经过用心挑选、寓意美好的结婚礼物不仅会给新人留下最美好的回忆，而且具有长久珍藏价值。当在婚礼上，为新婚夫妇送上一条象征圆满、吉祥的精致珍珠项链时，或为他们送上珍珠吊坠、耳坠、戒指等首饰品时，象征着圆满、美满、珠联璧合、吉祥等的祝福含义。"美丽的新娘，圆满的婚姻"是对他们最诚挚的祝愿。这份浓浓的情意定会使新人倍感幸福和陶醉，这种带有情感性和生命力的灵性礼物比送金、钻石等常见的宝石更显得别具一格、超凡脱俗，更具有特别的纪念意义。

最后，珍珠作为爱情信物，寓意婚礼中的两位新人珠联璧合、圆满顺利。信物表示当作凭证的物品，具有实用、传情、契约、伦理等特点。珍珠是人们对爱情的一种精神寄托，也是见证爱情的凭证。"寄情七世钟爱三生，颗颗皆为心中爱，轻轻朝夕柔摸黄昏，粒粒都是梦中缘。"这是描写珍珠与爱情最为经典的诗句。珍珠首饰向来是传递男女爱情的信物，象征男女在天地共鉴之下，心心相印，共同守护爱情。同时，珍珠首饰亦可以作为定情之信物，以心相许，开启他们爱的征程。在中国最早的诗歌《乐府诗集》里就有描写珍珠与爱情的"头上倭堕髻，耳中明月珠"的情景。因此珍珠首饰非常合适作为婚庆首选的吉祥首饰。当新娘佩戴珍珠出现在婚礼仪式上，在亲朋好友的见证下，两位新人如同孕育珍珠的贝蚌合在一起，永不分离，寓意着他们的爱情如同珍珠在贝蚌内成长经历的长时间磨炼，彼此经受住了严峻考验，经过一番努力，终于修成正果，得到理想的结局。而圆润的珍珠也可以说是情感历程的写照，说明圆满、幸福的婚姻来之不易，彼此需要珍爱一生！在西方，结婚30周年也被称作"珍珠婚"，因为经历这么久的相濡以沫、相敬如宾的婚姻，着实不易，说明爱情经受了30年的风风雨雨考验已坚如磐石，这也显示了人们把对婚姻的珍视看作如同珍珠般的稀有、珍贵。所以，把超过30年不变的爱情婚姻视为“珍珠婚”是对忠贞爱情的礼赞，只有彼此心心相印、情投意合的婚姻，才能称得上“珍珠婚”。在这个重要的结婚纪念日，丈夫往往会将精心准备的一件珍珠首饰送给妻子以表达爱意。

3.珍珠首饰与丧葬礼仪

丧葬礼仪是人生礼仪中最后的一个礼仪。中国自古以来就有“慎终追远，明死生之意”。几千年来，人们形成的丧葬礼仪是生者与逝者的对话，表现在生者与逝者之间的精神联系上，表达对生命的尊重与关怀。珍珠不仅是一种体现优雅的珠宝，而且还象征着眼泪，可以表达对逝者的哀思。所以在欧洲国家、日本等国家的葬礼场合，经常能看到女性穿黑色的礼服并佩戴珍珠饰品出席葬礼。

在西方，人们在葬礼上佩戴珠宝首饰的习俗由来已久，最早出现在15世纪的欧洲。那时的欧洲社会经历种种动荡不安，各种惨绝人寰的灾难持续不断，从经年战争到瘟疫流行，无时无刻不在侵蚀、剥夺人们的生命，人们倍感煎熬，痛苦不堪。在受到战争掠杀的威胁和瘟疫泛滥的双重痛苦折磨之下，欧洲人的人均寿命不到45岁。为了能让民众接受死亡常态的事实，社会上逐渐流行起佩戴象征死亡的珠宝首饰，这种珠宝首饰被称为“葬礼珠宝”或“哀悼珠宝”，用此种方式来警示佩戴者生命的短暂，警示人们要时刻做好迎接死亡的准备[1]，同时也寄托着对逝者的思念。“葬礼珠宝”上会出现逝者的死亡日期、名字缩写以及垂柳、瓮或天使等形象，制作“葬礼珠宝”的材质有象牙、珐琅、珍珠等，黑色与白色的珐琅代表不同程度的悲伤。珍珠象征着眼泪，也是对逝者哀悼的真情流露。

19世纪维多利亚女王时期，“葬礼珠宝”开始在英国盛行，这与维多利亚女王特殊的人生经历相关。1861年，维多利亚女王丈夫阿

---

[1] 孤独星球. 爱与悲伤的传情之物——哀悼珠宝. 知乎（https://zhuanlan.zhihu.com/p/35333654）。

尔伯特亲王逝世，给女王带来沉重的打击，使她陷入了长期的抑郁之中。此后40多年间，维多利亚女王拒绝穿戴华丽的服饰和珠宝，大部分场合都穿着黑色的礼服，并佩戴黑色或无色珠宝装饰。尤其是珍珠首饰是女王余生中最常佩戴的首饰，珍珠象征着哀悼的泪水，表达着女王对已故丈夫的哀悼时时刻刻印在心里。

维多利亚女王穿黑色服装搭配珍珠首饰奠定了皇室葬礼上服饰的规范传统，珍珠被认为是参加哀悼主题活动最适合的珠宝，并一直延续至今。比如，1982年，威尔士王妃戴安娜在出席摩纳哥格蕾丝王妃的葬礼上，选择佩戴一串简单而优雅的珍珠项链，尽显王妃的奢华、庄重和典雅气质。这款项链有着特殊的来历，20世纪70年代，伊丽莎白女王（伊丽莎白二世）第一次出访日本时，日本政府赠予她优质珍珠，她回国后将这些珍珠交给珠宝公司Garrard设计成独一无二的珍珠项链。所以，她在20世纪80年代也曾戴着这个无价的项链。2021年4月，这条项链又出现在菲利普亲王的葬礼上，不过这次佩戴它的主人是凯特王妃。其实，在伊丽莎白女王与菲利普亲王的结婚七十周年庆典上，凯特王妃就曾用这条珍珠项链点缀了黑色套装。凯特王妃再次选择这条具有传承意义的项链作为对亲王的致敬，眼泪一般的珍珠也包含着对亲王的追思与哀悼。

2022年9月，在英国女王伊丽莎白二世的葬礼上，戴着这条特殊意义的珍珠项链的凯特王妃又一次出现在公众的视野中。两场葬礼佩戴同一款珍珠项链，蕴含了英国王室三代人的气息和故事，可见意义非同一般。对英国王室来说，珍珠不仅是一种体现优雅的珠宝，还蕴含着无限的哀悼和悲伤的泪水。或许这就是珠宝传承的意义。

第二章 | 珍珠首饰的类型、特征与价值

一、珍珠首饰的类型

珍珠首饰以其独有的典雅高贵和含蓄内敛的气质让人深深着迷，吸引着众多的女性对它趋之若鹜。珍珠不仅被视为时尚潮流的风向标，也是时尚饰品的一大主流。珍珠首饰依据不同的分类标准，可以分为不同的类型。最常见的是按照佩戴装饰部位来进行分类，如珍珠头饰、耳饰、颈饰、胸饰等。而按照不同的用途、工艺手段、装饰风格、佩戴对象等，又可以划分为相应的不同类型。

（一）不同装饰部位的珍珠首饰

根据珍珠首饰佩戴于不同部位，可划分为珍珠项链、珍珠发饰、珍珠耳饰、珍珠胸饰、珍珠手链、珍珠戒指、珍珠腰饰、珍珠脚饰等。

1. 珍珠项链

珍珠项链是珍珠首饰中最为常见的一种首饰（图2-1），是将珍

珠钻孔后用线串在一起，佩戴于项颈间。珍珠项链款式多种多样，以单串链为主要类型，即将大小、形状、颜色、光泽基本一致的珍珠串联起来，呈一条线状。双串型、三串型等多串型珍珠项链制式也较为常见，但多串型项链是长短组合制式，如双串型采用一长一短组合，三串型采用二长一短或三条均长短不一的组合。此外，珍珠项链亦可与其他名贵金银、珠宝搭配或镶嵌使用，相互交相辉映，增加材质的对比效果，增添高贵奢华气息。这些特别的项链制式一般属于高档珠宝范畴，通常与高档晚礼服搭配。珍珠项链品种繁多，根据其长度和制式可大致分为如下几类（图2-2）[1]。

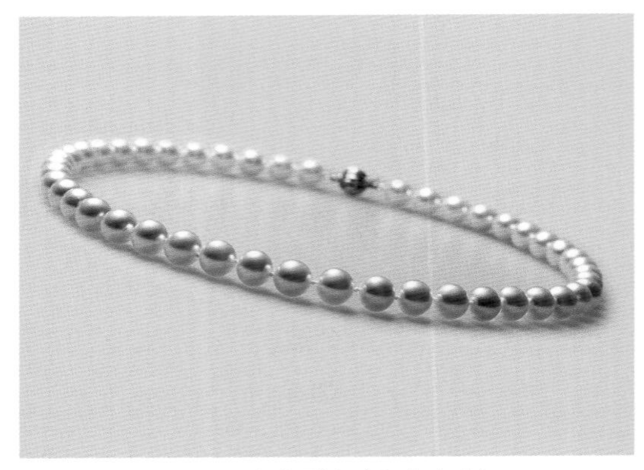

图2-1　珍珠项链（黛米珍珠）

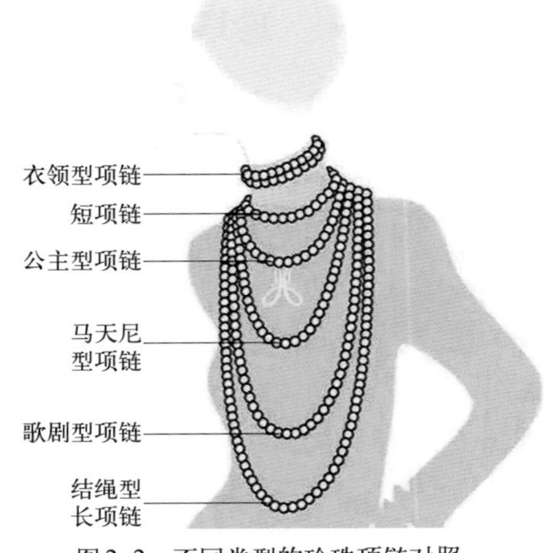

图2-2　不同类型的珍珠项链对照

① 衣领型项链。长度比较短，一般在30mm左右，戴在锁骨上，紧贴脖子正好绕一圈。衣领型项链可以单条佩戴，也可以多条长度相同的项链叠排佩戴。如果选择多条衣领型项链或几条同款式衣领型项链同时佩戴，则颈部线条具有明显的层次感，再搭配V字领、船领服装或露肩低胸

[1] 此处分类标准及类型参阅：郭守国．珍珠——成功与华贵的象征［M］．上海：上海文化出版社，2004：167-169．

晚礼服，会呈现出维多利亚式的古典韵味和奢华气息。

②短项链。短项链就是我们日常说的“choker”，长度一般在40mm左右，垂下来刚好在衣领上方。该款式是最古典也是最流行的实用选择，很适合日常佩戴，适合于任何场合、任何人，尤其受到年轻女孩的喜爱。作为在正式场合佩戴的选择，单串珍珠项链搭配比较随意，不仅可与任何古典晚礼服搭配，而且和新的时尚晚礼装搭配也十分相宜。此外，对任何形式的衣领搭配也没有限制要求，佩戴起来都较合适。

③公主型项链。长度在45～48mm，戴在脖子上垂下来的长度在衣领线稍下一点位置，刚好可以形成一个“V”字线条，可谓是珍珠项链中最经典的长度。公主型项链不仅适合与低领的服装搭配，也比较适合与高领的服装搭配，若再搭配吊坠或其他垂饰，更增添其清爽、活泼、流动之感，把公主般的纯洁美丽与可人的气质充分地突显出来。此外，这种项链比较适合圆脸或者脖子稍短的女性佩戴，也可以起到修饰脸型的作用，让脸部和脖子显得比较修长和匀称。

④马天尼型项链。该项链是长度在50～58mm的珍珠项链。它的长度超过公主型项链，但略短于歌剧型项链的长度。其风格较为休闲随意，适合在氛围轻松的场合或商务活动中佩戴，与休闲装或职业套装搭配效果最佳[1]。

⑤歌剧型项链。该项链是长度在70～80mm的珍珠项链。歌剧型项链是各种长度的珍珠项链中最受欢迎的，适宜搭配正式礼服，也可以搭配休闲装。其在佩戴方式上，可缠一圈与高领服装完美结合，也可以缠绕成两串形成衣领型项链，在视觉上形成层次感，产生古典美的效果。

⑥结绳型长项链。该项链即通常所说的毛衣链，长度超过

---

[1] 郭守国．珍珠：成功与华贵的象征［M］．上海：上海文化出版社，2004．

110mm，可以缠绕成两圈，变幻打结方法，佩戴方式比较自由多变，凸显奢华气质。优雅的长项链也是著名服装设计师香奈儿的最爱。结绳型长项链还可以自由变换款式，只要将长项链的搭扣稍做改变，就可以轻易地将其变化成多串项链和手镯的组合款式，样式新颖。

⑦多串渐变项链。该项链也叫分级型珍珠项链。中央珠的厘码大，逐渐向两端减小。一般由8mm以上的超特大珠，逐渐减小到6～7mm的中珠，直至5mm以下的厘珠。在用珠数量上也没有具体限制，少则数十颗，多则数百颗不等。珠的数量也决定了项链的长度，珠的数量少，项链短一些，一般可绕颈5圈；珠的数量多，项链长一些，可绕颈多达10圈。该项链颇具浪漫、豪爽之气，给人以浑然洒脱之感。

⑧礼服项链。该项链属于珍珠项链中的精品，因与四季礼服配用而得名。由多串长短不一的珍珠项链串联，排列于胸前，一般无坠，显得庄重、清秀、典雅。选用珠料上乘，制作工艺较为复杂，佩戴效果惊艳动人，故又称豪华项链。

2.珍珠发饰

发饰是用来装饰头发以及头部的饰品，与其他材质制成的发饰相比，珍珠发饰的装饰性较强，以女性佩戴为主，包括发夹和发箍。

①发夹。发夹一般是用金属细丝将单颗或多颗珍珠串起来，然后固定在有弹性的一字夹或鸭嘴夹上，用金属细丝串起的珠串可以做成蝴蝶、花卉等各种图案。珍珠发夹是女性佩戴较为普遍的发饰品。珍珠发夹能够提升一个人的气质，特别适合女性佩戴。无论是散着头发还是扎着马尾，都能够用珍珠发夹来整理发型，修饰发际。珍珠发夹用在扎马尾上，能够遮挡住头绳，起到一种修饰作用；珍珠发夹可以夹在前额处，也可以用来固定刘海，洁白的珍珠成为前额最为耀眼的点缀；珍珠发夹还可以用来夹耳边头发，可谓是在秀发上锦上添花，较好地衬托出女性温柔、优雅的气质。

②发箍。发箍又称头箍、发卡，是女性专门为固定头发造型所用

图2-3 珍珠发箍（九蝶珍珠）

的发饰品，呈大半圆形圈状，两边卡在耳朵后面（图2-3）。用珍珠制作的发箍，采用手工串联的方式，将一颗颗饱满的珍珠绑在发箍上，呈现有秩序的装饰美。也有用手工串联的珍珠，大大小小不规则地镶嵌在宽边的发箍上，好像深海中一个个“咕嘟咕嘟”向上涌起的气泡，显现出晶莹剔透的自然美。再加上珍珠色彩瑰丽，圆润高洁，最能衬托出女性美丽端庄、贤淑高雅的气质。

3.珍珠耳饰

一直以来，耳饰都是女性佩戴在耳垂上的特有的装饰品，能起到修饰脸型、增添个人形象魅力的作用。耳饰的品种多种多样，常见的是耳环、耳坠、耳钉等。用珍珠制作的耳饰，色泽温润，通透细腻，最能衬托出女性妩媚、娴雅的气质，因而佩戴珍珠耳饰一直受到女性的青睐。

珍珠耳饰的款式按流行风格划分，主要有传统型和现代型两类。传统型珍珠耳饰的造型基本上是按照传统的模式，只是在某些地方进行了一些改进与完善，或是在选材方面有所不同。产品的结构有套图式、插针式两种，主要适合中老年消费者佩戴。现代型珍珠耳饰的款式是在传统款式基础之上进行改进，或者是选一些传统样式进行夸张变形，它摆脱了传统模式的束缚，标新立异，所以这类产品极受青年女性的欢迎[1]。

---

[1] 钱琳萍．珍珠文化论［M］．北京：中外名流出版社，2013．

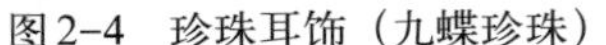

图2-4　珍珠耳饰（九蝶珍珠）

图2-5　珍珠胸针（黛米珍珠）

近年来，根据人们求新、求特、求奇的心理，珠宝设计师们大胆创新，开发出了与传统大相径庭的珍珠耳饰（图2-4）。“现代产品式样繁多，形态各异。若从结构来分，有插针型、螺丝型、弹簧型和搭拍型；在款式上，有单圈和荡圈制式；在造型上，有规则几何形（如圆环形、点形、圆形、方形、长条形、三角形等）、不规则几何形、有机形态造型以及不对称型等。”[1]除了设计款式的多样性，在佩戴方式上也与传统有很大区别。以耳环为例，传统上耳环佩戴要经受“皮肉之苦”，即先要在耳垂上穿个小孔，再用耳环背后的小针穿过小孔加以固定；新耳饰的佩戴方式却是将耳环的一端置在耳廓内，另一端在耳垂后配有磁石，靠磁石与耳廓内的一端相吸来固定耳环[2]。这一颇具匠心的巧妙改造，不仅使耳饰佩戴方便，也使耳饰造型更为自由化和多样化。耳饰是人体装饰的一个重要组成部分，其佩戴要注意整体效果，要与个人气质、发型、装束、身体、周围环境气氛相协调，浑然一体。同时，要突出重点，能吸引眼球，哪怕是单粒珍珠也能让耳朵成为亮点，达到妙趣横生的点缀效果。

4. 珍珠胸饰

珍珠胸饰广义上包括胸针（又称胸花）及纽扣、别针、领带夹

[1][2] 李瑞. 珍珠巧配［N］. 中国矿业报，2003-04-02.

等，是一种佩戴于胸前的装饰品，在与服饰搭配中往往起到画龙点睛、锦上添花的作用，也使佩戴者的个人形象得到明显提升。

①珍珠胸花。珍珠胸花也称胸针或扣针，是女性常用来搭配服饰的时尚单品首饰（图2-5）。作为现代女性常用的装饰品之一，当把一款造型别致、设计精巧的珍珠胸花别在胸前时，整套装饰和个人形象立刻改观，在充分显示出珍珠高贵、雅致的特色的同时，也可衬托出女性妩媚、高贵的气质和风韵。胸花的佩戴也十分有讲究。首先，珍珠胸花的佩戴应与服饰搭配相协调，当衣着简洁、朴素的服饰时，别上一枚造型新颖、色彩鲜艳的胸花，可有效地为服饰增添活力和光彩。春秋两季服装面料丰富、款式多样，胸针能起到很好的装饰作用。夏季衣服面料多为轻薄型织物，佩戴细巧轻盈的珍珠胸针较为合适。冬季服装面料以厚重、挺括为主，可选择镶嵌宝石类的珍珠胸针佩戴。其次，胸针的款式与佩戴方式，应与服装风格以及出席的场合协调一致。如果要身着正装出席一些规格高的活动，比如在隆重、正规的一些场合，当身着晚礼服、西服等高级材质服装时，则选择一些造型复古、图案规整、工艺考究类的珍珠胸针佩戴较为合宜。近年来采用色泽不同、形态各异的珍珠贝设计的胸花饰物，给人以耳目一新的感觉与印象，具有浓厚的现代生活气息，深受时尚女性的喜爱。

②珍珠领带夹。领带夹是男西服不可缺少的实用性装饰品，它是将领带固定在胸前，避免由于人体的运动使领带飘摆不定。由于领带夹佩戴在胸前，很容易成为视觉的焦点，所以有档次的领带夹往往制作工艺考究，甚至用珠宝加以点缀。用珍珠镶嵌制作的高档次领带夹在突出珍珠材质美的同时，再搭配一些钻石、翡翠等高档宝玉石辅以镶嵌，佩戴起来熠熠生辉、光彩照人，更能彰显佩戴者的身份、修养和精神气质，所以备受职场男性的推崇。

5.珍珠手链

珍珠手链是将珍珠钻孔后用线串在一起，佩戴于手腕部位的首饰，能很好地衬托出女性的优雅高贵、娴静淡雅的气质，也是比较流行的首饰品。常见珍珠手链的样式有单排珍珠手链和多排珍珠手链。

①单排珍珠手链。这种珍珠手链是选择大小、形状、色泽几乎完全一致的珍珠加以编排而成的（图2-6）。当然，由于珍珠是天然形成的，大小会有一定的细微差别。在串珠时，通常把较大的珠子放在中间，把较小的珠子放在两边，这样肉眼看起来差别也就不明显了。单排珍珠手链造型简约、清晰自然，颗粒饱满的珍珠排列有序。佩戴单排珍珠手链给人几分大气和随性的美感，若搭配简洁的衣着，更能增添珍珠手链的柔美与典雅气息。

②多排珍珠手链。双排或者三排的珍珠手链是常见的款式，一般由长短不一的珍珠手链制成，佩戴在手腕上显得层次丰富、时尚大气。多排珍珠手链的制作工艺较为复杂、缜密、细腻，经过精心设计的经典款式佩戴起来更显优雅。多排珍珠手链既不会因珠子形状、大小、色泽较为一致而显得过于正统或拘谨，也不会因珠子排列层次多而显得过于杂乱，反而在整体的统一和谐之中显现出高雅、奢华之美。多排珍珠手链比较适合与礼服搭配，如果再加上宝石点缀则会更增添一分贵气。

6. 珍珠戒指

珍珠戒指是常见的珍珠饰品之一，也是戒指家族中的佼佼者，历来就是时尚界的宠儿。通常情况下，珍珠与金、银等贵金属搭配使用，即将珍珠镶于金属环之上，或再加钻石点缀，使珍珠与各类珠宝、贵金属既相互对比又协调一致，达到相得益彰、浑然一体的效果，佩戴起来能衬托出佩戴者高贵、纯洁、高雅的气质（图2-7）。珍珠戒指的造型很丰富，款式多样，常见的有一元式、公主式、鸡尾酒式等。

①一元式（素身式）戒指。一元式戒指又称条式戒、线戒，即将一颗珍珠镶在贵金属戒指上，突出单个珍珠的特征，显得小巧玲珑、简约大方。一般选用单颗圆形珍珠，珠径在8mm以上，各种颜色均可，珍珠打半孔与金属固定住，能适应各种场合佩戴使用。

图2-6 珍珠手链（黛米珍珠）

图2-7 珍珠戒指（亿达珍珠）

图2-8 珍珠腰链

②公主式戒指。这种戒指也可称为主题式戒指，是从一元式戒指演变过来的。戒面镶有一颗较大的珍珠或几颗颜色、形态相适应的珍珠，起着突出主题的作用。周围再用若干碎钻或小宝石点缀以烘托主题宝石，如同群星托月，显示出华贵的气质。戒托以黄金或白金为主，整体造型既优雅高贵，又稳健庄重，显现富丽堂皇的艺术效果。

③鸡尾酒式戒指。这是一种主题明确、感情丰富、形态婀娜多姿的戒指。此款式采用多种不同的名贵宝石与珍珠配镶而成，造型自由活泼，色彩绚丽，风格趋于前卫时尚型，富有超前时代的美感，特别深受年轻女性的喜爱。此款式适合于在出席气氛轻松的社交活动（如鸡尾酒会、舞会等）时佩戴，以便与色彩斑斓的鸡尾酒或梦幻舞会气氛相协调。

7. 珍珠腰饰

珍珠腰饰是挂系腰间的珍珠装饰物（图2-8）。腰饰主要是女性佩戴，其是一种束于腰间起固定衣饰和装饰美化作用的服饰品，包括腰带、腰链、围兜、脐饰等。用珍珠做的常见腰饰有：用珍珠串成的珠带环或用珍珠编织的带环，也有在常见的腰带上镶嵌一颗或数颗不等的珍珠。腰饰的款式可分为腰带和腰链两类。

①珍珠腰带。腰带是常见的腰饰，用

珍珠做的腰带也是非常流行的腰饰之一，有宽腰带和细腰带之分，用珍珠编织而成，或者镶嵌在布带、皮带之上。腰带使用范围广泛，在裤装、裙装、大衣、风衣等服饰种类中有着十分高的使用率，兼备实用功能与装饰功能。

②珍珠腰链。腰链与腰带从表面上难以区分，从功能上说，二者都是装饰腰部的饰物。但从实用功能上看，腰带兼具束腰和装饰功能，而腰链则无束腰方面的实用功能，更像是纯粹的、精致的首饰，它的造型也更装饰艺术化一些。用珍珠制作的腰链主要是由金属材料或绳带串珠材质制成的，有单串或双串等形式，一般悬垂于腰部。点缀在腰部的珍珠能提升腰部线条和整体装扮质感，对于提升整体着装气质有锦上添花的作用。

8.珍珠脚饰

脚饰主要是装饰脚踝、小腿的脚链、脚镯等。脚饰最先出现在美国夏威夷，当时把鲜花串成短短的项链挂在脚脖上，这种偶然之举却奠定了未来流行的脚饰样式，此后很快风靡东南亚地区。珍珠脚饰以珍珠短链较为常见，一般是用珍珠串联的短珠链，用金、银、合金等金属链配以珍珠加工而成的短链也较为常见，甚至长款珍珠项链也能穿戴到脚上。珍珠脚饰色调清淡唯美，雅而不俗，与不同的鞋子搭配起来，都显得非常的温婉、恬静，散发出浓郁优雅和浪漫柔情的淑女气息，很受大多数成熟女性的青睐。

（二）不同工艺手段的珍珠首饰

从古至今，珍珠首饰异彩纷呈，品类丰富，这与采取不同的工艺手段以及工艺的不断创新有很大关系。珍珠首饰的加工有不同的工艺手段，可分为串珠类、镶嵌类、雕刻类等。

1.串珠类

串珠工艺是最古老的工艺。先要从预先处理好的散珠中筛选出大小符合要求的粒珠，然后将珠粒一字排开，并根据珍珠的颜色、光泽不断地进行调整，直至呈现出最完美的链相。接着，使用特制穿针和串珠线将每一颗珍珠串联起来，并细心打好结藏入珠孔内，一串大小、色泽协调匀称的珠链便可完工（图2-9）。

2. 镶嵌类

镶嵌工艺是制作珠宝首饰的一种主要传统工艺，是将宝石以适当的方法固定在金属托架上，以此来呈现珠宝的华丽璀璨和独特美感，达到宝石与金属相得益彰、熠熠生辉的效果（图2-10）。在珍珠首饰加工上，镶嵌就是将珍珠用各种适当的方法固定在珠托上的一种工艺。常见的珠托镶珠工艺有针镶、包镶、爪镶、缠绕镶、打孔镶嵌等。这些传统工艺历经代代传承与演变，经久不衰。通过每一种精湛的镶嵌工艺，不仅使首饰造型款式更为新颖，而且能够突出珍珠的材质特色。特别是多种材质的组合，需要采用多种镶嵌工艺手法，设计难度大，工艺水平要求高，但通过合理的搭配和因材施艺，会使整件珠宝更具时尚感和装饰艺术美感。

3. 雕刻类

此种工艺是一种新兴的珍珠加工工艺，是对传统珍珠审美的颠

图2-9　串珠类首饰（黛米珍珠）

图2-10　镶嵌类珍珠首饰（千足珍珠）

覆。雕刻珍珠难度较大，这是由于珍珠单颗体积较小，不利于雕刻，并且珍珠由珍珠核和珍珠层构成，珍珠层薄而脆弱，容易损坏。但随着审美观念的变化，引发对传统珍珠工艺的改造与创新，即运用高超的精细雕刻技术创造出美丽、独一无二的珍珠饰品。“雕刻珍珠与其说是一种工艺，不如说是一种艺术创作，这是一种打破常规、跳出条条框框的自由创造。珍珠雕刻考验的是创作者的审美能力，以及精湛的工艺水平，两者缺一不可。”[1]

（三）不同艺术风格的珍珠首饰

风格是指艺术作品在整体上呈现出的具有代表性的独特面貌，具有多样化与同一性的特征。珠宝首饰是装饰人体的艺术品，是人们表现情趣美的载体。古往今来，珠宝首饰在满足人们多元化审美的同时，也呈现一个时代、一个民族甚至一个品牌的独特风貌。其具体表现是在首饰主题选择、设计语言、创作方法、工艺手段等方面呈现出一惯性和独创性的风格特征，并产生较为广泛的影响力。根据历史和现当代各种珠宝设计风格流派特点，可将珍珠首饰风格可分为古典风格、自然风格、巴洛克风格和现代简约风格等。

1. 古典风格

古典风格的珍珠首饰色泽柔和，拥有高贵典雅的气质（图2-11）。这种风格的首饰在选材上十分考究，珠粒大且色泽均匀，有的是串珠款式，有的是在大珠周围配以多颗粒珠。其在镶嵌材料上采用金、铂、银等贵金属，在造型上多采用对称设计，如有线条装饰，线条多被盘曲形成藤蔓状。其在加工工艺上一般都讲究细腻精湛。古典风格的珍珠首饰讲究品质，风格中规中矩，流行时间较为长久，大部分场合都适合佩戴，且与任何服装搭配都比较容易协调，珠宝的高贵典雅与佩戴者的雍容华贵形象相得益彰，具有较高的价值。

---

[1] 刘云秀．珍珠首饰的创新设计研究［D］．北京：中国地质大学，2020．

图2-11　宫廷复古毛衣链
（天使之泪珍珠）

图2-12　“御花园系列”珍珠首饰
（阮仕珍珠）

2. 自然风格

自然风格的首饰是融合自然元素设计、体现自然回归精神的首饰，其特色是首饰制作的材质、形态、创意等透露着诸多自然信息，给人以舒适、随便、轻松的感觉。自然风格的首饰在当今正呈现方兴未艾的态势，源于人们对自然亲近与向往的审美心理。自然风格与珍珠首饰有着天然的关联性，珍珠是产于生物体内的一种宝石，其所具有的温润柔美的气质使珍珠的生命特性与自然风格尤为契合。现代自然风格的珍珠首饰以珍珠本身特有的天然材质特性为基础，把自然最美好、最生动、最典雅的元素应用到珍珠首饰设计中。通过从自然界中的形象汲取灵感，触发创作动机，或以具象与抽象方式凝练自然形象，或以意象化的方式表现自然精神，或呈现自然原生态的材料质感等，以彰显自然的活力与生机，再现纯洁、清丽、质朴的自然美。例如阮仕的“御花园系列”珍珠首饰，以自然界中植物花卉作为创作元素，从一花、一叶中凝练诗意的形象，以写意的方式把各种花卉的形象和珍珠巧妙地结合起来（图2-12）。珍珠既可以作为花蕊、花苞，又像是生命的甘露，滋润着花卉与绿叶。每件首饰形态造型虽不直观反映自然，但能抓住各种花卉中最具自然形态特征的有机元素，达到诗画写意的表现效果。

3. 巴洛克风格

“Baroque Pearl”一词源于葡萄牙语，意思是畸形、不规则、怪异的珍珠，也叫异形珍珠。与一般浑圆珍珠不同，巴洛克珍珠通常表面凹凸不平，在形状上没有任何规律可循，所以每一颗都是独一无二的。将异形珍珠上升到以风格相称，这是因为异形珍珠的特点与巴洛克艺术所倡导的艺术理念十分契合。巴洛克艺术盛行于17世纪的欧洲，它是一种激情的艺术，以浪漫主义精神为基调，打破古典主义理性的严谨和谐，追求热情与运动、夸张与变化、不规则形式等艺术效果。这与异形珍珠所传达出的奇异古怪、不合常规相吻合，故称之为珍珠首饰的巴洛克风格。在过去很长一段时间里，巴洛克珍珠都因为奇异的形状而不被人们喜爱，其美学价值长期被忽略，甚至被弃置一旁。但在当今追求个性化的年代，随着审美观念的变化，珠圆玉润似乎不再是人们唯一的追求，巴洛克珍珠越来越受到时尚达人的追捧。利用异形珍珠的独特自然造型，设计师创作出各种款式新颖、富有艺术感染力的首饰作品，让原本被忽略和放弃的异形珍珠焕发出最具时尚魅力的光彩（图2-13）。

4. 现代简约风格

高品质珍珠本身散发的光泽与晕彩足以带给人们最纯粹、最本质、最精致的视觉感受。但过于繁缛的造型设计要么会分散人们对珍珠本身的注意力，要么会遮盖珍珠主体，使得珍珠本身材质美难以显现出来。20世纪90年代，现代简约风格脱颖而出，为了追求外在简洁而内在突显珍珠质感的视觉效果，设计师摒弃多余装饰细节和繁缛复杂的叠加，在结构与样式上采用更具简约而不失现代感的设计理念，但在细节处理上更具匠心独运，更具有个性风格，更符合现代人审美，是一种“不简单的简单”。简约型珍珠首饰通常采用高品质的

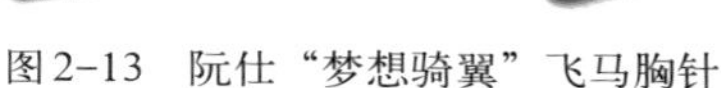

图2-13 阮仕“梦想骑翼”飞马胸针

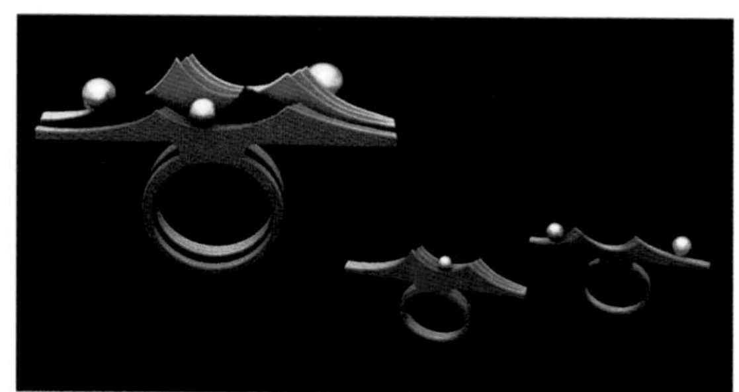

图2-14 “山之韵”

akoya珍珠、大溪地珍珠、南洋金珠等。即使只有一颗珍珠，它的光泽和晕彩都能让珍珠首饰回归最纯粹、最本质、最精致的视觉感受，展现珍珠独有的自信与个性。

（四）不同用途的珍珠首饰

1. 实用性首饰

狭义上的实用性首饰是指用珍珠作为主材料制作的具有实用功能与价值的首饰，如用来佩戴并且可以固定衣物的别针、纽扣、领带夹、带环等，以及用于束发的发卡、发带、发结、发簪等[1]。广义上的实用性首饰是指具有装饰功能、佩戴功能和市场价值的首饰。

2. 艺术性首饰

艺术性首饰指艺术价值和审美价值占主导地位的珍珠首饰，与生活中常见首饰讲究美观、佩戴舒适、适合批量生产等不同，艺术性首饰的主要作用是供人欣赏和收藏，重在体现首饰作品的艺术表现力和精神内涵。艺术性首饰大部分出自名家之手或者是由行业设计师创作，他们创作此类作品主要是为了参加展览、学术交流以及大型评奖，或者是为流行款式发布会所做的专门设计（图2-14）。

---

❶ 云梦石. 珠宝首饰选择与佩戴美学（http://www.360doc.com/content/11/1125/19/5627749-167358900.shtml）。

3.纪念性首饰

纪念性首饰是指对某些事件或某个人表示纪念的首饰，具有久存性、情感性、标志性、归属性的特点，如订婚戒指、结婚戒指、金婚戒指等。与其他类型首饰相比较，纪念性首饰在表达与传递情感方面，更为细腻、深邃。所以，珍珠首饰通常作为成年礼上父母送给女儿的带有纪念意义的礼物，或者是作为结婚十三周年纪念日与三十周年“珍珠婚”纪念仪式上赠送的礼物。

4.寓意性首饰

莎士比亚有句名言：“珠宝沉默不言，却比任何语言都更能打动女人心。”珠宝首饰是一种情感表达的媒介，带有某种寓意象征性。首先，首饰款式有寓意内涵。如“戒指”代表为爱受戒，“项链”谐音“相恋”，代表一生一世相伴等。其次，寓意性可以通过首饰的造型设计来表达，如将首饰的造型设计为“心”形或“爱”字形，以象征情侣之间对爱情的忠贞不渝。此外，珠宝首饰本身材质也具有寓意象征性。如珍珠材质晶莹剔透、温润华贵，象征爱情的纯洁与美好。国际宝石界将珍珠定为六月生辰石，象征幸福、富贵、健康、长寿，所以珍珠又有“健康石”之称。

（五）不同使用对象的珍珠首饰

珍珠首饰创意设计与佩戴需要考虑不同使用对象的定位，使用对象一般按照性别、年龄、职业等标准来划分。根据珍珠首饰佩戴者的性别不同，可划分为男性珍珠首饰和女性珍珠首饰。一般而言，“传统男性首饰以粗犷豪放、风格潇洒为特征，女性首饰则以柔滑细腻、风格纤巧为特色。而现在随着首饰的‘中性’审美取向渐成时尚，以往男女首饰的差异性逐渐模糊，女性首饰出现男性化倾向以突出女性的干练果毅，男性首饰则出现女性化倾向以体现男性的含蓄阴柔。”[1]依据

[1] 崔晓晓. 我国当代男士首饰设计的影响因素及发展趋势 [J]. 超硬材料工程，2010，22 (3)：56-60.

佩戴者年龄不同，可以将首饰划分为年轻人首饰、成年人首饰、中老年人首饰等。

1. 年轻人珍珠首饰

18～20岁正是女孩青春年华的时代，热情奔放、充满活力是这个年龄段的特点。她们不会囿于传统的规规矩矩，前卫型、浪漫型款式珍珠项链是她们钟爱迷恋的首饰。晶莹柔润的珍珠，代表着她们的纯洁与梦幻，将珍珠与彩色宝石元素结合设计成彩色宝石珍珠项链，既活泼热情又有艳而不俗的格调，优雅之中不乏俏皮，甚至还能展现朋克的格调，在提升个人气质的同时，也会令人感到精神爽快而富有朝气，十分契合年轻人的审美喜好和气质特点。珍珠的大小则可选择6～7mm，珍珠颗粒比较小的项链显得精致、小巧，无论在日常的生活中还是在生日聚会上都是上佳的选择。

2. 成年人珍珠首饰

30岁女性知性而优雅、沉静而自信，此时其打扮追求的是线条简洁、温文尔雅、质朴大方，以彰显个人品味和提升气质。7.5～8mm尺寸的珍珠首饰是成年女性的最佳选择，会使佩戴者超过年龄的羁绊，呈现出一种端庄、大方、沉静、雅致的和谐美。在款式选择上，职场女性上班时可佩戴简单大方的单排珍珠项链、珍珠耳坠，来衬托其成熟和干练，展现其优雅而自信的气质（图2-15）。而日常生活中则可佩戴多层珍珠项链、手链、耳饰等，在提亮肤色的同时使项颈显得修长挺拔，展现光鲜靓丽的个人形象，显得单纯而不失韵味，简洁而不失优雅，充分展现女性超凡脱俗之美。

图2-15 优雅知性的珍珠项链（亿达珍珠）

3. 中老年人珍珠首饰

岁月虽在眼角额头写下几缕皱纹，但也赋予了女性成熟的从容与优雅。温润、雅致的珍珠首饰十分适合中老年女性佩戴，成熟女性在珍珠的映衬之中尽显其高贵、大度、宽容、娴静之美。中老年女性可以选择9.5～10mm的珍珠。高品质的白色珍珠首饰是最传统也是最经典的，可以与任何服饰搭配，并且适合任何正式场合佩戴。金色珍珠制成的项链、耳坠，奢华、炫目、高贵，不需要繁复的设计，仅张扬其灿烂耀眼的金质色泽，便足以焕发出非同一般的气质和魔力，其也是中老年女性的首选。混彩珍珠项链看上去好像有点过于调皮可爱，不太符合成熟女性稳重、成熟的气质，但丰富多彩的颜色却能让人焕发年轻光彩，能够为她们增加一些年轻活力，所以适合一些新潮的、追求个性的中老年女性选择佩戴。

（六）不同价值的珍珠首饰

珍珠是唯一拥有生命力的珠宝，表现出不经雕琢、打磨的天然美，拥有温婉、含蓄、灵气高雅的气质，成为时尚优雅女性尤其喜爱的饰品之一。然而由于珍珠外观形态、光泽、品质以及加工工艺的不同，珍珠首饰的价值也会大有不同。按照价值标准，珍珠首饰大致可分为高档珍珠首饰、中档珍珠首饰和低档珍珠首饰。

1. 高档珍珠首饰

高档珍珠首饰是指采用上乘珠料、独特的设计与工艺，制作出来的具有较高艺术价值、商业价值和收藏价值的珍珠首饰。首先，主材珍珠的品相上乘，按照珍珠的分级标准，粒径越大、形状越圆（走盘珠——在平整的盘子上自行滚动）、光泽越明亮（带有彩虹般的晕色）、透明度越高（白色稍带玫瑰红）、表面越光洁的珍珠价值越高。其次，高档珍珠首饰还要看匹配度。匹配度对于制作串珠项链、手链等“多珠镶嵌”类的珍珠首饰十分重要，匹配度好的珍珠体现为色泽基本一致，大小控制在细微的误差内。最后，高档的珍珠首饰还要看材料、设计与制作工艺水平。一般来说，顶级的珍珠首饰不仅要选用品相最好的珠料，而且镶嵌材料也要选用18K金和真钻石等高品质材料。另外，在设计方面要不落俗套，时尚大气；在工艺方面要制作精美，镶嵌无缝对接，体现出高超的技艺水平。

2. 中档珍珠首饰

从珍珠形状上看，中档珍珠首饰所用珍珠的形状有近圆、椭圆、水滴、扁圆等。在光泽方面，珍珠反射光较明亮，表面能看见物体影像；表皮有较小瑕疵，不易察觉。珍珠的颜色、大小和谐或呈渐进式变化。总体上看，珍珠的品质相对统一，匹配度也较高。从镶嵌工艺来看，中档珍珠首饰一般用K金镶嵌制作，款式设计比较新颖，符合时代审美潮流。这是比较普及的首饰，拥有广泛的大众消费群体。

3. 低档珍珠首饰

低档珍珠首饰是用料较普通、价格相对便宜但款式新潮的首饰。从珍珠形态来看，其以不规则居多，大小在3～5mm，光泽度也不够透明，有明显瑕疵，珠子品质不均匀，匹配度较差。低档珍珠首饰的镶嵌材料往往以合金镶材料居多，品种繁多且款式变化大。低档珍珠首饰可与各种休闲服饰搭配，所以广为消费者喜爱。

二、珍珠首饰艺术的特征

在珠宝首饰主要门类中，珍珠首饰以其瑰丽的色彩、温润的光泽、新颖时尚的造型、巧夺天工的工艺，一直被视为神奇的珍宝。珍珠首饰从古至今承载着丰富的精神内涵，不仅成为至善至美的装饰品，而且成为人们表达情感的载体和传递情感的纽带。珍珠首饰需要借助工艺加工制作才能形成，凝聚着世代手工艺匠人的智慧与创造，是艺术与技术相融合的产物与结晶，属于技术美学的范畴。珍珠被称为珠宝家族成员的“珠宝皇后”，既具有其他珠宝类首饰的共性特征，如色彩美、光泽美、稀少而珍贵等，又表现出与其他珠宝类首饰不一样的个性特征，展现出珍珠首饰的独特魅力。概而言之，珍珠首饰的特征主要体现为装饰性、情感性、适用性、审美性、技艺性等。

（一）珍珠首饰的装饰性

珠宝首饰是人体装饰品和艺术品相结合的产物，是人们表现情趣美的载体，可以用来增加人的形象美感和魅力。珠宝首饰最基本的功能就是装饰性功能。所谓装饰性，就是指艺术品特别是工艺美术品（包括珠宝首饰）所具有的对生活美化、修饰、装点的作用，使其符合较高审美品位、带来视觉美感的艺术性功能。

在古代中国，珍珠一直作为装饰物而受到推崇。珍珠具有温润雅致、含蓄内敛的审美特质，这符合了中国传统以“含蓄”为主流的审美情趣与美学追求。自夏禹开始，珍珠即成为王侯将相竞相获取的装饰之物。他们用珍珠点缀日常生活的方方面面，竭力粉饰其特权和奢靡的生活。首饰是人体的装饰物，用珍珠制作的首饰十分普遍，珍珠的珠圆玉润、莹润光泽能衬托出雍容华贵之美。并且珍珠还能与其他各种颜色宝石相搭配使用，如将珍珠与彩色宝石镶嵌在金、银制成的冠饰、头簪、耳环之上，形成鲜明的色彩对比，更增添华贵的气息。“珍珠除用作装饰首饰之外，还可以用来装饰袍服，点缀在袍服之上。更有用优质珍珠制成短衫，称为珍珠衫。古人在珍珠饰品的使用形式上可谓是变幻无穷，渗透到生活的各个方面。除用珍珠装饰头部、制作王冠、首饰，将珍珠镶于袍服、履鞋之上等以外，还将珍珠制成各种高贵的珍珠摆件，甚至还将珍珠运用于装饰宫殿、马车、官轿、殉葬品等。”[1]

如今珍珠首饰作为地位、身份、权力象征的功能已经削弱，但装

---

[1] 刘云秀．珍珠首饰的创新设计研究［D］．北京：中国地质大学，2020．

图2-16　珍珠耳饰（黛米珍珠）

饰功能仍然是主导，为现代人的日常造型起到了画龙点睛的作用，为平淡无奇的着装增加了一丝趣味，甚至引领了时尚潮流（图2-16）。珍珠首饰种类除了传统的项链、耳饰、手镯、戒指等以外，还出现了特殊装饰类型，如珍珠唇钉、珍珠脐钉、珍珠眉钉等。此外，还出现了把珍珠应用于妆容的装饰形式，即把珍珠直接贴在面部作为眉饰、腮饰、发饰，与人的造型、妆容及肤色的结合极为自然，珍珠如同从身体里长出来的一样，优雅的基调中呈现出前卫风格。

（二）珍珠首饰的情感性

"情感是人对客观事物或客观环境的态度和体验，是伴随着人类的认识、实践、日常活动而产生的主观体验，是贯穿人类生理、心理与思想活动的精神力量。"[1]缤纷五彩的珠宝首饰是人类情感表达与传递的载体，它能作为友好的信使、感情的纽带，传递丰富细腻的情感和挚爱。回顾珠宝首饰的历史就会发现，每一件珠宝都在唤起人们追忆往事，纪念逝去的人和岁月，讲述先民们的崇拜、敬仰、爱慕、悲

[1] 戴玲，刘翠敏，谢子奇．探析情感首饰的表现形式［J］．轻工科技，2015（3）：87-88．

欢离合等一系列情感故事。这就使得人们佩戴珠宝首饰不仅是为了装饰自己，更是为了表情达意、抒发情感。珠宝成为人与人之间交流的情感纽带，它被当成情感寄托的载体，传达出对文化品位、情感和志趣的追求。比如对大自然的向往、对传统文化的追忆、对现代文明的反思、对人类精神层面的探索等。

珍珠首饰作为情感礼物可以适应很多情景场合。珍珠被誉为六月生辰的幸运之石，被认为是幸福、平安和吉祥的象征。作为健康之石，珍珠表达祈愿亲人健康、快乐、长寿的美好祝愿。在婚礼上以珍珠首饰相赠，表达祝福新人圆满吉祥、珠联璧合的情感。珍珠又可以作为结婚周年的纪念石，是永恒爱的见证。在女孩举行成年礼时，父母一般要送她一套珍珠首饰以祝贺她长大成人。珍珠的孕育过程象征着母爱的伟大与艰辛，子女送给母亲的珍珠首饰是子女感激母亲养育之恩的最贴切的表达方式。

（三）珍珠首饰的适用性

产品的适用性是指产品适合使用的特性，包括使用性能、辅助性能和适应性[1]。珠宝首饰是一种时尚产品，其适用性就是要使珠宝首饰的质地、款式、色彩等适应种种不同用途的要求，达到实用与美观的和谐统一。具体到珍珠首饰来说，首先，珍珠首饰必须是适合佩戴的。需要根据首饰佩戴的身体部位，来确定珠宝首饰的款式、尺寸大小和珍珠材质品相。如果设计制作的首饰不适合具体对象的佩戴，即使再美观，也没有达到适用性的目的。其次，珍珠首饰的适用性是指应适合不同场合要求。虽然珍珠首饰能衬托出个人的形象气质，但这需要结合不同的场合来选择与服装搭配的首饰款式。例如，在隆重的场合，如婚礼、宴会、舞会中，需佩戴华贵端丽、线条优美的串联珍珠方能引人注目，一展风采；而在普通场合，如上班时，身着职业女

[1] 梁增元．浅谈质量的涵义［J］．黑龙江科技信息，2007（19）：16．

装再搭配一款衣领型或马天尼型的珍珠项链，在简洁大方之中显现典雅的气质，把职场女性精明干练的形象充分烘托出来；在闲暇之日，一身轻松自在的休闲装再搭配一款造型简洁、活泼的珍珠首饰，更显得自然、清丽与娴雅，会展现不凡的气质。

（四）珍珠首饰的审美性

自古以来，珠宝首饰就是人们为了美饰自身、展示形象美、满足欣赏美等需求而创造的。一件珠宝首饰必须具备材质美、形态美、工艺美、意境美等审美价值特征，才能让佩戴者展现出“美”的效果，才能给欣赏者带来视觉上美的享受。珍珠首饰也是人们表现情趣美的载体，在审美活动中能达到丰富情感、净化心灵、陶冶情操、涵养品德、启迪智慧的效果。概而言之，珍珠的审美性主要体现为形态之美、光泽之美、色彩之美、款式之美、意境之美等[1]。

1. 形态之美

中国传统珠宝审美文化里有“珠圆玉润”一说，意思是上佳的珍珠形态要浑圆、丰腴，表面要像美玉一样润泽。珍珠以圆润为美，其形态愈圆愈稀少，也愈显珍贵。以此为标准，那些圆珠类的正圆珠、精圆珠和近圆珠应是最符合形态美的珍珠。圆形珍珠除了代表着形态品质的巅峰之外，其愈圆才愈能全方位地显示珍珠的圆润、内敛、雅致的韵味，如同东方女性含蓄与典雅之美。当今随着人们审美观念的改变，圆形珍珠之外的椭圆形、水滴形、异形等形状的珍珠也逐渐进入人们的审美视野。椭圆形、水滴形的珍珠也是自然形成的，形态规整之中又有些挣脱束缚之感，有一种天然的亲和力。异形珍珠形态不规则，其美学价值一度被忽视，但经过设计师精心设计制作后变成“艺形珠”，展现出独一无二的形态之美，如今特别受到年轻时尚一族的喜爱（图2-17）。

---

[1] 钱琳萍．珍珠文化论［M］．北京：中外名流出版社，2013．

2. 光泽之美

珍珠光泽的产生是一种光学现象，也是珍珠特殊美感产生的重要因素。所谓“无光不成珠”，这是因为珍珠具有多层结构和半透明性质，“当光线照射时，在珍珠层表面出现反射、折射和漫射现象。此外，在珍珠质层间通常产生光的衍射和干涉作用，这些物理现象共同反映在珍珠表层而形成十分柔和的色泽与晕彩，这种奇特的光学效应称为珍珠光泽”❶。珍珠的光学性质使它珠光灿烂、虹彩迷人，给人以含蓄、高雅、朦胧、柔和的美感。珍珠的光学性质成为珍珠最重要的美学要素以及评判其价值的主要依据。珍珠按光泽强度可分为强光泽珍珠、中等光泽珍珠和弱光泽珍珠。弱光泽珍珠珠层较薄，表面反光模糊，在明亮的光线下虽不乏光晕，但光泽暗淡萎靡；中等光泽珍珠反光线条较均匀，但不完全清晰；强光泽珍珠映像清晰，能很好地反射光芒，给人以珠光宝气、流光溢彩的审美感受。

3. 色彩之美

珍珠的色彩是由体色（或称背景颜色）和伴色（晕彩）综合呈现的。“体色是珍珠本身整体的颜色，是对白光的选择性吸收而产生的颜色。它取决于珍珠的各种致色离子、有机色素的种类和含量。”❷伴色主要是由光作用于珍珠而产生的衍射和干涉现象所形成的颜色，一般呈半透明色晕叠加于体色之上，产生调和之美。随着珍珠的转动，伴色的色彩强弱也会发生变化。在不同光线条件下，体色和伴色的呈现也存在差异。在柔和漫射光线下观察，很容易看清珍珠的体色；当光源适当增强时，珍珠的伴色就在珍珠表面的反光中显示出来。最常见的伴色是粉红色、蓝色、玫瑰色、银白色和绿色等，伴色可以为珍珠增添无限的魅力。

4. 款式之美

任何一件珠宝首饰的款式都是由珠宝的排列与分布、首饰托

---

❶❷ 郭守国. 珍珠：成功与华贵的象征［M］. 上海：上海文化出版社，2004.

图2-17　巴洛克珍珠

图2-18　珍珠的意境之美（千足珍珠）

圈（环）、花纹图案等单元组合而成的，从形式看是由点、线、面构成的三维空间整体。珍珠首饰的款式之美除了保持珍珠的天然之美以外，还是在珍珠组合中通过运用符合形式美的规律得到体现的，如重复与渐变、对比与调和、节奏与韵律等。例如，串珠式珍珠项链一般选用圆形珠，分“整齐式”和“渐变式”两种。“整齐式”项链是选择规格、大小、颜色基本一致的珍珠串成的项链饰品，会给人协调匀称、中规中矩的感受。“渐变式”项链是选用由中间大逐渐向两端变小的珍珠串成的珠链饰品，给人以秩序感和节奏韵律美。在设计制作复杂的珍珠首饰时，需要考虑到多种形式美规律的综合应用，既使其产生对比、变化，又使其在整体上协调、统一。

5.意境之美

珍珠不仅呈现外在的形式美，还蕴含着丰富的内在的意境美和精神内涵。这是因为珍珠的形态、色彩、光泽除了直接作用于人的感官而给人们带来赏心悦目以外，还与人们的生活经验发生联系，使人们产生丰富的联想（图2-18）。例如，白色的珍珠象征纯洁、素雅和神圣，黑色的珍珠表示神秘、庄重和悲哀，珍珠温润的光泽能给人以柔和、温顺、娴静的审美感受。

（五）珍珠首饰的技艺性

任何珠宝首饰一般都要经过一系列比较复杂的加工技艺后才能形成。这里的技艺性有多种内涵与外延，可以泛指珠宝首饰制作技艺规范、技艺流程、技艺传承以及“手上功夫”等。

从技艺规范来说，珍珠首饰的每一道加工程序都有相应的技术要领和方法，比如珍珠的分选要按照珍珠层的厚薄、颜色、光泽、形态与大小来进行分类。打孔要根据珍珠特点和制作首饰的类别来进行，即加工项链需打全孔，而做戒指、耳环等只需打半孔。珍珠首饰制作的技艺流程是指将珍珠原料按照一定的工艺技术制作成成品的加工过程，一般分为初加工和精加工两个阶段。其中，初加工又分为分选、前处理、钻孔、漂白、增白、调色、抛光等工序，精加工又可分为成品加工、款式加工、金属镶嵌、成型等工序。

珍珠首饰制作还离不开技艺传承方面的因素。比如镶嵌工艺在珍珠首饰中占有重要的地位，是由历代工匠总结实践经验并传承下来的。作为一门古老的传统制作技艺，能把珍珠的美感恰到好处地展现出来，并将继续延续下去。

至于珠宝首饰的“手上功夫”，其实指的就是手工技艺。在人们的印象中，珠宝首饰往往是手工艺的代名词，尽管今天珍珠首饰的一些加工环节多采用机器流水线加工生产，但手工技艺仍是主流，比如顶级珍珠的分选仍要借助于手工操作，更不用说工艺复杂、技艺要求高的镶嵌工艺了。特别是还出现了珍珠首饰加工中借鉴其他门类的手工技法，如莳绘珍珠工艺。莳绘是日本的一种传统漆工艺，莳绘师在大颗珍珠表面使用24K金粉描绘日式风格纹样，让传统的工艺焕发出新的时尚之美。

三、珍珠首饰的价值

珍珠是唯一经过生命孕育的有机宝石，是大自然赐予人类的珍贵礼物，具有独特丰富的造型、色彩斑斓的晕彩以及专属的珍珠光泽，被誉为“珠宝皇后”。珍珠首饰是一种天工与人工的完美结合与创造，其精湛的工艺不仅凝聚着时代工匠艺人的智慧和心血，也承载着丰富的人文精神内涵。随着人们对珍珠首饰工艺的追求日渐完美，特别是追求艺术化与个性化的设计与制作，使得珍珠首饰不仅成为令人心仪的装饰物，更成为宝贵的艺术珍品。此外，在商业经济背景下，注重珠宝首饰差异化设计，也使得珠宝首饰的品牌价值得到体现。通过对珍珠首饰价值的面面观，可以看出珍珠首饰呈现出人文价值、艺术价值、鉴藏价值、品牌价值等多元化并存的价值取向。

（一）人文价值

“人文价值是指珠宝玉石作品在进行艺术设计、创造、展示过程中留下的人文痕迹而体现的价值。包括设计师和雕刻师的姓名、设计创作及制作过程、时间地点、作品在设计制作前期、设计制作中期、作品完成以后的所有人文经历的价值体现。珠宝首饰的人文价值会给珠宝首饰作品打上深深的历史的烙印。”[1]它能够反映珠宝首饰的创作工艺、加工水平、时代审美风尚等信息，甚至记录珠宝首饰创作者的身份、珠宝制作的时间与地点、珠宝首饰的制作及流传过程中所发生的一些轶事等，还能够在一定程度上折射出创作者和使用者的人生观、世界观和审美趣味。这就使珍珠首饰成为一个信息的载体，为后世理解其创作年代的社会、历史、文化、科技发展水平提供了依据，因此也就具备了历史人文价值。例如，英国“珍珠泪”王冠就

---

[1] 胡楚雁．在投资收藏中如何看待珠宝玉石的价值？[J]．中国宝玉石，2014（4）：128-133．

演绎了一段不平凡的故事（图2-19）。从名称上说，“珍珠泪”王冠是因王冠上镶嵌的水滴形珍珠亦如女人的泪滴而得名。这尊王冠于1914年，由玛丽女王命令珠宝匠依照其祖母剑桥公爵夫人的王冠仿造，可见其不凡的身世。1981年7月29日，威尔士亲王查尔斯与戴安娜王妃在白金汉宫举行了盛大的婚礼。典礼上，英国女王伊丽莎白二世亲手将这顶“珍珠泪”王冠赐予了威尔士王妃戴安娜。后来戴安娜王妃婚姻不幸的遭遇也使得这顶珍珠王冠蒙上了一层悲剧色彩。这顶王冠原有的设计共有38颗水滴形的大珍珠，王冠共有19个拱形结构，每颗下面吊有一颗珍珠，在视觉上形成有趣的对比之余，又添加了一丝女性的精致轻奢感，更加彰显出王后的气质。当然，这顶珍珠王冠不仅见证了许多重大的历史事件，而且其珍珠眼泪般的造型与戴安娜王妃不幸的婚姻遭遇耦合，使得这顶珍珠王冠颇具传奇色彩。

（二）艺术价值

从艺术价值角度来考量，珠宝首饰具有装饰性与精神表现性，故应将其归属于艺术品类，艺术性的表现是珠宝玉石最根本的灵魂。

首先，珠宝首饰的艺术性通过精湛的工艺得到体现。珠宝匠们选择材料时多是出于美学考虑而非实物价值。“如何让宝石发挥出内敛却高雅闪耀的光泽，是工匠创作珠宝首饰时的考虑重点。完美的手工、灵活的变化及细致的设计均是高品质珠宝首饰创作的必备条件。一件‘优秀’的珍珠首饰品会令佩戴者展现出‘美’的效果。”[1]珠宝首饰的工艺凝聚着世代匠人的智慧心血，具有传承性，但又不是一成不变的，随着时代的发展和人们对珠宝首饰审美的多元化追求，其工艺又在不断地得到改善和创新，使珠宝首饰造型和款式朝着更具时尚、更具个性和更具视觉形式美感的方向发展。精湛完美的工艺不再

---

[1] 海欣翡翠．怎么去判断一件珠宝的价值？（http://k.sina.com.cn/article_5911115554_160547722001015mpo.html）。

图2-19 “珍珠泪”王冠

图2-20 “听雨”

仅满足于让珠宝首饰成为世人心仪的装饰之物，而是让其成为价值连城的宝贵艺术珍品。

其次，珠宝匠们常常从某一艺术作品中汲取创作灵感。一件成功的珠宝首饰作品，应如同一幅富有感染力的艺术作品。“可从作品中体会出灵感来源的深层美态及神韵。灵感的独特气质会表露无遗地注入作品之中，令作品蕴含无限的观赏及艺术价值。创作的灵感通常来自现实生活，‘形似不如神似’，以模仿的形式，将现实生活的一点一滴（如大自然的动植物形态、人类的情感等）幻化成件件不凡的珍珠首饰作品。”[1]例如，“听雨”这幅作品表现的是诗画江南的雨景（图2-20）。在静谧的空间中，雨声有规律而平稳地从屋檐瓦片上落下，沁入了心灵，勾起许多过往的回忆。那落下的圆润入水的珍珠，象征着滋润万物的雨水。那颗颗晶莹剔透的珍珠点缀在瓦片上，然后汇聚到瓦沟，由远而近、由小到大地串联起来，从屋檐上洒落下来，仿佛还可以听见雨滴滴答答地敲打着地面而发出清脆声响。这样的作品题材再配上《虞美人·听雨》中的诗句：“少年听雨歌楼上，红烛昏罗帐。壮年听雨客舟中，江阔云低，断雁叫西风。而今听雨僧庐下，鬓

---

❶ 陈好．高级珠宝——美丽恒久远 价值永流传．新浪财经（http://finance.sina.com.cn/roll/20130510/012615410677.shtml）。

已星星也。悲欢离合总无情，一任阶前，点滴到天明。”[1]将诗情与雨景实现了完美融合，让人产生共鸣与遐想，感受到明月清风、花开花落、风雨飘摇、人世冷暖，守护着屋檐下的一代代人。

（三）鉴藏价值

珠宝首饰品的鉴藏价值是由其本身的质量价值所决定的。珠宝首饰的质量价值可分为内在质量和外在质量。内在质量指的是珍珠的种类和质地，例如，如果按养殖产地分类，珍珠种类包括南洋金珠、日本akoya珍珠、淡水珍珠（中国、美国）、塔希提黑珍珠等。珍珠的质地包括珍珠的光泽度、晕彩程度、大小、形状等。珠圆玉润，珍珠越圆其价值越高；光泽是珍珠的灵魂，也是衡量珍珠价值的看点；“七分为珠，八分为宝”，珍珠粒径越大越有价值。内在质量是基础和本质，外在质量包括款式、造型、纹饰、创意及做工精细程度等，是对珠宝品质的锦上添花。除了珍珠首饰本身的质量价值以外，每件珠宝首饰背后都演绎着一段历史故事，是特定历史时期的国家、民族、社会、经济、文化发展的反映，所以价值高的珍珠首饰一般背后都有着非同寻常的经历和历史故事。它或许是出自名家的经典之作，或许是为了某个特殊历史盛典而专门制作，抑或是被某个名人佩戴或收藏过而提升了价值。比如伊丽莎白·泰勒曾经拥有的“钻石漫游者珍珠”项链，由著名的漫游者珍珠（La Peregrina Pearl）、红宝石和钻石组成。1969年，泰勒的第五任丈夫、英国著名演员李察·波顿（Richard Burton）在拍卖会力压一位西班牙皇室成员，以37 000美元拍得这颗珍珠，并将其作为泰勒的37岁生日礼物赠予泰勒。这颗珍珠最先在16世纪发现于巴拿马的海湾，其形状呈对称的水滴形，颗粒硕大，光泽柔和，晕彩丰富，重达55.95克拉，一经发现即被视为珍奇宝石，后献给西班牙国王并被镶嵌在王冠上。漫游者珍珠作为现存最大、最经

---

[1] 魏艳艳，左宏阁．从《虞美人·听雨》感受词人蒋捷的生命体验［J］．山东广播电视大学学报，2015（2）：46-48．

典的水滴形珍珠，又历经5个多世纪的历史辗转，无论是观赏价值还是收藏价值，都是无与伦比的。2011年该珍珠首饰又被拍卖出1 180万美元的高价。总而言之，珍珠首饰品的形态、色泽、做工、神韵及古旧程度，以及奇、特、稀的质量价值和传奇故事，在收藏、把玩和观赏之中能带给人们精神和文化的享受。

（四）品牌价值

在珠宝首饰的多元化价值构成中，品牌价值也是珠宝首饰的一个重要体现。对于珠宝品牌而言，品牌价值和理念占据着十分重要的位置。当人们购买一件珠宝首饰品时，不仅是在购买珠宝首饰本身，更是在购买珠宝首饰品牌所承载的内涵，或者说这个品牌所传达的理念。例如，当人们看到香奈儿珍珠首饰时，便会想到这个品牌所诠释的优雅、独立、随性和简洁，而珍珠之父御木本以“设计永恒、做工精细和用料珍贵”为品牌宗旨，讲究严谨而精致，突显珍珠的莹润雅致是其品牌表现的特色[1]。国内阮仕珍珠以“光华自在”作为品牌理念，以设计创新为驱动，不断开拓珍珠首饰设计新领域，打造珍珠珠宝的多元时尚和创新美学风格，从不同的维度表现珍珠的奢华、优雅和充满现代感的时尚气息（图2-21）。

图2-21　蝶梦幽兰系列珠宝（阮仕珍珠）

[1] 阳琳，周怡．中国珍珠首饰设计初探：以香奈儿和御木本为例［C］//国土资源部珠宝玉石首饰管理中心（NGTC），中国珠宝玉石首饰行业协会．2011中国珠宝首饰学术交流会论文集．中国地质大学（北京）珠宝学院，2011：4．

对于珠宝产业来说，珠宝品牌的成功程度取决于品牌的特色及产品的差异化程度。目前中国珍珠首饰产业处于探索阶段，虽拥有不少珍珠首饰品牌，也不乏高质量的产品，但不少品牌产品同质化的情况比较严重，整体上不具备国际珠宝品牌的影响力。品牌价值不高带来珍珠首饰附加值较低。为此，需要借鉴世界知名珍珠首饰品牌发展模式，加强品牌风格定位，尝试与国际知名的设计师跨界合作，通过锐意创新和大胆尝试，设计制作一系列能代表品牌形象的款式新颖、工艺精良、品牌内涵丰富的高级典藏珠宝，不断加强品牌推介与宣传，以品牌的吸引力影响商家和消费者，进而振兴珍珠首饰产业和提升珠宝的价值。

第三章 | 珍珠首饰的设计创意

一、珍珠首饰的设计理念

“首饰设计的理念是首饰创作的思想导向，是指导首饰设计和首饰创作的基本思想和设计方向，涵盖对首饰文化的理解、对首饰流行趋势的把握、对首饰风格的定位及对首饰创作方法的掌握。”[1]珍珠首饰不仅是单纯的造型、材料和色彩等元素搭配组合的视觉美感呈现，而且是某种文化观念、风格语言、创意思维、流行时尚等设计理念的诠释表达。在珍珠首饰设计中，越来越多的珠宝品牌与设计师在传统工艺的基础上融入现代设计理念，注重首饰设计的人性化表达，在设计中融入自然元素、创新思维方式和设计方法，强调工艺与设计融为一体，使珍珠首饰的造型、款式更加新颖独特，功能也更趋多元化。这体现了珍珠首饰设计把“以人为本”作为核心的现代设计理念，昭示了珠宝首饰设计一切为了消费者、满足消费者多层次需求是现代产

[1] 吴小军．现代首饰的设计元素与创作思维 [J]．艺海，2013（1）：86-88．

品设计的重要发展趋势。

（一）人性化设计的表现

人性化设计是指在产品设计过程中，不单纯考虑产品的功能性，而是把人作为设计的核心，更多地关注消费者的心理与情感需求的设计。“珠宝首饰产品的最终消费主体是人，所有珠宝首饰产品都有着相对应的欣赏接受人群，也需要在不同层面去迎合他们的物质与精神需求。”[1]珍珠首饰产品的设计与创作，同样要以人对首饰的物质与精神需求为目的，将人性化作为基本考量，在满足装饰功能的基础之上，更关注对人的精神的关怀，在首饰设计中融入趣味性与情感性元素，重视人与首饰之间的有机联系，增强首饰佩戴的体验感，提高首饰产品的“温度”，使其更加符合消费者的物质与精神的双重需求。

1.追求首饰设计的趣味性

趣味性是指情趣和意味，也就是“能引发人们某种感情的因素，或使人愉悦、使人感到有意思的因素，或能感染人、打动人、教育人，能引起人们注意力的因素”[2]。带有趣味性的首饰具有鲜明的个性特点，能够对人们的视觉、触觉产生刺激，使人有新鲜感、惊奇感、巧妙感和愉悦感。与传统常态化珍珠首饰相比，带有趣味性的珍珠首饰在外观样式上突破常规，标新立异，独具特点，给人类感官带来美感，与人们产生情感共鸣。此外，在结构功能上也进行了创新设计，增加了与佩戴者产生互动的趣味性，在吸引消费者注意力的同时，也给人们带来全新的佩戴体验感和审美意趣。

（1）造型款式的趣味性

珠宝首饰的造型款式是最直接、最外在的表现形式，新奇的造

---

[1] 吴小军．现代首饰的设计元素与创作思维［J］．艺海，2013（1）：86-88．

[2] 李维娜，周怡．浅谈珠宝首饰的趣味性设计［C］//国土资源部珠宝玉石首饰管理中心（NGTC），中国珠宝玉石首饰行业协会．2011中国珠宝首饰学术交流会论文集．中国地质大学（北京）珠宝学院，2011:5．

型能够使首饰具有出奇制胜的魅力，能够带给人们最直观的感受。例如，这款珍珠首饰的设计创意来源于金鱼意象（图3-1）。该款首饰造型以金色的珍珠作为鱼身，用铂金勾勒出其灵动的鱼尾，再用两粒小的金色珍珠镶嵌在大的金色珍珠上作为眼睛，且放在与尾部对应的头朝上位置，增加了造型的灵动性、诙谐性、奇特性，吸引了人们的关注和兴趣。金鱼自古以来就被人们赋予了美好的象征和寄托，如“鲤鱼跳龙门”有越来越好的寓意。此外，龙鱼挂件吊坠也被视为辟邪镇宅的吉祥物，有着幸福吉祥的象征寓意。

在珍珠首饰的设计中，异形珍珠的独特形态往往能给设计师带来丰富的创作灵感，促使他们根据异形珍珠的形态、大小和质地等，采用新颖的表达方式为珍珠首饰增加趣味性，赋予首饰别样的时尚与浪漫。这些异形珍珠是从自然界中的植物、动物、昆虫等得到启发，或以生活中的人作为创作灵感来源，并经过设计师巧妙构思、概括、提炼和适当的变形后用于首饰造型上，不仅体现了首饰造型独一无二的个性特征，而且其顽皮、憨态可掬的动物形象还能给人异乎寻常的视觉感染力，可以使其充满与众不同的趣味性。例如，珠宝设计师代波军利用异形珍珠设计了一款小象胸针首饰作品（图3-2）。该首饰的造型采用仿生造型设计，让形状怪异的异形珍珠变身为举止可爱的呆

图3-1　珍珠金鱼挂坠

图3-2　异形珍珠小象胸针

萌小象，高高卷起的长鼻子显得神气十足，用铂金做的植物暗示了小象的生存环境，仿佛一只小象正在林间漫步，过着自由自在的生活。当看到这些生动有趣味形象的首饰时，人们会由衷地感到开心和喜悦。

（2）功能的趣味性

除了首饰形态的趣味性，首饰功能的趣味性也是设计创新的一个突破点，通过功能的改变可增加首饰设计的附加值。“传统的首饰结构符合大众审美的要求，给人稳定、保守的感觉，但是在长期的发展中，固有的模式必然会产生视觉疲劳，无法带给感官新的刺激的体验。”[1]首饰功能的趣味性打破了传统造型结构方式，在设计中增加了一些可操作功能，把静态的首饰变成具有交互体验的产品，让首饰在佩戴时与人体产生互动，从而给人们带来一种前所未有的体验感，激起佩戴者的好奇心和兴趣，赋予首饰一种全新的生命意义。例如，珠宝品牌Galatea的珍珠作品“Blossom Ring”采用趣味性功能设计，其构思创意是把珍珠首饰设计成一朵可以动态绽放的花朵，花蕊以一颗大溪地珍珠制作，围绕黑色珍珠即花蕊的是三圈用白色珍珠做成的花瓣，三圈花瓣采用不同大小尺寸的淡水珍珠，分别为2mm、2.5mm和3mm，每颗珍珠均用金属丝固定在中间黑色珍珠上，珍珠花瓣由内到外按由小到大依次摆放，即最小的珍珠花瓣放在内侧、稍大一些的珍珠花瓣放在中间、最大的珍珠花瓣放在外侧。这些金属丝的长度与弧度都经过精密计算，以确保闭合时金属丝看起来均匀。戒指环巧妙地设计成花朵的茎干，并镶嵌了26颗钻石。在正常温度下，珍珠花瓣处于聚拢、收缩状态；当温度逐渐上升时，花瓣便会徐徐张开；温度降低，则又恢复到原状。其功能设计原理是利用镍钛合金具有形状记忆和超弹性的特性，在对合金进行加热和冷却后，随着温度的变化合金会产生变形或恢复为特定形状，这样就可以达到“花瓣”闭合或张

---

[1] 周良．现代珍珠首饰的设计类型［J］．才智，2013（35）：294．

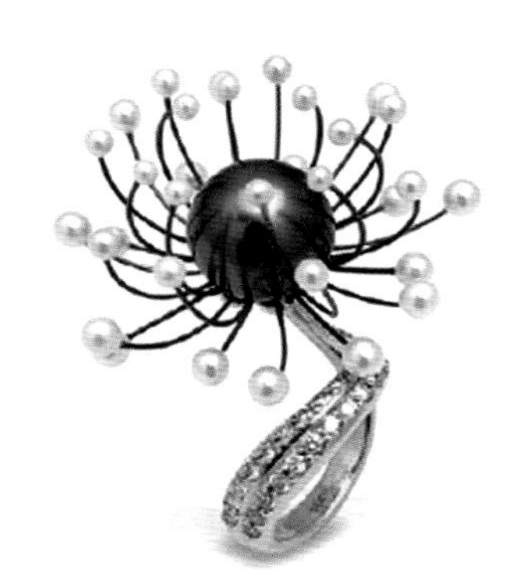

图3-3 趣味性珍珠结构功能设计

开的效果。此作品通过温度变化来引发首饰的形态变化，让佩戴者在使用的过程中增加新鲜的体验感和乐趣（图3-3）。

2.注重首饰设计的情感表达

虽然珠宝首饰主要具有装饰美化功能，但同时也起着情感传递的作用。特别是在当代社会，随着生活水平的提高和审美需求的多元化，人们越来越趋向于追求超越物质之上的带有精神慰藉的设计产品。对于首饰设计领域来说，情感的表达与诠释尤为重要。一件好的珠宝首饰产品，不仅其本身具有良好的价值和装饰功能，而且往往是丰富情感的融合和注解，成为人们喜爱并能打动人们心灵的作品。“首饰的情感来源于人们对客观事物或客观环境的态度与体验，人们根据自己的人生经历、日常活动、情感变化，在首饰中寻求情感的共鸣与寄托。”[1]唐纳德·诺曼（2005）也认为：“我们所依恋的实在不是物品本身，而是与物品的关系及物品代表的意义和情感。”[2]由此可见，珠宝首饰是情感的载体与纽带，把设计者、观赏者、佩戴者的情感紧紧联系在一起，其中设计者是情感的引导，这也意味着珠宝首饰设计

[1] 刘云秀．珍珠首饰的创新设计研究［D］．北京：中国地质大学，2020．

[2] 唐纳德·诺曼．情感化设计［M］．北京：电子工业出版社，2005．

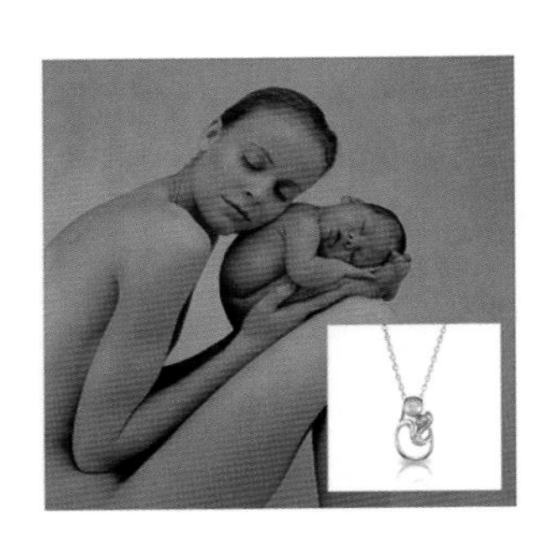
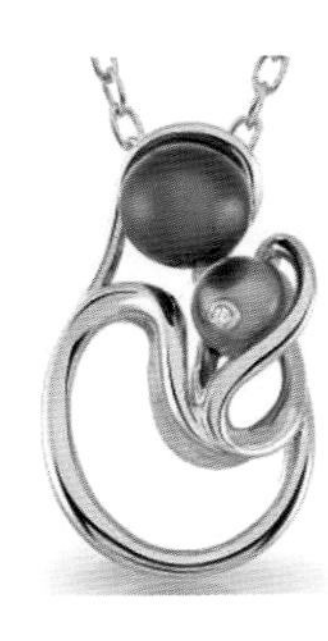

图3-4 情感主题珍珠首饰

应注重情感的表达，并通过形态、结构、肌理、色彩等造型语言加以表达，让首饰品与佩戴者、观赏者产生情感的共鸣，使首饰设计可以满足人的情感需求，在情感交流中发挥重要作用。

“设计师的情感表达是一件作品生命力的体现，决定了这件作品的吸引力、感染力。”[1]首饰作品中的很多主题并不是天马行空的，而是来源于生活中的点点滴滴，受到生活中人与事的启发。人们喜爱珍珠，不仅是喜爱其形态、光泽、晕彩所呈现的视觉美感，而且是喜爱其所蕴含的情感。因为珍珠的诞生过程本身就代表了一种情感叙事，珍珠是在母贝的庇护下慢慢生长的，让人们很容易联系到婴儿在母体中渐渐孕育成长的奇妙过程。设计师有感而发，很多珍珠首饰的创意选择母爱主题，是受到珍珠在母贝内孕育过程的启示，表达人间最真挚、最高尚的情感。例如，这款情感主题珍珠首饰作品是出自国外设计师的杰作，其创意灵感来源于摄影师安妮·格迪斯（Anne Geddes）的摄影作品。该作品以独特的视角捕捉到母亲呵护婴儿的情形，母亲细心地托起安详熟睡的婴儿，用自己的脸腮温柔地贴在婴儿后背上，仿佛在倾听婴儿的心跳。此作品生动、准确、细腻地表达了人间最伟大的母子之情（图3-4）。珍珠是母贝历经痛苦自然孕育出

[1] 李维娜，周怡．浅谈珠宝首饰的趣味性设计［C］//国土资源部珠宝玉石首饰管理中心（NGTC），中国珠宝玉石首饰行业协会．2011中国珠宝首饰学术交流会论文集．中国地质大学（北京）珠宝学院，2011：5．

的宝石，就像母亲孕育出婴儿经历的艰难过程一样。选用珍珠来表达出母亲与新生命之间的情感无疑是最贴切的。从首饰造型设计语言上看，作品没有刻意地模仿照片的具象形态，而是以抽象性的点、线塑造出母子依偎在一起的经典视觉形象，虽然造型语言十分概括、简洁，却生动地传达出人间最温馨、最高尚、永恒的母子情。设计师在细节上的处理也很好地烘托了情感主题，珍珠上镶着的小巧钻石寓意着“新生命的火花”，其内涵可以理解为妈妈们曾经在超声波检查中见到婴儿微小闪烁的心跳，期待着新生命的到来❶。

另一件命名为“期盼”的作品展现了这样的一幅场景（图3-5）。在草丛中，鸟妈妈专心地守护着未孵化的蛋，期盼着未来小生命的诞生，她静静地望着远方，眼光里充满着慈爱与执着。该作品意在表达对伟大母爱的歌颂，希望天下的儿女能够意识到母亲呵护子女成长的不易，同时也意在唤起人们对天下父母的感恩，希望儿女要懂得回报，不要让父母在年老时独守空巢。设计师把个人丰富的情感融入珠宝首饰

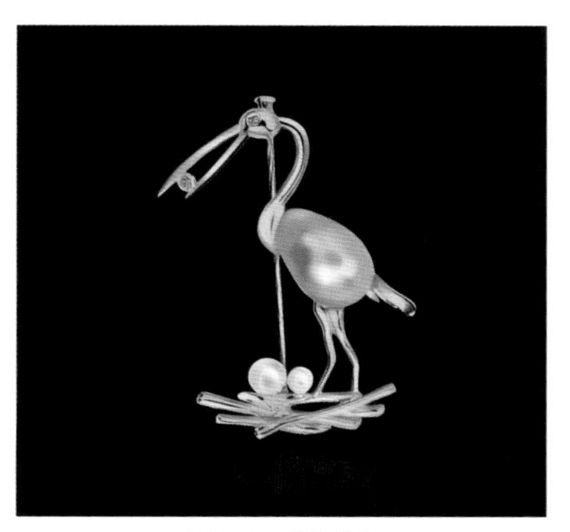

图3-5 “期盼”

❶ 刘云秀．珍珠首饰的创新设计研究［D］．北京：中国地质大学，2020．

之中，借助珠宝首饰媒介与佩戴者进行情感交流、互动，并产生共鸣，使设计出的珠宝首饰更加生动，更具有亲和力，更富有灵动和情感色彩。

（二）自然元素的运用

自然和人类造物活动息息相关，造物起源于模仿自然，取材于自然。自然界的山川河流、动植物形象等具有丰富的自然形态，不仅带给人们感官上的愉悦与享受，也为造物设计提供了取之不尽、用之不竭的素材。首饰设计作为造物活动的一个重要组成部分，与自然也结下不解之缘，从造型语言到设计理念再到创意构思等方面都受到自然的浸润与启发。对自然元素的开拓与应用，使首饰呈现个性化、艺术化、情感化的特色，更好地表达人与自然的和谐理念。珍珠是有机宝石，是在母蚌体内自然生长而成的，并且珍珠从珠蚌中取出后不需要进行琢磨就可以直接转化为一件漂亮的饰品，可以说是自然的恩赐。不过，具有开拓精神的珍珠首饰设计师并非固守珍珠本身的自然属性，而是由此延伸，在首饰设计中把时尚元素与自然理念进行融合，赋予首饰自然美与艺术美，展示自然生命的千姿百态，同时唤起人们亲近自然、与自然和谐共处的意识。

1. 自然元素与首饰设计

（1）自然作为首饰设计创意的素材与灵感来源

自然是一个宽泛的概念，既可以指物理世界的现象，也可以指一般生命的现象。亿万年来，大自然历经斗转星移、日夜交替、风雨沧桑、四季轮回，创造了万物的千姿百态，比如我们能够直接感知的动物、植物、风景、固态、液态、气态、天体变化等事物形态。借助于科学手段，我们还可以不断发现无数微观世界和宇宙世界的事物形态。对于设计而言，自然是一个巨大的宝库。无论是变幻莫测的自然景象，还是自然中的万事万物，都为首饰设计提供了取之不尽、用之不竭的创作素材。此外，自然还以其无法言明的造物奥妙带给设计者

图3-6 自然元素的珍珠首饰（九蝶珍珠）

无尽的创作灵感。

自然元素包含了自然中的一切，自然拥有的质朴、自由、和谐的特性使其展现出独特的生机和魅力。设计者通过对自然界中各种元素的观察和取舍，借助于发散性思维和想象，将自然元素融入珍珠首饰设计之中，使首饰散发出自然气息，给人们带来身心愉悦和温馨享受。通过首饰这个媒介，可以诠释设计者崇尚自然的观念和情感，也能够唤起佩戴者对于自然的共鸣。带有自然风格的首饰让人可以轻易地联想到大自然，感受到自然就在生活之中，给观赏者和佩戴者带来无限的遐想，仿佛置身于自然天地之间。在沉浸于自然之乐的同时，还能够引发观赏者和佩戴者对人与自然关系的思考，为首饰增添灵动之美、自然之美、哲理之美（图3-6）。

（2）首饰材料的自然属性

“材料是首饰最直观的表现语言，对首饰风格的体现起着重要的甚至是决定性的作用。材料的特性、肌理、颜色及美学价值直接影响着首饰的理念表达，材料长期以来形成的社会属性也对首饰产生着深刻的影响。”[1]首饰材料是从自然中获取的，有的是直接利用，有的是对自然材料进行加工而成。远古时代人类就开始用动物的骨骼和牙齿、石珠等自然材料制作成首饰来装饰身体。随着人类文明进程和科技的发展，越来越多的自然材料被提取和运用到首饰设计制作中去。来源于自然的材料按其性质和特征的不同，大体可以分为宝石、金属和其他天然材料。而宝石分为有机宝石和无机宝石，是直接产于自然，具有质地坚硬、晶莹艳丽、产量稀少、价值昂贵等特点。

在品类丰富的宝石世界中，珍珠是一种古老的有机宝石，主要产于珍珠贝类和珠母贝类等软体动物体内。自古以来珍珠一直被人们视作奇珍异宝，是大自然的恩赐。地质学和考古学的研究证明，早在两亿年前，地球上就已经有了珍珠。而人类发现并使用珍珠则出现在原始社会，生活在海边的原始人在捕猎和觅食时，发现了能散发迷人彩色光晕的珍珠，并被它那晶莹无暇和瑰丽色泽所吸引，然后将其收集起来并制成简单的饰品戴在身上。从那时起珍珠就成了人们喜爱的饰物，并被加工成各种首饰品，一直延续至今。珍珠按照成因分为天然珍珠和人工养殖珍珠两种，在此主要介绍天然珍珠。天然珍珠是无人为干预下贝类自行形成的珍珠，当贝、蚌类生物受到外界刺激时，会分泌出珍珠质将体内的入侵物（细小沙粒或微生物等）包裹，从而形成珍珠。习惯上人们把天然珍珠又分为海水珍珠和淡水珍珠。海水珍珠是热带或亚热带的浅海域中产出的珍珠，而淡水珍珠是指江、河等天然环境中产出的珍珠。珍珠的颜色一般为不透明色，具有代表性的颜色有白色、奶油色、黄色、粉红色、银色或黑色等。珍珠的形状多种多样，有圆形、梨形、蛋形、泪滴形、纽扣形和任意形。其中以圆形为佳，以正圆形为最好，古时候人们把天然正圆形的珍珠称为走盘

[1] 刘芳．探寻首饰中的自然：论首饰设计中自然元素的运用［D］．苏州：苏州大学，2008．

珠[1]。异形珍珠是在自然条件下形成的独一无二的奇珍异宝，大自然创造的形态各异的“小怪物”为珠宝界带来了一股清流，点燃了万众的时尚灵感。由此可见，珍珠的形成及其形态、色泽、肌理都具有天然的属性，是大自然的鬼斧神工之作。

（3）首饰造型中的自然形态

自然形态和首饰的造型设计有着相互支撑的发展和表现关系。“自然形态为首饰设计提供了无尽的灵感，对首饰的发展起到了一定的指导作用；同时，自然的美亦需要通过首饰作为媒介进行呈现甚至是加工后升华再现，因此自然形态和首饰的造型设计相辅相成、密不可分。”[2]

自然形态运用在珍珠首饰的造型中，使首饰突破了常规的设计思路，呈现自然的生机与活力，增加了人们对自然的亲切感和融入感。其主要表现形式有两类。

其一，以珍珠原生造型为主体的自然形态设计。这种形式往往是以珍珠的原生造型作为创作的起点和想象的根基，在珍珠原生造型上进行发散性的构思与创意，突出珍珠造型的新颖性与趣味性。这种形式是珍珠首饰造型中自然形态设计较为常用的形式。例如阮仕珠宝“十二生肖”珍珠首饰，以各种形态的异形珍珠为基础，塑造出各种可爱的动物形象，打破人们对珍珠一贯优雅、庄重、刻板的印象，赋予珍珠首饰一种清新、纯朴、生气和灵气，让珍珠首饰重现返璞归真的自然美（图3-7）。

其二，珍珠作为首饰结构一部分的自然形态设计。这种形式的首饰在整体上是自然形态的造型，珍珠不再是造型的主体，而是作为首饰构件的一个部分，即珍珠与其他珠宝材料、金属材料进行巧妙组

---

[1] 李家乐，白志毅，刘晓军．珍珠与珍珠文化［M］．上海：上海科学技术出版社，2015．

[2] 李敏，杜锌．自然形态在首饰造型中的应用研究［J］．安徽文学，2017（10）：60-61．

合设计而形成的首饰。各种首饰材料结合要自然，相得益彰，通过独具匠心的设计与工艺，呈现首饰材质的美感，突出整体艺术性，提升珍珠首饰的品质与价值。这也是近年来比较流行的一种造型手法。例如，这件名为“海之物语”的首饰作品，由黑珍珠引发对海洋的联想，进而联想到海洋中许许多多的生物（图3-8）。该首饰的整体造型是综合海洋中多种生物形态组合成完整统一的有机形态，其中有珊瑚意象、海草在水中缠绕的姿态、鱼群穿梭其间等。材料工艺采用蓝紫色调的珐琅，并在局部表面增加小颗粒肌理，再将黑色珍珠错落有致点缀在其间，为首饰增添了几分海洋的神秘感。

2. 自然元素在珍珠设计中的运用表现

（1）自然的再现

人是自然的产物，依附于自然而生存。人类通过自己的智慧和辛勤劳动进行造物活动，离不开自然提供的创意素材和设计灵感。自然的美也是随处可见的，那壮丽秀美的山川、蜿蜒曲折的河流、洁白无瑕的云朵、竞相绽放的花儿、参天雄伟的树木、翱翔天空的飞鸟等，所有这一切都让人们惊叹：“自然就是最杰出的设计师。”人们不仅为大自然的鬼斧神工与魅力所折服，还通过各种艺术和设计创意手段将自然之美定格在现实生活中，以此来表达美好的愿望。首饰设计是一种集装饰功能、使用功能、情感表达于一体的造型设计。亲切生动的自然主题首饰，往往最贴近生活，也是大众最为熟悉和广受欢迎的设计主题首饰。那些日常生活中的花草、树木、飞禽走兽等自然题材经首饰设计师概括、提炼，用高超精妙的工艺手段生动地再现出许许多多具有生命活力的自然形态的首饰，体现了人类对自然的亲近和热爱之情，以及在首饰中寄托了对美好生活的向往与追求。这种直观再现自然的首饰从古至今，跨越时代，在人类历史的长河中经久不衰，经过历代文明的演化反而越发流行，在不断创新中焕发出新的活力与生机。

探讨首饰设计与自然的不解之缘，不能不提及欧洲新艺术主义思

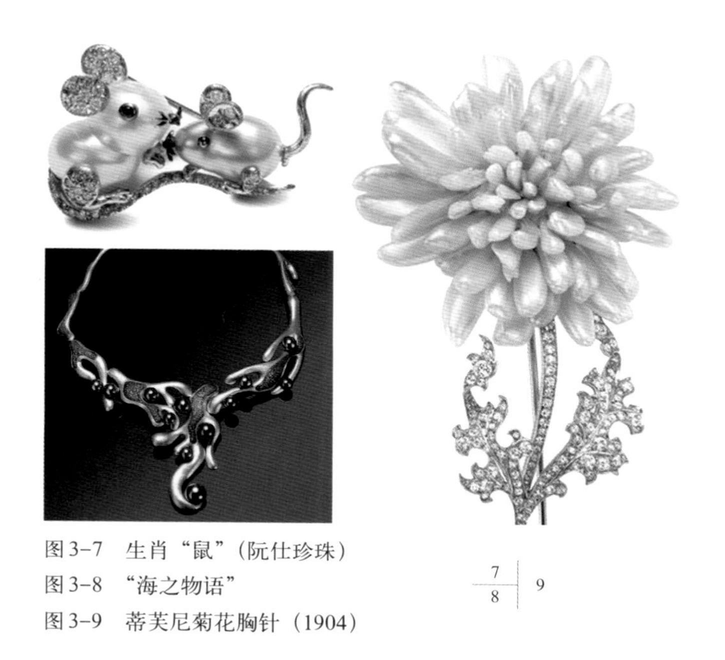

图3-7　生肖“鼠”（阮仕珍珠）
图3-8　“海之物语”
图3-9　蒂芙尼菊花胸针（1904）

潮。新艺术主义是源于19世纪80年代所倡导的手工工艺的复兴运动，意在创造有个性的、独特的手工艺术品，来取代千篇一律、毫无生气的生产线上的产品。新艺术主义强调“自然中不存在直线”，首饰造型多源于自然中动物、植物的各种形态❶。在表现方式上推崇细长、柔和的曲线和清澈透明的质地，阴柔而不失优雅，清新且脱俗❷。例如，菊花胸针采用直接模仿自然界菊花形态的再现手法，采用不规则的美国密西西比河珍珠组合成放射球状的菊花花瓣（据说这是蒂芙尼对产自美国本土的宝石的偏爱），花茎及叶片则用铂金镶嵌纯美钻石打造，其造型“肖似”于自然界中的菊花，让佩戴者和欣赏者感到无比亲切（图3-9）。尽管其已有一百多年的历史，但仍感到有时代气息，说明

❶ 石慧娜．自然元素在当代首饰设计中的表现［J］．明日风尚，2018（12）：26.
❷ 张夫也．外国工艺美术史［M］．北京：中央编译出版社，2002.

亲近自然、表达自然是设计永恒的主题。

当代珍珠首饰设计对自然主题的偏爱已蔚然成风，这缘于人们对自然的意识更为理性、更为自觉。自然主题的首饰设计不只是形式上对自然的再现，而且是托物言志，传达情感与意趣，表达了对客观自然世界的看法和态度。通过“人类第二表情”的首饰，能够实现与自然对话，体现自然回归精神。珍珠首饰对自然的真实再现就是准确地把自然最生动美好的本质和典型因素定格在首饰设计中，使首饰作品贴近心灵、内涵丰富、风格独特。例如，这款名为“春华秋实”的珍珠首饰，以“姑娘果”为创作题材，在造型上采用再现的手法，用贵金属打造薄如蝉翼的花萼，用珍珠做果实，显得生动、亲切、自然，在工艺上采用不打孔、不用胶粘的镶嵌技术，表达的是人们追寻美好爱情、收获幸福果实的寓意（图3-10）。

（2）对自然的意象化表现

在自然形态的珍珠首饰设计表达中，设计师除了对自然刻意追求形象逼真之外，还存在另一种对自然的观看与表现方式。追求另一种方式的设计师往往从自然中物的形态、结构、功能等得到启示，对自然物象不再追求惟妙惟肖的真实再现，而是将自然物象与主观心灵相融合，采用意象化的表现方式，如象征、比喻、含蓄渲染等。他

图3-10 “春华秋实”

图3-11 TASAKI Atelier Waterfall项链

图3-12 “夏致・莲漪”

们创作出的首饰作品不再“肖似”自然，而是更倾向于“神似”自然。这些经过意象化处理的造型处在“似”与“不似”之间，留给人广阔的想象空间。在材料的意象表现方面，充分发挥珍珠材质温润、细腻、自然形态优美等特性，由此引发设计主题的联想或起到烘托设计主题的作用。工艺是首饰最终艺术效果的技术保证。在综合运用多种工艺方法、丰富作品形象表达的同时，也尽可能保留一些手工制作的痕迹。在突显珍珠首饰的“材美、工巧”的同时，也让其充满情感因素、保持鲜活的生命力。

例如，TASAKI（塔思琦）Atelier Waterfall珠宝首饰系列的创作灵感来源于自然界中飞流直下的瀑布（图3-11）。设计师把人体想象为姿态优美的山体，选用三种不同的白珍珠，即日本akoya珍珠、南洋珍珠和淡水珍珠，并把这些珍珠与钻石互相搭配、参差错落排列，连缀构成多串修长的珠链。该首饰佩戴在身上亦如倾泻而下的水流，映照出人与自然的和谐共生之美。同样是珍珠项链，名为“夏致・莲漪”的作品也构思巧妙，极富韵味（图3-12）。该项链的设计灵感来自夏日莲荷印象，以意象化的造型语言表现“接天莲叶无穷碧，映日荷花别样红”的诗情画意。设计师以一串串错落有致的金属连环作为荷叶形态，下部大，逐渐向上变小，并连接成项链闭环，给人以近大远小的空间感；在项链的下部以大小不同的白色珍珠镶嵌在金属连环上，亦如颗颗露珠，而镶嵌在金属环上的红宝石让人产生红色荷花的联想。这件极具东方韵味的珍珠首饰不仅给人以时尚视觉美感，而且带给佩戴者独特的体验，使佩戴者仿佛置身于一片旭日、碧波与清凉的涟漪中，典雅而不失时尚、活泼。

3. 对自然精神的表现与诉求

“大自然是人类创新的灵感源泉，人类造物的信息很多都是源自对大自然的模拟和创造。”[1]今天随着社会科技的发展，快节奏的都市化生活、便捷的网络信息传递导致了人们与自然渐行渐远，因而，人们的内心就更加深刻地向往着回归自然。投入大自然的怀抱，在大自然中放松心情，与大自然互诉心声，可以使心灵得到抚慰和安宁。其体现在首饰设计中就是以自然为主题的首饰设计盛行，通过作为身体装饰语言的首饰来展现自然的生机与活力之美。赋予首饰形态以生命的意义与象征性，让首饰设计真正面向自然、回归自然，体现人与自然的和谐关系，满足首饰佩戴者和观赏者心理回归的需要，成了当代首饰设计师义不容辞的使命。

例如，此作品以写实与写意相结合的手法再现晨曦中生机勃勃的果树意象（图3-13）。沐浴在晨雾中的树木枝叶繁茂，圆形珍珠如累累果实挂满枝头，层层叠加，隐现于枝叶之间，显得熠熠生辉。这是对自然界万物生机的礼赞，也表达出自然万物恒久往复、生生不息的内涵。再比如，该作品以“水”为主题，采用抽象的造型手法，将干涸的土地概括成网格状结构，用大小不等的珍珠来概括雨点形态，并且这些雨点错落有致地汇聚在干涸的裂缝线上（图3-14）。这样一点一丝形成了滋润土地的轨迹，表达了水与土地的交融关系，寓意久旱逢甘霖，只要有雨露的滋润，干涸、贫瘠的土地必将重现生机与希望。这不仅是土地与水的融合，更是人与自然的融合，是这片土地上

---

[1] 徐光理，陈革．现代首饰设计主题及审美情趣［J］．高等职业教育（天津职业大学学报），2007（4）：59-61．

图3-13 “生命之树”

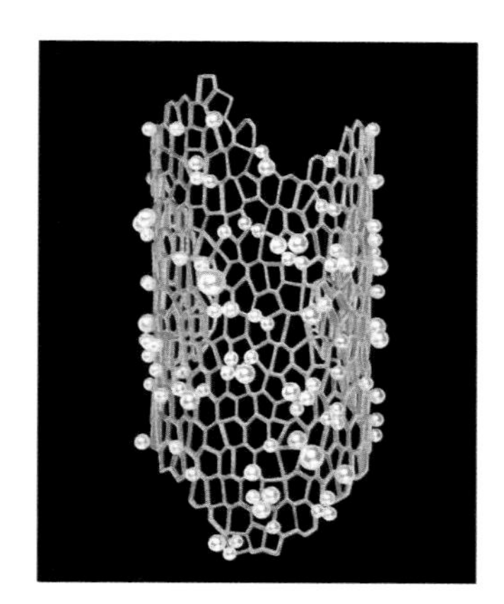

图3-14 “水”

生命与生命的融合。

以自然为主题、融入自然元素的珍珠首饰不再只是纯粹意义上的装饰首饰，它在从形式和功能上给人们带来身心愉悦和温馨享受的同时，体现着人与自然和谐统一的深层次心理需求。“这种首饰使人从中感受到一种自我意识的生命和活力，从而唤起人们珍爱生活的潜在意识，并给人们以舒适和安全感。这种追求清新、纯朴，注重返璞归真和探讨个性自律的自然形态首饰，已成为现代首饰设计特别是艺术首饰设计的潮流，是最有生命力的首饰形态。”[1]

（三）设计思维方式的选择

设计首先是一种有目的、有计划的积极的思维活动。学者王受之认为：“所谓设计，指的是把一种设计、规划、设想、问题解决的方法，通过视觉的方式传达出来的活动过程。”[2]在首饰设计的创作过程中，设计思维是设计的命脉，也是设计的灵魂。设计体现思维，思维

---

[1] 刘芳．探寻首饰中的自然：论首饰设计中自然元素的运用［D］．苏州：苏州大学，2008．

[2] 王受之．世界现代设计史［M］．北京：中国青年出版社，2002：13．

决定设计。首饰设计是一个艺术和工艺结合的创作过程。“设计思维一直贯穿于整个设计过程，并成为指导设计、验证设计和完善设计的主线。”[1]首饰创作从设计构思、选择材料、加工制作到最终艺术效果的呈现等，每一个环节、每一道工序都需经过缜密思考、反复推敲和仔细琢磨。一方面，这样确保有明确的设计思路和清晰的逻辑分析，使设计计划严谨周密、过程有条不紊；另一方面，通过创新设计思维方式，开阔设计思路，激发设计灵感，启发创作力的发挥，使设计出的首饰产品既能充分展示珠宝的瑰丽、璀璨之美，又能契合时尚审美潮流，从而满足消费者的多元化需求。

1.设计的思维方式

思维是人们对于事物的思索过程，设计活动是设计思维与设计行为的统一。在首饰设计中，“首饰的设计思维是对首饰的设计元素、设计方法、制作和加工技术、生产成本和销售管理所进行的思考和思索过程。通过有目的地展开联想和有依据地展开思考，在一定文化背景和创意来源的基础上，选择合适的设计元素，结合首饰的语言和首饰的工艺技术，创作首饰产品”[2]。在设计的展开过程中，主要采用以下几种思维方式来进行首饰的创作。

（1）发散思维

发散思维又称辐射思维、扩散思维、求异思维等，它是运用已有的知识与经验，从一个目标或思维起点出发，尽可能沿着各种不同的方向或途径有目的地去展开遐想、思考，提出各种设想，对问题寻求各种不同的解决方案和结果。发散思维具有流畅性、开放性、开拓性和独特性等特点。发散思维是创造性思维的核心部分，是测定创造力的主要标志之一，美国心理学家巴特利特曾称其为“探险思维”，有学者则称之为“创造力的温床”。创造力的实现需要依靠发散思维去识别，创造力的潜能也需要通过发散思维来激发。发散思维行进的方

---

[1][2] 吴小军．现代首饰的设计元素与创作思维［J］．艺海，2013（1）：86-88．

向是从单点到多点，从思维活动的指向上向多方面发散，也可以从不同的方向开拓。“设计需要想象和激情，也离不开分析与策略，设计还必须通过恰当的表现技巧使信息以视觉化的语言表现出来。设计比任何事情都需要‘心灵手巧’。”[1]发散思维对于珠宝首饰设计的意义在于，可以让设计师冲破逻辑思维的约束，改变单一的思维定势，在设计中能针对同一概念、问题、方案尽可能地拓展思路，尝试运用多种方案与办法来解决问题，发掘设计创意的无限可能性，为珠宝首饰设计创意提供广阔的空间和素材，从而使珠宝首饰品设计更富有创意性和艺术品位。

（2）逆向思维

逆向思维也称反向思维，是创造性思维的一种典型形式，通过改变恒常思路，反其道而行之。逆向思维是按照与通常想法相对立或相反的方向行事，把对事物思考的顺序反过来，从似乎无道理中寻找有道理的一种思维形式。“逆向思维有三种主要形式的表现，即反向选择、破除常规和转化矛盾。”[2]反向选择即针对惯性思维产生逆反构想，摒弃常识性的想法与做法，将思考推向深层，激发创意的潜能，从而创造出新的途径；破除常规，是指冲破定势思维的束缚，敢于挑战权威，让思维向对立面的方向发展，用新视野解决老问题并获得成功；转化矛盾，指从事物的侧面或对立面做出思维选择，以别具一格的角度与方式去进行思考，从而获得解决方案。逆向思维对于珠宝首饰的创意设计表现出神奇的功效。逆向思维“逆”的是主流，“破”的是常规，有利于设计思维的拓展。逆向思维往往能使设计创意处于情理之中、意料之外，作品往往给人以面目一新、与众不同的感受，能引起消费者的兴趣并给消费者留下深刻的印象。逆向思维对于珠宝首饰设计的意义在于，在设计的创意点上，会使得设计师的设计标新立

[1] 张娜，张小平．发散思维在首饰设计中的应用［J］．艺术与科技，2015（2）：22．

[2] 张艳红．图形设计教学中思维能力的培养［J］．教育探索，2008（8）：79-80．

异，从常人易于忽略或没有想到的地方找到新的设计思路与灵感，取得出人意料的成功，也有利于设计师从多种设计方案中筛选出优秀方案，使设计思路更为广阔。

（3）联想思维

联想思维是指根据事物已有信息、概念、形象，想象到与此类事物相似、相关性信息或对象的一种思维方式。通俗地讲，就是主动地由一种事物想到另外一种事物的心理活动。在艺术设计中，联想是运用比喻、比拟、暗示等修辞手法，令诸多相距甚远或者毫不相干的事物、概念、形象、设计元素等发生关联，使之在偶遇交合、撞击中产生新的非凡设计。“联想思维具有启迪性、扩展性、支配性和逻辑性，主要表现为接近联想、因果联想、相似联想、对比联想、推理联想等。”[1]联想是开启设计思路、产生设计灵感的催化剂。一件好的珠宝首饰作品，往往通过珠宝形态、材质、色彩等，与生活中熟悉的事物与经验联系起来，用巧妙的联想延伸和连接，产生丰富的设计内容。例如，珍珠具有的晶莹剔透的特性总能引发人们对皎洁的月亮、少女的眼泪等的联想。设计师的联想思维活跃，不仅能产生丰富、新奇、多样的设计创意，使作品不落俗套，还能引发对作品的注意，增加趣味性，给消费者留下深刻的印象。

（4）模糊性思维

模糊性思维具有朦胧性、混沌性、不确定性、整体性和渗透性等特点。设计思维是具有模糊性的。“模糊”与“清晰”“精确”具有相互依存的内在联系，且在一定条件下可以相互转化。在设计过程中，设计师进行思维的起点是从相对模糊展开的，它促使设计师不断地将模糊方案逐渐向清晰方案转化，当设计方案完成后，设计师有时会发现设计方案并没有达到预想的效果，就会推翻原有的思路又重新回到

---

[1] 姜晓微．创造性思维方法在机械类工业设计中的应用［J］．长春大学学报，2011，21（8）：84-86．

模糊状态，去重新寻找新的相对清晰的思维方向，如此往复，直到达到满意效果为止。“模糊性思维从表面上看似乎模糊，但模糊不是含混不清，而是辩证思维。”[1]模糊性思维是设计思维的起点和动力，设计师为了寻求清晰的思维结果，往往调动思维中的一切积极因素，不断探索与前进，产生思想灵感的火花，新的设计创意也就逐渐明朗清晰起来。此外，模糊性思维的过程还有意保持一种随意、不经意的状态，也就是带有不确定性，给人一种模棱两可的感觉，这恰恰是为思维“松绑”，让思维“天马行空”般地自由驰骋。所以，模糊性思维克服了人们思维中的绝对化观念，让潜意识之门充分打开，释放出无数奇思妙想，以破除思维的僵化壁垒，达到开放思想、自由创造的境界。模糊性思维是模糊性与精确性的辩证统一，蕴含着极大的活力与创造性。

（5）收敛思维

收敛思维又称求同思维、聚合思维或集中思维，属于单向展开的思维，是有助于人们在众多信息中寻求理想答案的思维方式。在如今的信息化时代，人们每天都会接触到海量的信息，尤其是珠宝设计师更是时刻与市场、社会流行信息打交道，需要具备极强的信息筛选、鉴别和处理能力，需要利用已有的知识和经验将各种信息汇聚起来进行分析、整合，最终从大量的可能性中探求最优的答案。此外，作为珠宝首饰设计师，丰富的联想、一连串的灵感、不拘一格的巧妙的构思、多种设计要素和设计语言的组织与运用，都需要以设计目标为中心进行创造性的重组。当然，收敛思维与发散思维是“一个钱币的两面”关系，两者都是创造性思维的重要组成部分。收敛思维需要以发散思维作为铺垫，而失去发散思维的先决条件，收敛思维也将失去活力和创造性。所以，收敛思维与发散思维既对立统一，又具有互补性，

[1] 郭新生．论艺术设计的思维模式及应用原则［J］．中州学刊，2008（3）：233-235．

不可偏废。

2.设计思维在珍珠首饰设计中的表达

“设计思维不仅要求人们用科学的方法界定设计对象，借助于灵感和顿悟等创造性思维方式来激发创意火花，还要求用形象的设计语言表达解决问题的方式方法，用类推和隐喻来加强对设计对象的空间认知和视觉记忆，以形成完美的设计思维体系。”[1]在珍珠首饰创作设计过程中，设计思维贯穿始终，是设计的中枢、灵魂。优秀的创意设计都源于巧妙的构思，以及独特的思维方式及推敲过程。设计的每一个环节都要经过细致而周密的考虑，工艺制作的每一道工序都要经过仔细琢磨，这样才能设计制作出晶莹剔透、时尚优雅、美轮美奂的珠宝首饰，不断满足消费者对珠宝首饰审美多元化与个性化的需求。

（1）抽象设计表达

抽象一词是相对于具象而言的。抽象是对具体形象的概括与提炼，即通过抽取、剥离物象表面偶然的、非本质的东西，抓住事物代表性的特征与共同因素，舍去过多的细枝末节，将其本质属性或根本性的外形特征展现出来。“抽象设计思维，首先要在充分理解和熟悉具象的事物的基础之上，抓住事物最本质的特点，突出事物的主题要旨，把握事物内部之间的本质关系，以极简的设计要素给人更多的想象空间。”[2]抽象思维作为一种高度概括的理性认知方式，在现代设计中占有重要的位置，是设计师必备的能力。抽象的设计可避免作品过于追求真实、繁缛而产生刻板的印象，设计语言趋于简洁、符号化，可以摆脱固有思维方式对设计的束缚，把人的视觉思维能力推向无限广阔的领域。设计师注重素材的内在体验，而不是再现素材的表象，在设计创意上具有更强的创造性和自主性。抽象化的设计不可再现性也使得设计更具个性。在现代的珠宝首饰设计中，所有构成的基本要

---

[1] 王琦．设计思维与产品设计［J］．艺术与设计（理论），2009（11）：213-215．

[2] 刘云秀．珍珠首饰的创新设计研究［D］．北京：中国地质大学，2020．

图3-15 铂金镶钻珍珠戒指
Capture

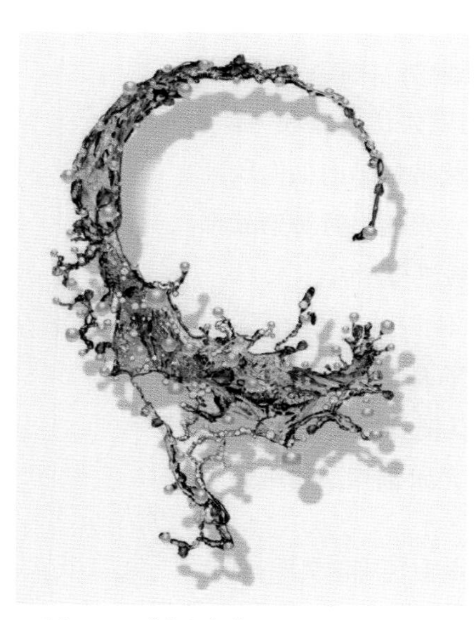

图3-16 "水之舞"珍珠项链

素都会运用抽象思维方式来进行构思设计，通过分析、提炼、判断、选择等思维形式，将造型、色彩、材质等设计元素纯粹化、秩序化，并转化为简练、简洁的符号，使首饰更富有形式美感，也更易于表达设计者的内在情感，佩戴者也乐于接受这类造型新颖、简洁且内涵丰富的珠宝首饰。如图3-15所示，这款作品以海底珊瑚作为设计题材和灵感来源，设计师并非采用对珊瑚自然形态的模仿与再现，而是在细致洞察珊瑚生长环境、习性及形态特征的基础之上，运用抽象思维对其进行高度提炼、概括，并运用形式美造型法则进行创意解构与重组，不仅使首饰造型语言简洁、富有形式美感，而且抽象的形式中也蕴含勃勃生机，展现出自然界生命的活力。所以，在抽象思维设计过程中，需要设计者客观、理性地观察对象、分析对象，抓住客观物象的主要特征，并以抽象化的造型语言和形式美法则对客观物象进行概括与凝练、解构与重组，使作品展现出抽象美学的魅力。再比如作品"水之舞"（图3-16）。该作品是对海洋之水进行抽象化设计，所展现的是海水波涛涌动的一个状态，采用珍珠作为水滴，把其和抽象化水花飞溅的状态相结合。这款珍珠首饰设计极其富有艺术感，具有生动的视觉效果，在简洁抽象的造型中表达出节奏感与韵律，把水花飞溅一瞬间的力量之美体现得淋漓尽致。

（2）意象化设计表达

意象是中国首创的一个审美范畴，也是艺术形象创造的重要手段之一。“所谓意象，就是指客观物象经过创作主体独特的情感活动而创造出来的一种艺术形象。简言之，意象就是寓‘意’之‘象’，是用来寄托主观情思的客观物象。”[1]珠宝首饰一般是用来装饰人体的，也具有表现社会身份、显示财富的意义，还是一种自身表达和情感寄托的媒介。随着社会的发展和人们审美观念的改变，首饰显现身份、财富的功能逐渐减弱，而首饰的情感表达方面的内容则越来越受重视。意象化的珠宝首饰设计作品，可以表达意境和体现设计情感，顺应了时代对首饰的需求呈多样化、个性化的趋势。这就决定了在进行首饰设计时，设计师要秉承“意象性”造型观，既要忠实于客观物象，又要超越客观物象，将主观的情感与客观物象进行深度融合，通过题材的选择、形态上意中之象的塑造以及材质的雅致搭配，创作出富有视觉美感与精神内涵的意象首饰，给欣赏者和佩戴者带来丰富的联想，使其获得审美愉悦。例如这款名为“奔月”的珍珠首饰作品，以中国传统神话故事“嫦娥奔月”作为创作素材，将美丽的神话传说和现实生活相关联，展现了设计师丰富多彩的想象力（图3-17）。该作品不再以具象的手法表现故事场景，而是采用意象化的表现方法，把柔和光泽的珍珠比作一轮明月，用蓝色飘逸的丝带勾勒出仙人丝袖的意象之美，生动地演绎了仙女奔月的唯美景象，表达出对神话故事的未知探索和无限憧憬，也传递着对生活的美好愿望与期盼。

（3）具象设计表达

“具象思维方式是人类所特有的能力，展现了人们对事物形象感知的能力。根据人类自身的需要和态度，既可以把具体的事物形象化，也可以把抽象的东西具体化。”[2]具象思维是艺术创作活动中最主

---

[1] 甘小亚．基于多模态隐喻的《误杀》中羊的意象解读［J］．语文学刊，2023，43（2）：83-88．

[2] 刘云秀．珍珠首饰的创新设计研究［D］．北京：中国地质大学，2020．

要的也是最基本的思维方式。具象思维创作是依据自然形态来进行描绘的，其表现对象的形态的结构与特征都非常具体，很多都与我们的生活经验相联系，比较容易辨认与记忆。具象化的艺术通常表达的是一种自然或写实的艺术形态。由具象艺术创作派生的具象化的珠宝首饰设计创作，其创作设计灵感也是来自大自然和日常生活，是对大千世界的一个再现，强调的是更具设计感的真实。在进行具象化设计创作时，通常是将客观自然形态分析、提炼运用到首饰造型设计中去，使首饰在形态上“肖似”客观自然物象；还有的设计师从材料本身形态得到一些启发，如珍珠材质的基本形状为圆形，可把珍珠视为植物的种子、果实之类，然后结合其他首饰材料来模拟自然中某一花卉植物设计等。以异形珍珠模拟自然中的动物、植物的形态也是具象化首饰设计常用的手法，更能够体现设计师的独具慧眼与高超的描摹自然物象的能力。因此，以具象设计思维方式对珍珠进行创新设计，要求设计者以独特的视角观察生活，对客观对象有较强的概括归纳能力，综合运用多种设计语言和表达形式演绎珍珠时尚美学的魅力，并赋予了珍珠以设计者的思想和感情。例如，这款珍珠豆荚胸针是由具象化元素构成的造型设计（图3-18）。设计师选取了豆荚的题材，通过模

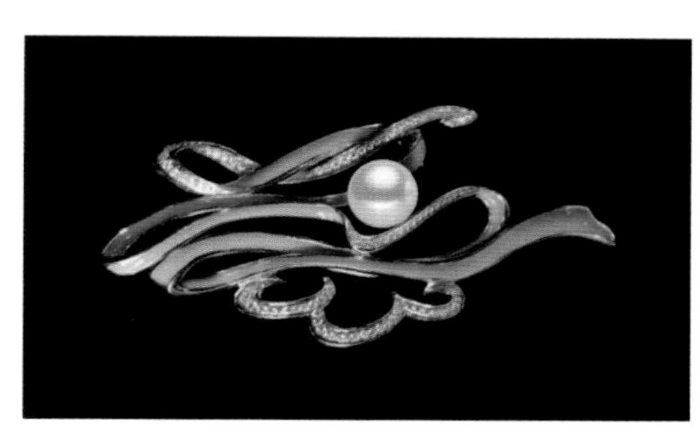

图3-17 “奔月”

图3-18 豆荚胸针

仿豆荚的自然形态，采用珍珠与黄金材料及镶嵌工艺，将这些材料精致又恰当地组合成了一个豆荚形胸针造型。该作品用黄金作为豆荚的外壳和植物的藤蔓，多颗大小不一的珍珠作为豆荚中的果实，以奇特的构思将原本单调平庸的两种材料组合成了一个生动有趣且具有生命力的艺术形态。

图3-19 瓶花胸针

另一件用珍珠制作的瓶花胸针，是御木本（MIKIMOTO）高级珠宝首饰系列中推出的首饰品（图3-19）。这枚胸针的设计题材来源于日常生活中常见的瓶花装饰，造型以具象写实为主。花瓶主体采用一颗大的水滴形黑珍珠，形态规整、自然，而插在花瓶中的一束花则用黑、白珍珠与贵金属巧妙搭配组合而成，盛开的花朵与枝叶由宝石和金属镶嵌宝石打造，而白色晶莹的akoya珍珠则成了亮丽夺目的花蕾，充满无限生机与活力。花瓶珍珠材质选用的是akoya珍珠和黑南洋珍珠，色彩上形成黑白对比，再加入其他珠宝颜色和金属搭配组合，显现出丰富的中间过渡色，起到了很好的调和作用，既衬托出珍珠的形态美，也展现了首饰整体上的组合美。

二、珍珠首饰设计的形态语言

形态是指事物存在的形状样貌、神态及其表现形式，是外在形式和内在精神的结合和统一，一般是可以为人所感知、把握和理解的。珍珠首饰作为饰件的一种，是以形态来表达设计观念、情感及其风格的。这种设计表达是通过形态上的心理寓意、联想和暗示来传达设计理念，表达人的精神需求。因此，研究首饰的形态因素，应是珍珠首饰设计的中心。

（一）形态语言的基本要素

“自然中的任何形态都可以看成由点、线、面、体构成。点、线、面、体的排列组合是形成多种多样的客观形态的关键。但是点、线、面、体只存在于我们的概念之中，我们称其为形态的概念元素。”[1]概念元素的形态实际上是一种抽象意义的形态，排除了实际材料的具体特征，构成实际形态的点、线、面、体就不再是概念元素，而是具有一定的形状、大小、色彩、肌理、位置和方向。首饰形态的形成与变化也是由基本要素构成的，对其形态语言的研究仍然是以点、线、面、体作为对首饰形态认知的起点。

1. 点

一个点是最基本、最简单的构成单位，也是最基本的造型元素。与我们日常所了解的几何学意义的点有所不同，几何学中的点只有位置而没有大小变化，但是造型学意义上的点不仅十分具体地标示了在空间中的位置，而且在对比中还有大小和形状。正如一位英国学者所说：“点是最简单的构成单位，它不仅指明了位置，而且使人能感觉到在它内部具有膨胀和扩散的潜能作用。”[2]能成为“点”，并非由其本身大小所决定，而是由其大小及其周边环境元素大小两者之间的比例所决定。面积越小的形态元素越容易形成“点”的感觉。“点的显著特点是定位性与凝聚性，往往能形成趣味中心与吸引视觉移动，进而制造心理张力引发潜在意念。”[3]多个大小相同的点进行排列组合时，会形成一种重复的节奏韵律；多个大小不同的点进行组合时，视线就会

---

❶ 刘芳．探寻首饰中的自然：论首饰设计中自然元素的运用［D］．苏州：苏州大学，2008．

❷ 索斯马兹．视觉形态设计基础［M］．莫天伟，译．上海：上海人民美术出版社，2003．

❸ 田欣欣．论平面广告设计思维方法的创新［J］．河南大学学报（社会科学版），2005（4）：137-140．

从大的点移动到小的点，隐隐包含着一种动感趋势。在珠宝首饰设计中，与点元素相对应的可以使用圆形或近圆形的首饰材料来表达，如形状规整的圆形珍珠或异形珍珠，可以作为首饰的点。大颗粒的点与小颗粒的点在空间上并存，使视觉产生由小向大移动的趋向；居中的点，能够引起视觉的集中；点在空间无序的排列，会使漂浮感和不安定感增强；点在空间的有序渐进的排列，可以使运动感和秩序感加强等。在珍珠首饰设计中，每颗珍珠都是具体可感知的点，不但有大小、形状和厚度，同时还具备了生命的意义，多个点及点的群化能给人带来视觉引导效果。例如，相同点积聚、相同点排列、不同大小点组合等，这种排列与组合能产生一种严谨、规律、秩序之美。

将点的元素运用在珍珠首饰设计中，可以通过两种方式来运用。其一，改变点的大小、形态来进行珍珠首饰设计。可以使用发射构成的方式，即把珍珠由大到小有规律地排列成整体渐变的造型。也可以使用平面构成中的特异构成方式，即在整体大小、形状较为统一的宝石中，选用一颗或若干颗异形宝石，让其从众多的宝石之中突显出来。其二，改变点的排列方式来进行珍珠首饰设计（图3-20）。点的不同排列方式会产生不一样的视觉效果和心理效应。分散点有一种随机性、游离性、自由性的视觉印象，给人以轻松、愉悦的感觉；集聚的点排列会产生紧凑、聚拢的感觉，整体上会创造一种新的形态。当点由紧密排列式逐渐变成疏松分布式，这种渐变的排列方式也是疏密有度、层次分明的变化。

图3-20　以点为主导的珍珠首饰设计（千足珍珠）

2. 线

线是点的集合，是点的移动轨迹，也是设计中最基本的构成。美学家温克尔曼说：“一个物体的形式是由线条决定的。”线条是感性与理性的统一体，具有丰富的表现力。“线条语言的最感性之处是传达情感，效果要比点更强烈。但线条又是理性的，具有很强的造型力，线的长短、粗细、形态、走向以及种种笔触效果，刻画了它的性格，同时代表着特定的风格与形式，能带给我们不同的感觉。”[1]在珠宝首饰设计中，线的应用也具有广泛的基础，在设计中有意识地使用不同性格的线条来组合，可以表达不同的情感。“通过线条的长短、方向、粗细等的变化，来表现出线的秩序感；通过线条的形状、位置、方向等因素而显示的力量、速度、方向等的变化，来表现线的运动感。这些都是形态设计中线的情感表达的先决条件。”[2]线本身占据的空间面积较小，但是线条通过聚集、交错、排列，可以呈现面的效果。尤其是多线之间形成的构成关系，即线的排列、交叉组合方式，如线条的疏与密、曲与直、长与短等，能带来节奏与韵律的美感，甚至会产生某些幻化与象征的意象等。如图3-21所示，该首饰以珍珠为点，在整体造型上，用一圈圈律动的线条配以放射状的线条赋予了点生命，使原本规矩单一的珍珠灵动了起来，线与线之间穿插、交叉组合产生空隙，可以给人镂空面的立体感觉，也使作品更具丰富的层次感和视觉美感。这是线条的创造性运用赋予了作品丰富而真挚的情感表现。

3.面

面是线的连续移动轨迹所形成的，线与线的交叉可以成面，点的集聚、扩大也可以成面。面在造型中可以形成各种形态，是构成空间立体的基础之一，可以构成千变万化的空间形态。“面是视觉形式上最直接的设计语汇，所蕴含的实质内容及其表现力要比点和线具象、丰富得多，其形式感和形态语言的表现性也更强。”[3]面可以分为几何

---

[1] 田欣欣．论平面广告设计思维方法的创新［J］．河南大学学报（社会科学版），2005（4）：137-140．

[2] 刘芳．探寻首饰中的自然：论首饰设计中自然元素的运用［D］．苏州：苏州大学，2008．

[3] 许海禄．浅谈平面广告设计的创新模式［J］．建材与装饰，2007（10）：26-28．

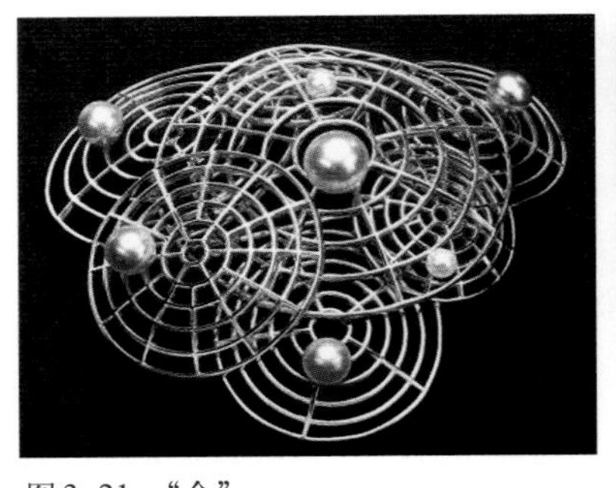

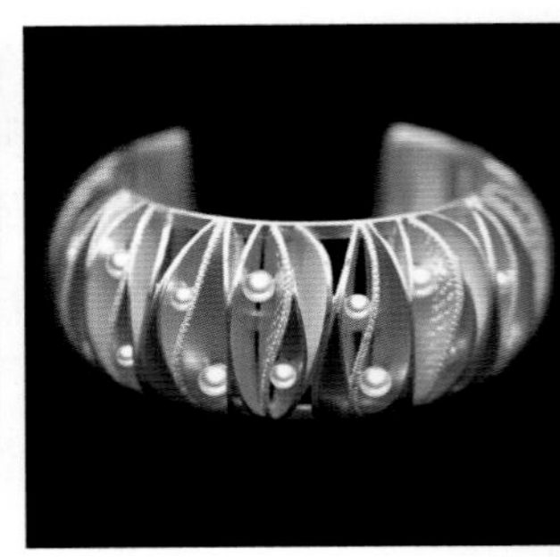

图3-21 “伞”
图3-22 以点、线成面的珍珠项饰
图3-23 “沧海遗珠”

21 | 22 | 23

形的面、偶然形的面、有机形的面和不规则的面等。不同的面有着不同的特点，所传递的信息各有其独特的个性。“圆形的面给人以统一、稳定及和谐的感觉，椭圆形的面给人以柔和、活泼、静中有动的运动感，方形（包括矩形、菱形等面）的面给人以方正、安稳、严肃的心理感受。”❶点或线合理地将面进行分割，在使造型更为丰富的同时，也能展示其精致的细节，增加艺术表现力（图3-22）。对面的分割与重组可以创作出所需的各种新形态，如可以使用重复、反转、重叠、折叠、弯曲等方法，能充分体现面所构成形态的力量感和秩序感，使其具有动态的心理暗示和情感表现力。此外，“面可图形化、图像化、图案化、符号化以及文字化，是让观者直接或间接品读和体味设计思想与创意理念的载体”❷。

4.体

体是面在空间的围合或延展所形成的三维立体形态。体具有重量感和体积感，能够有效地表现空间立体造型，所以，体被视为具有量感的视觉语言。面的封闭围合构成了体的形态，面还可以基于本身延

❶ 黄丹莉．浅谈现代首饰设计在造型中的多样性研究［J］．明日风尚，2017（20）：5．

❷ 刘芳．探寻首饰中的自然：论首饰设计中自然元素的运用［D］．苏州：苏州大学，2008．

展、可塑特性，通过弯曲、转折、连接等方式构成不同特征的立体形态，从而产生不同的视觉和心理感受。

珠宝首饰是具有空间的艺术品，体是一个重要的造型元素。体的运用可使首饰造型更为丰富，装饰性更强，更具有艺术表现力，视觉效果也更为强烈（图3-23）。首饰设计中体的形态是以人的生理结构特征为依据的，一般而言，体的基本形态有球体、圆柱体、立方体、多棱柱体、多棱锥体等。不同形态的体，让人产生不一样的心理感受，例如，立方体中规中矩、有一种方正稳定的体量感，球体具有柔美、圆润、充实和灵动的感觉。由基本形态的体通过变形和创新组合得到新的体，方式有外力作用变形、形体切割（减法）和形态组合（加法）三种，这是首饰造型的重要手段之一，被广泛运用于各种珠宝首饰的设计与制作。

总而言之，珠宝首饰的形态语言按照造型基本元素划分，可以分为点、线、面、体四个部分，这四个元素在首饰造型中是不可或缺的，但在具体设计实践中，这四个元素往往是作为整体通盘考虑的，点、线、面、体都是首饰形态构成的必要条件。根据珠宝首饰设计主题表达的需要，要选择合适的造型元素构成来表现珠宝首饰的情态特征。比如点的聚散、疏密构成往往成为视觉焦点，并表现出力的凝聚性、发散性、游离性以及活泼、灵动的情态特征；线的构成因其粗细、长短、曲直等形态特征，能产生丰富情感的表现力，给人以轻重、缓急的节奏韵律变化；面的构成具有延展性和可塑性，在规整之中不乏活泼之感；体的构成具有体量感和重量感，占有一定的实体空间，显示出充实、饱满、规整、稳定之感。在首饰的形态设计中，对于这类由造型元素构成特征产生的视觉效果及其心理效应，要仔细体验并灵活运用，甚至采用夸张、变异等艺术手段加以强调，以增强珠宝首饰形态语言的表现力。

（二）构成语言

“构成是表现对象的结构关系与配置方法，具体包括平面构成、色彩构成和立体构成三个方面，主要关注对于事物形态的理解和形式规律的探索，创造出更多新的视觉形式。在现代珍珠首饰的设计中，构成语言的运用已较为普遍，创意手段已相当成熟且形式多样，主要表现在对于点、线、面、体等形态要素的综合运用上，具体表现为点、线、面的不同的排列及组合关系。”[1]如将点排列成不同线形，再由线排列组合成不同的面形，然后将面聚集与围合成不同的体形。在运用构成语言造型的过程中，要充分利用形态构成的形式美法则，如对比与调和、节奏与韵律、对称与均衡、主次关系等，使首饰整体造型达到美的视觉效果。在具体构成方法的运用上，一方面可采用平面构成的主要方式，如重复、近似、渐变、特异、放射、密集等，将大小、形状相同或相异的珍珠置入相应的构成框架之中，使珍珠有规则地排列组合，呈现出秩序、节奏韵律之美；另一方面，还要考虑珍珠的珠形、色彩，与其他珠宝材料或金属材质进行搭配的综合性创意设计，比如珍珠具有点状特征，可通过各种镶嵌方式与线材、面材或块材进行结合。珍珠与各种材质并置在一起，既相互对比又协调统一，使首饰的结构形态呈现出丰富、新颖的视觉效果，从而满足了人们对不同款式首饰的审美需求。

1.构成的形式美法则

首饰设计注重的是感性设计，以人的视觉感受来创造新的形态，其主要特征是造型新颖，注重装饰性，讲求个性，体现时尚性。无论是自然形态、偶然形态、抽象形态、具象形态，还是仿生形态、人工形态，都是美的形式的综合体现[2]。而美的形式遵循了一定形式美法则，它是一切造型艺术审美创造的重要依据。作为造型艺术的一种，珍珠首饰要表现出高贵优雅的品质、赏心悦目的视觉效果，就离不开对形式美法则的运用。珍珠首饰造型艺术中的形式美法则通常有以下几点。

---

[1] 周良．现代珍珠首饰的设计类型［J］．才智，2013（35）：294．

[2] 程惠琴．浅析首饰设计的形态语言［J］．艺术设计（理论），2008（2）：142-144．

（1）对比与调和

对比与调和也称变化与统一，是所有造型艺术中最基本也是最重要的形式美法则。对比与调和是相辅相成的，对比使产品造型生动、个性鲜明，而调和使产品造型显得柔和，不至于产生生硬或杂乱的感觉。在珍珠首饰设计中，对比与调和这一形式美法则就是指导着各造型元素进行不同程度变化与配置的重要依据。珠宝首饰设计既要追求款式、色彩的变化多端，又要避免各造型元素杂乱堆积而缺乏统一性。在协调风格统一时，又要避免缺乏变化造成呆板、无生气的感觉。只有在统一中求变化，在变化中求统一，才能使珠宝设计日臻完美、风格各异。

所谓对比，就是指各造型元素组合在一起，在形状、大小、色彩、肌理等方面产生明显比较和差异性，从而产生明朗、肯定、强烈的视觉效果。对比重在突出构成元素间的差异性，通过元素间的相互比较、相互衬托，显现出各元素的特点与个性，给人以强烈的印象。在视觉艺术中，对比是重要的造型手段。如各种物象的视觉形态大小、特征、空间位置关系等是通过与其他物象的对比才能获得的，不同物象在色彩明度、纯度、色相之间的差异性也能产生不同程度的对比；此外，不同物象所固有的材质、肌理和工艺手段也会产生各种不同的肌理效果，从而形成相应的材质对比。以上这些都是对比造型法则普遍存在的例证。在现代珍珠首饰的设计中，有意识地营造各视觉元素进行对比，已成为现代珍珠首饰设计师常用的表现手法。例如，从珠形上说，可以将不同形态珍珠搭配使用，珍珠一般分为圆形珠、椭圆形珠、水滴形珠、异形珠等，通过巧妙搭配形成珠形上的对比；从颜色上说，可以将白色、粉色、金色、黑色等不同颜色的珍珠进行搭配，也可以将不同颜色与其他珠宝颜色或金属颜色相搭配，以形成丰富的色彩上的对比；从材质上说，珍珠的材质光洁、圆润，与其他多种首饰材料存在明显的差异，对其进行搭配组合形成不同质感上的对比，反而使珍珠的材质更得到突显（图3-24）。珍珠可以与金属材料（金、银、铜、镍、铝、合金等）相搭配使用，也可以与宝石类材料（钻石、玛瑙、水晶等）相搭配使用，甚至还可以与树脂、玻璃、塑料、陶瓷等一些不常用的材料进行搭配使用。通过有意识地强调和运用对比创造出的珍珠首饰，给人一种超越传统、反常规以及求新、求变的视觉效果，不仅颠覆了人们对传统珍珠首饰的固有印象，而且体现了当代社会人们对于珍珠首饰审美更趋多元化、求新求异的消费理念。

图3-24　使用不同材质搭配的珍珠首饰（千足珍珠）

所谓调和，就是指当构成元素间存在较大差异时，通过有意识地弱化元素之间的矛盾，达到彼此趋向缓和、朝着一致性方向发展的目的。调和也意味着在矛盾和对比的视觉元素中寻求统一的元素，找到彼此的共同点，取得协调之感。在珍珠首饰设计中，调和也是运用较为广泛的创意手段。为了让珍珠首饰的各种形状、色彩、质感等多种不同造型元素统一起来，需要从整体上协调各种元素之间对立、无序、离散的关系。例如，在珠宝首饰设计中，一般选用不同的材质与珠宝搭配，各种材质呈现不同的色彩，而要想达到赏心悦目的视觉效果，需要有意识地调和色相、明度、纯度，使珠宝首饰的整体色彩搭配自然、协调一致。总体而言，珍珠颜色的色相调和不外乎无彩色系调和、同色相调和、临近色调和。除异形珠以外，其他珍珠大多呈圆形、水滴形、椭圆形，形态差异性不大，看起来也较为协调。但在具体设计实践中，如果一味地强调统一而没有对比，就难免流于单调。有的时候需要突出首

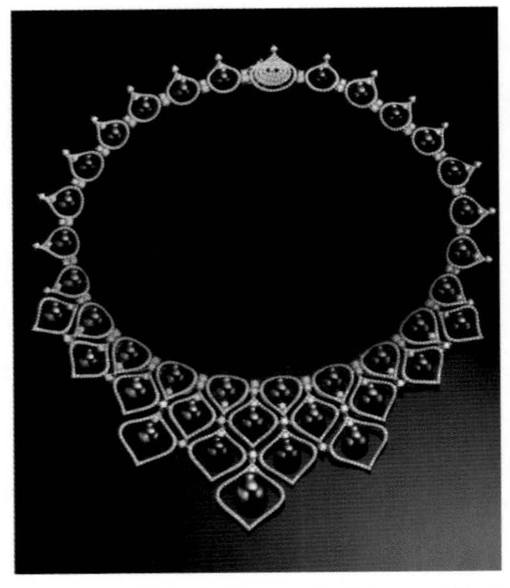

图3-25　具有节奏、韵律感的珍珠项链（黛米珍珠）

饰造型款式的新颖性，一般在各种造型元素从整体上保持统一的前提下，有意识地加强局部的对比来丰富首饰的视觉形态，在对比中求得协调、在变化中寻求统一，使首饰的造型更为生动、更具有个性、更富有表现力。

（2）节奏与韵律

节奏与韵律的概念来自音乐术语。节奏是指音乐中音响有规律地出现强弱、轻重、缓急的变化与重复。形成节奏有两个基本要素，一个是时间所体现的运动要素，另一个是运动过程中所体现的音响强弱、缓急的交替变化。对于珠宝首饰设计来说，整体造型构成之美亦如音乐节奏之美，可采用平面构成中的重复、渐变、发射等构成方式，将同一形态元素多次反复有规律地呈现和更替，这种视觉流动美感类似于对音乐节奏美感的体验，以此来组合和构成首饰形态元素。

在设计构成的形式美规则中，与节奏相辅相成的是韵律。“韵律指节奏有规律地变化和重复产生的一种情调。二者共同的特点是有规律的重复，但节奏是简单的重复，它是韵律的基础，而韵律是对节奏的深化，它是有变化的重复，使形式产生美感。”[1]所以，韵律是一种变化与统一的和谐与秩序，其节奏的变化与人的情感体验形成一种共振，使人感受到音乐带来的旋律美与情感美，能够增强艺术表现力。具体到珍珠首饰设计中，韵律是由构成珠宝首饰的多种基本形态元素有规律地排列组合形成的节奏变化，其主要表现手法有连续韵律、渐变韵律、起伏韵律等（图3-25）。如珍珠的基本形态为圆形，大小相同的圆形珠连续重复排列会形成节奏，产生具有律动的运动感；圆形珠从大到小或由小到大的演变，会形成渐变的韵律；而大小不等的圆形珠高低错落有致排列，会形成起伏变化的韵律。利用单一基本形即可获得如此多元化的设计，如果进一步利用

---

[1] 杨天舒，丛劲涛．节奏与韵律在艺术设计中的体现［J］．辽宁工学院学报（社会科学版），2004（6）：60-61．

多种形态的异形珠进行搭配，甚至与其他宝石、金属相搭配，在遵循节奏与韵律规则的前提下，将为珍珠首饰创意设计带来无尽灵感与创作源泉，极大地丰富珍珠首饰设计的造型语言与表现手段，增强首饰设计的艺术感染力，对促进珍珠首饰的设计开发具有重要的意义。

（3）对称与均衡

对称与均衡是形式美法则中两种对应的形式。对称是指在形式上依照轴线，按左右、旋转、上下等标准，以等量、等形、等距的条件相互对应的组合方式。它是一种物理上的平衡，给人一种稳定、庄重、有条理的静态美。均衡是由对称演化而来的。对称是一种绝对的物理上的均衡，而均衡不一定是对称意义上的物理平衡，均衡实际上是一种视觉上的平衡，或者说是心理上的平衡。较对称而言，均衡更显得自由、灵活、生动，更富有趣味与变化，具有动中有静、静中寓动、变化统一的艺术效果。对称与均衡这一形式美法则在实际运用中，往往需要根据设计表达来灵活运用。“在首饰形态创造中以相对稳定、绝对对称作为设计的形式美依据，即‘等量等形’；均衡是稳定中相对性的借代，起着视觉心理平衡的作用，如同构成中‘等量不等形’。”[1]在首饰设计中，对称与均衡的结合使用是以创造视点集中的焦点为目的，同时，使首饰的形态达到稳定均衡的效果，以增强首饰品在视觉上产生的活泼感及美感。如图3-26所示，利用珍珠饰品设计中比例与尺度取得视觉平衡。该首饰整体布局是一种对称形式，圆形与正方形的金属框架组合为珍珠提供稳定的衬托。框架上部分边角位置镶嵌一颗大珍珠形成视线的焦点，框架下部分靠近边角的位置镶嵌三颗排列的小珍珠，与大珍珠形成呼应，这是一种局部均衡方式的运用，既能达到视觉平衡的目的，又能打破对称布局形成的死板，给人一种既有几何化的规整又不失活泼的感觉。

---

[1] 程惠琴．浅析首饰设计的形态语言［J］．艺术设计（理论），2008（2）：142-144．

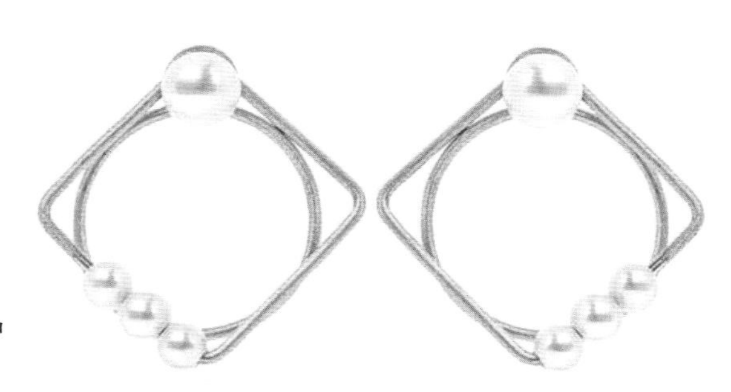

图3-26 珍珠首饰设计中的对称与均衡

（4）主次和重点

主次是对事物局部与局部之间、局部与整体之间组合关系的要求，也是珠宝首饰艺术创作必须遵循的形式美法则。珠宝首饰形态是由多种造型元素组合而成的，各造型元素之间的关系并不是平等的，而是必须有主次之分。所谓“主”，即主体部位或主要功能部位，是表现的重点部分，也是主操作部分。而“次”则是非主要功能部位，是局部、从属的部分。主从关系是互为条件、相辅相成的。没有“主”或重点，则显得平淡无奇；没有“次”或一般，也无法强调和突出重点。形态的主次关系包括大小、位置、方向、数量、容量、体积、正负形空间等方面的主次变化和相互作用[1]。在首饰造型中突出主体，可以突出款式某一部分造型设计，如在串珠项链设计中增加水滴形珍珠吊坠，同时还可以增加小细节的结构和工艺设计，这样珍珠项链在造型上就有了视觉中心。在珍珠与其他宝石、金属搭配设计时，在数量、大小、色彩等方面也要整体权衡，以体现主宝石（珍珠）和次宝石的关系，强调突出珍珠和其他宝石的主要特征，有意识地减弱次要配饰部分，使主次之间过渡自然，力求使珍珠首饰造型别致、风格独特又在整体上和谐协调。

[1] 张莉．现代首饰设计对古代饰品文化的继承与发展［D］．北京：中国地质大学，2008．

2. 构成语言在珍珠首饰设计中的表达方式

珠宝首饰是三维的空间艺术，是构成语言应用的载体。构成的形式语言可以带来丰富多样的设计创意手段，使珍珠首饰品的造型更为简洁、多样化和更富有秩序美感，使珍珠首饰品的款式和色泽更具时尚性和现代性，更符合现代人的审美品位。在珍珠首饰设计中，较常用的构成语言主要有重复、渐变、特异等。

（1）重复

重复指相同或相近的基本形连续、有规律、反复出现的构成方式，视觉形象呈现出秩序化、整齐化的和谐统一效果。基本形的重复出现会形成整齐感、连续感、和谐统一感，有利于加深对基本形的记忆与印象。重复是首饰设计中应用最多的构成形式，广泛应用于各种款式，如珍珠项链、珍珠手镯的设计中。例如，这款项链是以珍珠为主要元素的首饰，项链的链条是由铂金打造而成的，外圈是由很多白色珍珠连接构成的。这些珍珠的表面洁白无瑕，圆润且饱满，它的四周被银色的图案所点缀，还镶嵌了很多小钻石，并且间隔重复出现，华丽而富有节奏感，佩戴在脖间更是非常耀眼（图3-27）。

（2）渐变

在构成学中渐变是指形态的逐步变化，并不仅指形体的外形轮廓的形状，位置、大小、方向、色彩等均可成为渐变的因素[1]。渐变构成具有很强的秩序性，又能表现节奏和韵律。在珍珠首饰设计中，渐变是一种重要的构成形式语言，一般采用珍珠大小排列渐变、构成骨骼的渐变，以及珍珠色彩的邻近色、相似色渐变等，丰富了珍珠首饰品的造型层次，具有强烈的透视感和空间延伸感，可产生鲜明的视觉审美效果。如这款优美的吊坠来自美国Adam Neeley品牌，材质是18K金、南洋珍珠（图3-28）。珠宝的基本形造型或者骨骼造型由下部到上部，逐渐由大变小，在渐变的骨骼上均匀地分布着5颗南洋珍珠，

---

[1] 沈晓丽．信息时代书籍插图的形式语言［J］．齐鲁艺苑，2007（5）：31-33．

图3-27　御木本珍珠项链
图3-28　珍珠吊坠（Adam　Neeley）
图3-29　珍珠钻石宽颈项链

27 | 28 | 29

其排列方式也是利用了大小渐变的法则，从下方的大珍珠渐变到上方的小珍珠，给人一种节奏、韵律的美感，而珍珠附着的金属板呈波浪线弯曲造型，其弯曲的每一弧度都与镶入的珍珠大小相协调，依次由大到小的渐变，强化了首饰造型的节奏美、韵律美，增强了视觉的吸引力，引发人们无尽的遐想，亦如5粒珍珠在优美的金色海浪上漂浮。再比如这款“珍珠钻石宽颈项链”是御木本设计师的作品（图3-29）。此款珍珠首饰设计灵感受到中世纪哥特风的启发，设计师运用双元骨骼渐变设计的方法，将日本akoya珍珠由小颗到大颗有规律、渐次地串连在一起，并编织成网格状的颈链。几何形状的网格也由小到大分布，显得十分具有秩序感和节奏感，颈链的结合处完美无瑕，设计制作精巧细致，彰显巧夺天工的工艺和大师级风范。

（3）特异

特异是构成中一部分或局部打破一般恒常规律和秩序而形成的特异基本形，它往往能成为视觉中心。“特异构成根据其形式不同，可分为骨骼特异构成、形象特异构成、位置方向特异构成和大小特异构成。”[1]特异构成在现代珍珠首饰设计中也会经常得到运用。例如，这款名为“空间序曲”的胸针（图3-30），由御木本公司设计制作。其造型新颖、独特，由左右两部分构成。左边将若干颗南洋珍珠置于骨骼内重复排列在一起，形成正菱形造型；右边则运用骨骼特异构成方式，在右上角部位用18K金及钻石填充骨骼变异部位。这款珍珠首饰造型的特异点在右上角，骨骼、材质、造型都发生变异，这样更容易吸引人们的注意。同时，骨骼的特异也使得这款胸针给人一种动静结合的感觉。设计师改变了以往首饰造型的中规中矩、对称平衡的观念，赋予首饰造型灵动、飘逸的感觉，将珠宝的璀璨与精湛工艺制作展现在方寸的胸针之间，这是特异构成运用在首饰造型上的完美诠释。

（三）材质语言

材质是首饰设计与制作中极其重要的因素之一。任何首饰品都必须借助一定的物质材料来塑造形体和结构，表现材质肌理的视觉和触觉美感。所谓材质就是材料和质感的结合，是珠宝首饰艺术的载体。不同材质的使用，对首饰的风格及其视觉呈现有着重要的影响。质地是材料的品性，它能作用于人们的感受，有时又称之为质感。“材料因素在首饰设计中有着重要的地位，这不仅体现在材料的成型特性、材料的肌理以及表面处理工艺上，还表现在材料的语义特征方面。”[2]因为材质具有作用于人们感受的特质，不同质感的材料给人们不同的触感、联想、心理感受和审美情趣，所以材质在首饰设计中是传达设计师情感语言的重要媒介之一。

材料美之中包含着肌理美和触觉美。“所谓肌理是指一种材料由于不同的物理性能所呈现出来的特殊纹理质感。肌理美分为两种：天

[1] 裴瑞峰．平面构成在现代首饰设计中的应用研究［D］．北京：中国地质大学，2016．

[2] 张丽辉．浅析首饰设计中的材质因素［J］．中国宝玉石，2008（3）：96-97．

图3-30 “空间序曲”胸针

图3-31 “Sliced神秘邂逅”系列

然肌理和人工肌理。”❶天然肌理是指天然材料在自然状态下依靠其性能特征生成的纹理质感，比如，珍珠在母蚌里的形成过程中产生柔和的光泽、独特的晕彩和天然肌理。人工肌理是指人为使用工具对原材料的表面进行加工改造时所形成的痕迹，如切割痕、腐蚀痕、刻痕、凿痕、磨痕、打击痕等。人工肌理也是一种重要的造型语言，对其进行有规律的组织与运用，不仅使首饰品更富有艺术感染力，也使首饰品更能表达珠宝首饰的主题意趣与情感，所以，有的珠宝设计师特意强化人工肌理的“表现”。例如塔思琦采用珍珠切割工艺，将珍珠截面上裸露的珍珠质层大胆展示出来（图3-31）。这种珍珠质层是珍珠潜藏的结构纹理和生命年轮，具有独特的肌理美感，利用珠宝潜藏的肌理赋予作品表面以独特的触觉效果，来表现情感，增强作品的艺术表现力。

触觉美是材料的质地给人们的触觉感受，比如，珍珠表面光洁、细腻，就像柔美的肌肤般光滑，充满魅力，正是这种“珠圆玉润”的触觉美感给人们带来美的享受，使得珍珠材质具有了一种固有的天然

❶ 陈聪．浅谈现代石雕的造型与材质语言［J］．大众文艺，2015（7）：114-115．

美感和表现性。为此，在珠宝首饰设计创作过程中要积极主动地考虑材料因素，把“用物质材料来思考”作为珠宝首饰设计的重要原则，而不是在作品完成后才可有可无地增加一些“材料效果”。“在构思阶段，就要根据创作意图恰当地选择材料，不仅要把材料当作艺术表现的媒介，更要把材料当作一种语言、一种符号和艺术整体造型不可或缺的部分。”[1]因此，材料的选取和搭配是十分重要的一环。“在珠宝首饰设计与制作过程中，要充分考虑到所选取的材质在颜色、肌理、光泽、质地等方面的和谐统一，是否可以最大化地展现整个珠宝首饰的艺术美感和视觉效果。”[2]只有选择合适的材料搭配使用，以及在充分理解材料的基础上自由地驾驭材质，才能创造出具有材质美感、艺术性、创造性的首饰作品。这就要求我们根据首饰设计的主题、表现形式与风格等内容，恰当地选择合适的首饰材料搭配制作，以最大限度地展现首饰材质之美。此外，还要在材质使用方面有所突破，大胆尝试新材料和新工艺的运用，赋予珠宝首饰品新的感官体验，满足消费者求新求异的审美需求。

1. 珍珠与珍珠不同肌理搭配

任何材质肌理都是在自然状态下形成的，自然界为肌理提供了丰富的源泉和生长条件，且几乎所有材质肌理都是独一无二的，如同很难找到两片相同的叶子一样，我们也很难找到两颗肌理完全相同的珍珠，这也是每一颗珍珠散发独特魅力之所在，带给人们无尽的遐想和创意空间。在进行珍珠首饰设计时，我们可以从肌理入手，由肌理引发创意灵感，强化材质肌理的设计语言及其表现力，使首饰品的款式更加新颖、更富有个性、更具有视觉冲击力。具体方法有：充分发掘珍珠本身肌理的价值，把原材料观赏价值高的肌理进一步突显出来变成积极的装饰元素，把一些不太理想的肌理稍作人为处理，这样可将

[1] 向祎．材料在装饰设计中的艺术表现［J］．美术大观，2009（7）：122-123．

[2] 张美．亚欧地区珍珠首饰研究［D］．北京：中国地质大学，2019．

消极的元素转变成积极的装饰元素。此外，为了更好地突显出珍珠肌理、发掘新的肌理，还可以创新工艺方法，如对珍珠进行切割、雕刻等，发掘出珍珠的内在肌理，获得新的肌理。当然，在处理材质肌理时，尽量不要留下人工的痕迹，一切以追求自然风格为目标。亦如中国画艺术中“从无法到有法，从有法到无法”，为了追求自然“无法”的艺术境界，需要用熟练、精湛的技艺去对珠宝进行加工，达到巧夺天工、浑然天成的艺术效果，这是一种高超的设计境界。

2.珍珠与非传统材料的肌理搭配

“首饰中的非传统材料主要是指除了金银等贵金属、彩色宝石、玉石、有机宝石等以外，各个领域的新型材料。新材料的融入能够为传统首饰带来新的体验。珍珠首饰设计中也有很多非传统材料融入，主要有非贵金属材料、纺织品、树脂、水泥等。”[1]在选择非传统材料时，要综合考虑多方面因素，首先要考虑该材料是否具有观赏价值、可塑性，其次要考虑材质是否符合与其搭配的宝石的特点。下面以珍珠与金属构件、非传统金属材料搭配为例，作具体分析。

（1）与金属构件搭配

一般情况下金属构件都是规则的几何形，起着衬托珍珠的作用，其形态有椭圆形、圆形、三角形、正方形或长方形等，金属构件基本上都带有人工加工的痕迹。从本质上说，珍珠的自然形态与人工金属构件是不相融合的。若要将自然珍珠与金属构件搭配起来，需要恰当地处理二者之间的远近、高低、距离、厚薄、宽窄、多少、大小等关系，使珍珠与金属构件达到和谐统一的设计效果。无论是珍珠胸针、珍珠戒指还是其他珍珠饰品的设计，将珍珠镶嵌在金属构件上不仅是传统的较为常见的制作工艺，而且是当下还在使用的珠宝首饰制作新工艺，能够对整个首饰品的风格和视觉效果造成影响，具有很强的观赏性和艺术性。通常情况下，珍珠的圆形是一种自然的圆形，其造型

---

[1] 张美．亚欧地区珍珠首饰研究［D］．北京：中国地质大学，2019．

线条圆润柔和，呈现珠圆玉润的视觉特征，给人一种温和、内敛、含蓄而又平易近人的感觉。而在首饰设计中所使用的其他金属构件大多为几何化的人工造型，二者搭配互为衬托、相得益彰，能够使整个首饰品更加富有装饰性和情韵，更符合当代人对珠宝首饰的个性化追求（图3-32）。

（2）与非传统金属材料搭配

在珍珠首饰款式的设计中使用除铂金、银、K金以外的不同色调的非贵金属来镶嵌和搭配珍珠，能够产生耳目一新的材质对比效果，形成风格迥异的艺术格调。对于暖色调或者黑色的珍珠，则可以选择色调偏冷的非贵金属与之进行搭配，营造出冷峻、柔和的艺术氛围；如果选择色调偏暖的非传统金属进行搭配，又可以获得热烈、温暖、活泼、舒畅的艺术格调。例如，这款珍珠项链是采用非传统材料拼接设计，它的一部分采用淡水珍珠材质，另一部分则是类似于古巴链的造型，采用的是环保合金材料，还搭配了一个镂空蝴蝶形状的吊坠（图3-33）。珍珠项链和古巴链是完全不同的两种材质元素，珍珠项链看起来显得更加精致、高雅，而古巴链则看起来显得简朴、轮廓分明。虽然风格上存在差异，材质上产生软硬对比，但两种材质元素融合在一起却并不存在不协调感，反而更加突显了珍珠项链的天然晕

图3-32　FLAPPED翼动系列耳环（塔思琦）

图3-33　珍珠项链非传统材料拼接设计

32 | 33

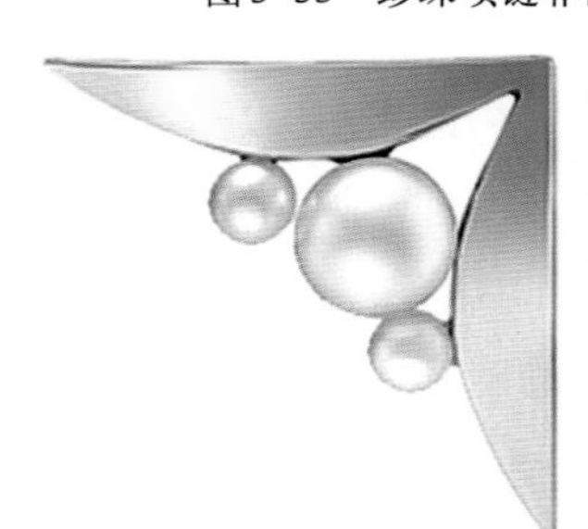

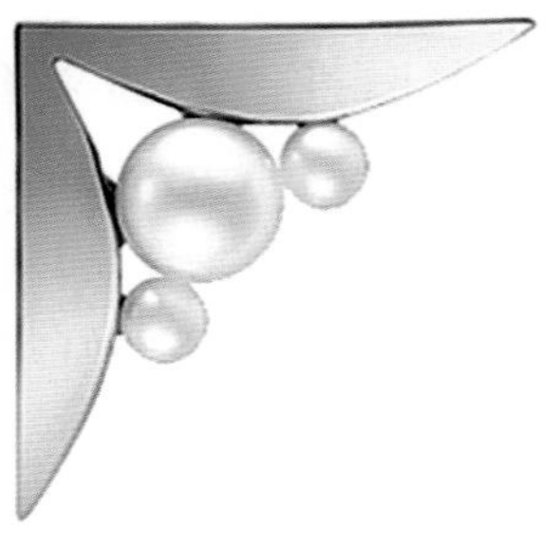

色的绚丽，呈现出一种别具一格的美感，搭配的镂空蝴蝶吊坠则让这条项链显得造型更为丰富和多样化。这条项链不仅使人感觉很有个性，也让人觉得十分有趣，充满了时尚的魅力。

总而言之，材料作为一种承载创意者灵魂的载体，可以说是无所不能，无所不包。自然是一座取之不尽、用之不竭的天然材质宝库，为人类生存与发展提供了各种物质资源与能量。人类不断地认识自然、利用自然、开发自然并改变自然，从而创造了今天的物质财富与精神财富。材质的美既是大自然的创造与延续，也是人们有意识地对天然材质的改造与加工。作为对自然的真诚感恩与回馈，需要尊重自然的原生状态，保持天然材料的原生属性，不应该随意改变或滥用天然材质。好的珠宝首饰设计，一般都会对使用的材质进行周密而深入的观察和思考，由材料触发设计创意灵感，循材料特性来进行构思创作。材料本身既是创意的源泉，也是一种独特的设计语汇。因此在进行珍珠设计的时候，我们要尊重自然，严选材料，深思设计，并且对材料的掌握与驾驭要得心应手。

三、珍珠首饰的设计方法

（一）珍珠首饰的造型设计

珍珠形态各异，既有规整类形态，如圆形珍珠、水滴形珍珠等，也有形态不规则类珍珠，如异形珍珠。依据珍珠的形状来进行构思创意，是珍珠首饰设计的主要表现形式，也是探索珍珠设计创新的重要方向之一。将珍珠这一较为传统的首饰材料，以现代概念的设计去表达设计理念，体现出珍珠独有的魅力[1]。在进行珍珠首饰的设计时，要在整体构思的前提下，综合考虑主题、风格、材质、工艺等因素，根

[1] 张卫峰．饰品设计的内在寓意——论绳结艺术［J］．南京艺术学院学报（美术与设计版），2008（6）：131-133．

据珍珠的形状和特点，确定首饰的款式与造型，并选择其他合适的宝石、金属材料与珍珠组合搭配，从而设计出和谐优美、新颖独特的珍珠首饰作品。

1. 形态规整类珍珠的造型设计

（1）圆形珍珠

珍珠的形状多种多样，有圆形、椭圆形、梨形、水滴形和异形等，其中日常生活中最受人们推崇的当属圆形珍珠。历来对珍珠的评价就是越圆越好，越圆越美，所以就有了诸如“珠圆玉润”“走盘珠”“一分圆一分钱”等评价标准。珍珠圆形饱满的美学观念深植人心，能体现女性高贵、内敛和优雅温柔的气质，所以圆形珍珠可以用来加工成各种款式的首饰，在市场上有广泛的认可度。“圆形珍珠常常被用来加工成珍珠项链、珍珠戒指、珍珠耳饰等饰品，大小均匀或渐变的圆形珍珠可直接打孔穿成珠串，单颗直径较大的珍珠可与金属结合镶嵌成吊坠和戒指之类的首饰，而那些相对小一些的珍珠则可以做成耳钉、耳坠之类的首饰，或者用几颗组合镶嵌成吊坠、戒指等首饰。”❶用品质优良的圆形珍珠来设计各种首饰，不需要过多繁缛的设计与工艺，就能充分展现其原本的光泽及形状美感。“尽管圆形珍珠是设计的主角，但是从造型设计角度来说，在传达珍珠特有美感的同时，也不可避免地造成珍珠首饰设计形式雷同、材质搭配单一。”❷当然，单纯以珍珠材质来设计首饰显得过于陈旧、单调，难以满足消费者多元化的审美需求。它永恒不变的圆形、单调乏味的色彩和千篇一律的珠链设计，总给人一种老气横秋的感觉。一些传统珍珠首饰类型因款式陈旧、缺乏现代感，难以引起年轻一族的兴趣，我们看到日常生活中除了年龄大一些的女性佩戴这类珠宝以外，年轻的女性较少选择这类珠宝的款式。但近些年来，随着国外大品牌珠宝进入国内市场，让人们看到了

---

❶ 刘云秀．珍珠首饰的创新设计研究［D］．北京：中国地质大学，2020．

❷ 杨中雄，陈敏．异形珍珠在现代珠宝设计中的运用［J］．艺术教育，2018（21）：225-226．

珍珠首饰品牌所展现的设计魅力，国内也开始越来越重视珍珠首饰的设计创新，把更多的款式新颖、造型时尚的珍珠首饰品推向市场，赢得了更广泛的消费群体的青睐。如图3-34所示，该珠宝首饰为御木本的“缎带之舞”系列珠宝，采用高品质的akoya珍珠，通过巧妙的唯美组合与创意设计，创造出造型简约时尚、风格娴静柔雅的珍珠首饰。在款式上，该珠宝首饰以飘逸的丝带为灵感，塑造出蝴蝶结、丝带花、缠绕的缎带造型，缎带具有丝绒般的质感，显得轻柔、飘逸，亦如随风飘扬一般。凭借充满感性的新颖设计和丰富的搭配，结合项链精致的工艺，用珍珠演绎出少女般的轻盈之感，让珍珠项链充满动感与活力，那种传统单调、乏味、老气横秋的感觉荡然无存，营造出优雅而光彩流转的风格。

日本珠宝品牌塔思琦，以极具现代性的创意设计，打破了人们对珍珠首饰的传统美学印象，通过将珍珠与金属材料巧妙地组合搭配在一起，尝试珍珠首饰在材质方面的创新可能性，以唤醒珍珠的摩登张力。众所周知，珍珠与金属搭配制作首饰，古时候就已出现，在当代更是司空见惯，具有广泛的普遍性。但塔思琦在珍珠与金属搭配以及工艺创新方面却别出心裁，具有独特的创意。尽管黄金与圆形珍珠相搭配仍是传统的标配，但设计语言的运用与表达却是现代的，不仅

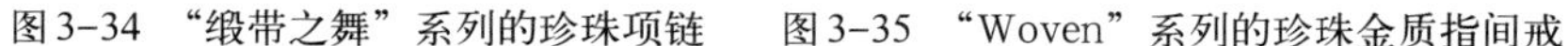

图3-34 “缎带之舞”系列的珍珠项链　图3-35 “Woven”系列的珍珠金质指间戒

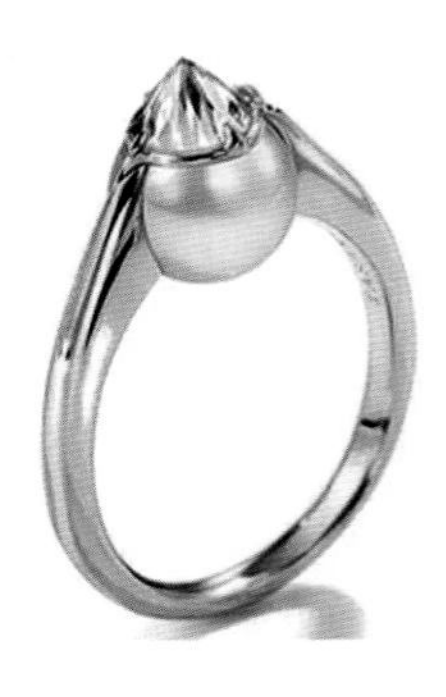

图3-36 “refined rebellion”珍珠首饰

造型具有现代构成意味，讲究形式美感，也把黄金的耀眼与珍珠的温润特性充分展现出来，创造出别具一格的视觉美感。比如，塔思琦“Woven”系列的珍珠金质指间戒（图3-35），将硬质材料黄金打造得仿佛柔软的纱线一般，5颗色泽华贵的珍珠被巧妙地镶嵌在金属环上，其排列显得上下、左右错落有致，独特的造型设计赋予首饰动感、时尚与活力，与传统首饰规整、庄重的风格迥异，既展现出珍珠温润细腻的美感，又有现代构成语言所营造的独特设计美感。塔思琦另一款“refined rebellion”（优雅叛逆）系列的珍珠首饰（图3-36），将优雅圆润的珍珠和尖角状设计放在一起，颠覆了人们对珍珠首饰的恒常印象。该首饰设计融合“优雅”和“叛逆”两种感觉，看似不和谐，却充满了视觉张力，散发出时尚的魅力，诠释了珍珠创新设计的新理念，为珍珠首饰的创新开辟了一条新的思路。

（2）水滴形珍珠

与圆形珍珠类似，水滴形珍珠也具有独特魅力而备受人们喜爱。水滴形珍珠外形美观，既延续了圆形珍珠圆润的感觉，又多了一些自然灵动的感觉，散发出一种独特的典雅、浪漫气息。水滴形珍珠的形态像水滴般流畅，充满了生命力和动感，给人以美妙的视觉享受。在西方，水滴形珍珠一直深受皇室的喜爱，常被用来制作王冠或者名贵的首饰品。水滴形珍珠因其稀有珍贵，往往为皇室专享珠宝，且与权力、身份地位相关联，所以就赋予了水滴形珍珠独特的人文历史价值。历史上盛传的几大著名水滴形珍珠，其背后都有一段过往故事，且大部分与王室相关，成为一段段王室过往事件的重要见证。水滴形珍珠使用优质的珍珠作为材料，经过良好的加工处理，使珍珠的光泽更加明亮。水滴形珍珠通常设计为项链、手链吊坠，或设计为耳饰吊坠。优美、自然的垂坠形态对形象装饰起着画龙点睛的作用，也往往成为视觉的焦点。如图3-37所示，这款珍珠吊坠是以大溪地黑珍珠为材料的创意作品，该首饰整体造型呈水滴形，外环以金属打造，上面镶嵌有钻石与红宝石，内环镶嵌有水滴形的黑珍珠，珠光细腻，在周边宝石的映衬下，显得色彩斑斓，彰显出珠光宝气。

如图3-38所示，这款珍珠项链是卡地亚的杰作，造型精美别致，风格典雅高贵，最引人注目的是项链前面正中镶嵌有一颗水滴形珍珠吊坠。水滴形的珍珠吊坠具有明亮的光泽和细腻的质感，体现出一种简约、优雅和别致的风格，给人以非常美妙的视觉美感，项链外缘还镶了42颗彩色珍珠。该款首饰另一个设计的独特之处在于其多功能性，通过设计活扣实现首饰款式的自由转换。其设计原理是在首饰的关键结构部位设置了一个活扣结构，若想改变珠宝首

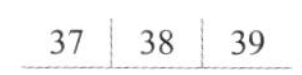
37 | 38 | 39

图3-37 水滴形黑珍珠吊坠
图3-38 水滴珍珠项链
图3-39 由项链转换为王冠饰品

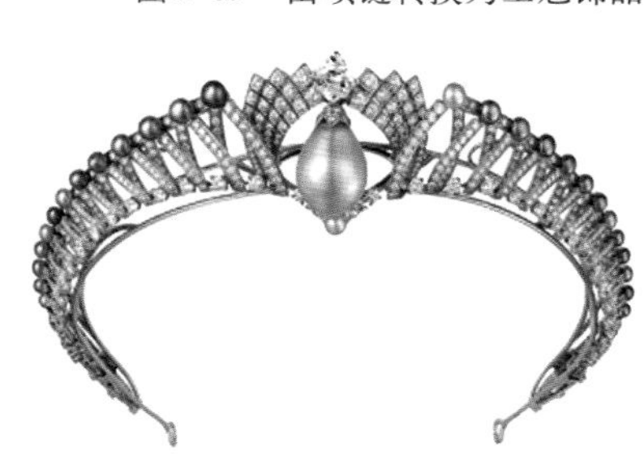

饰的款式及佩戴方式，只需要推动珠宝首饰活扣就可以将项链转变成一件王冠饰品，而且这种款式的转化也十分巧妙自然（图3-39）。不仅如此，这款首饰中间的水滴形珍珠吊坠还可以取下来作为吊坠单独佩戴。这件多功能首饰让我们不由得赞叹设计师的奇妙构思，他们敢于打破传统的设计理念，在款式造型和功能等方面大胆尝试，通过对珍珠的精心雕琢与设计，打造出一款款独具特色的珠宝首饰。

（3）马贝珍珠

马贝珍珠属于海水珍珠，多产于日本与澳大利亚，也属于再生珍珠，有着“梦幻之珠”的美誉。马贝珍珠是附壳珍珠的一种，由附壳珍珠加工而来，是一种养殖的半边珠，也称Mabe、馒头珠和半圆珠。马贝珍珠形状多样，有圆形、椭圆形、水滴形、心形、橄榄形等，颜色纯净均匀，色泽丰富，尤其是在阳光下可以呈现不同的颜色。其珠体尺寸较大，直径一般会在10mm以上，表面光滑，光泽感强。由于马贝珍珠经由后期养殖加工，可呈现半圆球形、心形、泪滴形和橄榄形等多种形态，并且珠体背面是扁平的，所以佩戴时可贴合肌肤，方便、简约、舒适感强；马贝珍珠也比较适合于金属镶嵌工艺，背面扁平使得珠体与金属结合更为牢固，多设计为项饰、耳饰等款式。马贝珍珠形态饱满精致，色泽亮丽，经过精心设计能呈现十足的时尚感与装饰感，所以越来越受到追求美丽的女性喜爱。

独特的形状为珍珠首饰设计提供了更多的设计灵感和无限创意。“越来越多的珍珠以一种摩登现代、潮酷时尚的造型为我们呈现出一种全新的视觉体验，而这也使得珍珠在保留自身魅力的同时，在创新的设计和不同材质的搭配下实现了其个性化的发展。”[1]一般比较常见的马贝珍珠首饰款式主要是珍珠耳钉、珍珠戒指、珍珠吊坠。大颗的马贝珍珠亮度高、炫彩美丽，结合金属镶嵌工艺，可用来加工制作成

---

[1] 刘云秀．珍珠首饰的创新设计研究［D］．北京：中国地质大学，2020．

图3-40 马贝珍珠吊坠

图3-41 TASAKI“CLOUD”系列

耳钉、戒指等首饰，尽显高雅奢华格调。由于马贝珍珠呈半圆形，所以即使佩戴大颗的马贝耳钉也不会显得坠耳或不贴服。而水滴形的马贝珠则比较适合做吊坠，背面线条贴合肌肤，表面的流线型也尽显婉约的女性气息。马贝珍珠形状独特，颜色丰富，为珍珠首饰带来全新的设计灵感与无限创意，风格既可以低调温婉，也可以奢华优雅，对于厌倦圆形珍珠沉闷、平淡、样式陈旧的新潮人士来说，这种独特的半边形珍珠满足了他们猎奇、追求个性化的审美需求。例如，这款马贝珍珠吊坠以其新颖独特的造型、饱满精致的色泽，呈现典雅的韵味。吊坠采用马贝珍珠半圆形结构与18K玫瑰金搭配融合，将马贝珍珠与前卫设计、精湛工艺结合后产生奇妙绽放的艺术效果，展现一种奢华的轻盈之感（图3-40）。再比如塔思琦云彩（TASAKI CLOUD）系列珍珠首饰，以大胆而又超脱的创意将马贝珍珠独特的半圆形结构与白金融合在一起，创造出了充满飘浮感的云朵的感觉。其设计创意既符合现代商业首饰的特征，又具有独特的造型和艺术美感，使将马贝珍珠与前卫设计、精湛工艺结合成为业内深受瞩目的潮流风向标（图3-41）。

2. 异形珍珠的造型设计

异形珍珠又称巴洛克珍珠（Baroque Pear）。“Baroque”一词最早来源于葡萄牙语，意为“不圆的珍珠”，是指形态不浑圆的、不规则的一类珍珠。异形珍珠表面凹凸不平，形状大小不等，可以类似任何东西但是没有规整的形状[1]。传统观念认为珍珠越圆越好，异形珍珠的价值远没有浑圆的珍珠价值高。但随着人们对珠宝的审美日趋个性化，异形珍珠逐渐得到时尚设计师和珠宝爱好者的青睐。经过精心创意设计，异形珍珠变成了“艺形珍珠”。对于追求时尚与品位的消费者来说，佩戴异形珍珠首饰可以在一定程度上满足其彰显个性、提升个人非凡气质与魅力的需求。

异形珍珠具有以下特点。①独一无二性。异形珍珠形态各异，每一个异形珍珠都具有独特形状并是不可重复的。“异形珍珠主要有葫芦形、水滴形、花瓣形、十字形、米字形等，还有生长没有规律的任意形。”[2]珍珠与其他无机宝石的不同在于，珍珠在后期无法通过机械加工打磨而获得预想的形状和色泽，虽然珍珠贝植入的是同样的珠核，但珍珠在珍珠贝内的生长过程中并不能完全按照人工培育的形态生长，最后长成的异形珍珠也是不一样的，所以异形珍珠外形是极度自由的，也极具动态美感。异形珍珠的外形就是自带的灵感，每一颗异形珍珠都是一个故事，这给设计师利用异形珍珠的天然形状展开奇思妙想创造了条件。因此在设计时要把握珍珠的异形特点，激发创作灵感，拓展想象空间，创作出独一无二的绝世佳品。②趣味性。异形珍珠带给人们的趣味性是其他种类的宝石所不能比的。异形珍珠看似粗糙，形态不太完美，但这种“异类”却是大自然最美好的馈赠，令人产生无限的遐想。在设计师手中，这些原本被忽略和放弃的异形珍珠被赋予了全新的生命力，焕发出新的光彩，不可思议地蜕变为充满趣味的鲜活小动物、生机盎然的植物或者古灵精怪的人物。例如，这款“企鹅”作品选用一颗近似椭圆形的异形珍珠作为企鹅身体躯干，再用黄金打造企鹅的头部、翅膀和脚掌，一只躯体浑圆、“大腹便便”的憨态可掬企鹅形象便呈现出来（图3-42）。其表面略显凹凸不平的

---

[1] 袁嘉蔚．异形珍珠在现代珠宝首饰设计中的运用［D］．北京：中国地质大学，2014.

[2] 金瑛．因材施艺——异形珍珠首饰设计初探［J］．明日风尚，2016（7）：133.

图3-42 “企鹅”

肌理也与企鹅的形象特点相吻合，企鹅的头部、翅膀、脚掌也塑造出羽毛的肌理效果，进一步强化了企鹅的特征，同时金黄色和粗糙的羽毛纹理也与珍珠的洁白和光滑质感形成了有趣的对比。此外，该作品还采用了虚实结合的写意手法，营造出企鹅生存的自然环境。为了突出企鹅行走的动态，在企鹅下腹部与左脚掌结合的位置点缀了一颗小的圆形珍珠，亦如行走溅起水花，形象、生动地勾勒出企鹅在海边戏水的有趣画面。

让异形珍珠成为“艺形珍珠”，需要设计师丰富的想象力和不拘一格的大胆创意设计，在充分把握异形珍珠独特形态和色彩的基础上，进行合理的创新利用与搭配，使珍珠首饰造型生动、款式别致、富有情趣。“在异形珍珠首饰设计中，主要运用象形的设计方法，结合写实、夸张、抽象、拟人等设计手法，将异形珍珠的形态特点更加淋漓尽致地展现出来。”[1]不同大小、形状的异形珍珠各有不同的利用价值。对于那些颗粒较小、形态不够饱满的异形珍珠，可以通过叠加、平行排列或呈放射状排列方式，将多颗异形珍珠组合在一起，如可以组合成蝴蝶翅膀造型或者花瓣造型；对于颗粒较大且形态饱满的异形珍珠，可以把异形珍珠天然形态与生活中的事物相关联并展开联想，再配合运用金属镶嵌工艺造型，从而设计出造型新颖、生动有趣的异形珍珠首饰，如葫芦形珍珠可以想象为蜜蜂、蜘蛛之类昆虫的身体与腹部大肚子；近似椭圆的珍珠可以当作螃蟹的身体，也可以当作鸡、鸟类的躯体；还有其他随意形珍珠，其不拘一格的形态引发的想象空间更大，根据其独特的形状可以想象为各种动物造型。例如，阮

[1] 金瑛．因材施艺——异形珍珠首饰设计初探［J］．明日风尚，2016（7）：133．

图3-43　生肖“猴”“狗”（阮仕珍珠）

仕珍珠“生肖”系列即是以异形珍珠多样形态进行象形设计的珠宝首饰（图3-43）。生肖“狗”巧妙地利用两颗异形珍珠分别作为狗的头部和身体，组合成可爱的小狗形象。两只机灵的耳朵和卷起的尾巴用纯银镀金材质制作而成，头部的大小与身子大小几乎等同，将生活中憨厚、顽皮、活泼的小狗形象生动地展现在我们面前。生肖“猴”也是运用拟人的创意手法，利用珍珠作为猴子的头部，面部五官极为概括，用纯银镀金材质作为猴子的身体，尾巴自然弯曲，把猴子的机灵、憨态可掬的形象生动地刻画出来。

异形珍珠除了运用象形的方法设计首饰以外，还可利用宝石材质与工艺方面的创新来进行设计。珠宝品牌“Little H”以专门研究异形珍珠著称，但与以往只是从珍珠形态本身来进行创意设计有明显区别，该品牌主要对异形珍珠人为加工后再和各种宝石镶嵌组合，从而创造出另类的不同寻常的珍珠首饰作品。如图3-44所示，该系列珍珠首饰就是采用了不同类型的异形珍珠并镶嵌各种彩色宝石所完成的杰作。“Little H”选用的异形珍珠品种多样且具有优良的品质，其中包括淡水珍珠、南洋珍珠、akoya珍珠、大溪地珍珠等。这些珍珠看起来形状不规整，色泽也不够完美，但却为设计师的创作提供了创意空间。其设计与制作方法是对异形珍珠进行局部切割，这样在珍珠切割区域会露出一个开口，然后再对切口进行清洁、抛光与打磨，使其平滑，最后在开口内部镶嵌各种彩色宝石，从而制成了令人称奇的珍珠首饰。其中，对彩色宝石的选择也颇有讲究，在形态上要与珍珠的形状相协调，在色彩和光泽上要与珍珠既互相对比，又互为衬托、相得益彰。“异形珍珠一般都比较大，对造型的空间限定也相对宽松些，造型的夸张、新颖正契合了时尚的求新、求异、特立独行的要求，也符合了现代人追求个性的审美意趣。”❶

图3-44　异形珍珠切割工艺首饰

异形珍珠具有天然形成的独特造型、光泽和质感，自然环境下孕育的珍宝不可能呈现对美的标准化定义，其独特的形态与其说是“异形”，不如说是“艺形”。异形珍珠独一无二的形状、色彩和光泽不仅是自然美的体现，也是独特的艺术之美的体现。“‘艺形’二字更加生动、贴切地形容出异形珍珠的奇美，并且呈现出人与自然的和谐之恋。异形珍珠设计并不是对传统标准圆珠设计的批判和背离，而是珠宝设计师运用多元化的形式，打破原有设计思想的桎梏，运用不断涌现和超越传统的创新思想，为传统的珍珠设计注入了新的生命力和艺术表现力。”❷如今有越来越多的时尚设计师醉心于异形珍珠设计，充分利用异形珍珠形态的不规则性和肌理、色泽的独特性，并从对自然界各元素瞬间的捕捉中和对生命的体悟中获取创意设计灵感，结合

❶ 徐可．异形珍珠饰品的设计构想［J］．宝石和宝石学杂志，2013，15（4）：83-85.

❷ 袁嘉蔚．异形珍珠在现代珠宝首饰设计中的运用［D］．北京：中国地质大学，2014.

异形珍珠本身造型特点，设计出既具有生命力又充满生活情趣的各种动植物形象，表达对自然的热爱、对生命的礼赞以及对美好生活的向往，创造出全新的、时尚的、具有启发性的珠宝首饰，让人们从新的视角去领略异形珍珠独特的艺术魅力。

（二）珍珠首饰的色彩搭配设计

宝玉石是自然界中最具观赏性的矿物单晶体，其具有质料温柔滋润、色泽光鲜亮丽、纹理缜密美观、结构均匀且硬度较大等特性。与矿物类宝玉石不同，珍珠为常见的有机宝石，其具有独特的视觉美感，人们赋予了其美好的寓意。这使得珍珠受到人们的热爱和推崇，尤其是受到女性的青睐。在日常生活中，珍珠被看作女性的化身，女性佩戴珍珠能映衬出其娇柔与典雅的风韵，展现其独特个性及风采。一件好的珍珠首饰品，不仅在首饰造型上要有所创新，而且在色彩搭配设计上也需要匠心独运。通过不同颜色珍珠组合的色彩搭配、珍珠与彩色宝石组合的色彩搭配、珍珠与金属组合的色彩搭配，能产生奇异的美感，丰富珍珠首饰的创意设计手段，增强珍珠首饰作品的艺术表现力与感染力，给人们带来丰富的、多元化的视觉审美感受。

1. 不同颜色珍珠组合的色彩搭配

（1）白色珍珠与黑色珍珠对比搭配设计

市面上的珍珠五光十色，可谓丰富多彩，但在珍珠众多的色系中，人们最熟悉的莫过于白色系珍珠，其中白色系又可以细分为纯白色、奶白色、银白色和瓷白色等。因而白色是珍珠的主流颜色，也是最为高雅、经典百搭的一种颜色。白色珍珠的温润、雅静、柔和是其他色泽的珍珠所不能企及的，并且白色寓意纯洁、神圣与美好，因而白色珍珠更易受到人们的喜爱。黑色珍珠为中性色彩，也是易于搭配，具有高贵、稳重且神秘的特征。黑白珍珠搭配在珍珠首饰设计中较为常见，黑白分明，对比强烈，在雅致之中显现一种硬朗的格调。黑与白在对立的同时，也常常和谐地统一在一起。例如，这款黑白搭配珍

图3-45　香奈儿黑白双C珍珠项链

图3-46　天然黑白混色珍珠项链

图3-47　珍珠与黑玛瑙搭配项链

珠项链为双层款式，不拘一格地缠绕在颈部，黑白对比十分抢眼，也最有视觉冲击力（图3-45）。“从装饰色彩学的角度来看，利用黑白对比创造出的珍珠首饰品不仅赏心悦目，也很有时尚感，而且可以成为一种经典，因为黑白两色是永久的流行色。”❶

另一款也是多层项链款式，由两串珠链逐步过渡到三串珠链组成，挂在颈部的两串珠链是白色珍珠链，挂在胸部的三串珠链采取黑白珍珠相间串联，黑白交替呈现，显得富有节奏的动感，而挂在前部的三串珠链又并列呈现，上下黑白色又形成错落、交替对比，产生一种韵律感（图3-46）。

珍珠首饰的黑白搭配设计有时也可以用黑色玛瑙来替代黑色珍珠。例如，这款项链的设计风格非常独特，在结构上由三组链条构成，其中两组链条是由白色珍珠连接构成，而中间的那组链条则是由黑色玛瑙珠串联而成，显得线条黑白对比分明，经典时尚。项链的链条与吊坠结合处设计一个黑白色相间的圆环，在连接圆环和链条的左右两侧分别点缀了两颗方形的祖母绿宝石。项链的吊坠部分则是由若干组珠串穗构成的，它同样是采用白色珍珠和黑色玛瑙珠混色对比搭配，戴上项链走动起来显得飘逸灵动，增添活泼之感，且与项链整体风格协调一致（图3-47）。

❶ 杨井兰，张艳婕．首饰中宝石的色彩搭配［J］．中国宝玉石，2007（2）：103-105．

（2）珍珠渐变色搭配设计

所谓渐变色是指某类物体的颜色有规律地逐步过渡变化，即色彩的色相从一个颜色转换到另一个颜色，或色彩的饱和度由艳丽到灰暗的变化，以及色彩明度由明到暗或由深到浅的变化。这种渐变色搭配方式应用在首饰设计上，可以使整件首饰色调趋于无穷变幻，充满神秘浪漫的气息。若一件首饰主要的色彩是单色时，运用色相和明度的渐变色搭配方式，可使首饰的光影明亮度得到提升，避免色彩由于单一造成的沉闷，也突显了首饰整体上的变幻之美。

在珠宝首饰设计中，珠宝颜色渐变的主要方法是依据色彩学原理中的色彩渐变规律，进行以下排列。一种是单色系（即相同的色相）中颜色按深浅秩序排列，从而形成明度递增或递减的规律性变化；另一种是色相环上不同色相或同一色系的颜色按照冷暖变化规律排列，形成一种有条理、有秩序的色彩渐变效果。例如，珍珠有不同的颜色，如珍珠白、粉红色、黑色和金色等，但色彩纯正的珍珠十分稀少，所以为了提高珍珠的利用率，对于颜色不够纯正的珍珠，就可以利用颜色渐变的设计方法来提升珍珠的价值。“在设计中，可以将不均匀的白色、乳白色、浅粉色和粉红色等颜色进行分类，并按照颜色深浅渐变的方式进行排列组合，这样设计出来的首饰往往会收到意想不到的效果。”[1]如图3-48所示，这是御木本推出的一款披肩式珍珠项链，由10串长短不一，大小、颜色呈渐次有序变化的珍珠链组成，

图3-48 “金色幻想”珍珠项链

[1] 边玉函．首饰设计中宝石材质的色彩表达与工艺实现[D]．北京：中国地质大学，2015．

渐变色的珍珠颜色由白色、乳白色、粉色到金色等逐步自然过渡，显得层次分明，变化多端。而点缀其中的钻石和珍珠的材质色彩对比也十分和谐唯美。同时，通过这种渐变色搭配设计方式，让原本品相一般的白色或淡粉色珍珠随着项链整体颜色搭配设计而得到极大改观，其价值也随之得到明显提升，展现了色彩赋予珍珠首饰全新的时尚魅力和独特的艺术效果。

2. 珍珠与彩色宝石组合的色彩搭配

珍珠和宝石的搭配是一种充满神奇和想象的组合，五光十色的宝石与各种颜色珍珠相遇、碰撞，能创造出千变万化的艺术效果。随着彩色宝石资源不断地被开发利用，以及首饰加工技术的持续发展进步，首饰款式越来越多样化，同时，其所呈现的色彩也越来越丰富。不同的宝石颜色组合在一起会出现意想不到的色彩效果，但需要合理的搭配设计才能呈现和谐的美感。“在设计珍珠首饰时，首先考虑的是珍珠本身的色彩属性，珍珠质地细腻、柔和，色彩温润且多样；其次，与彩色宝石相搭配时，要考虑彩色宝石的色彩、光泽，使不同材质的搭配达到色彩均衡、材质和谐的效果。”[1]通过雅致的珍珠与绚丽的彩色宝石相搭配，体现出层次丰富的色彩与质感，使珍珠首饰更加具有装饰性，从视觉上产生耳目一新的感受。

（1）白色珍珠与宝石搭配

白色珍珠颜色比较温润，拥有细腻优雅的光泽与色调。白色珍珠搭配彩色宝石，能体现出层次丰富的色彩和质感，带来不一样的视觉感受。当白色珍珠与暖色系的彩色宝石搭配时，会产生明快的色彩对比。比如，白色珍珠与黄色宝石相搭配，白色纯净、明亮，黄色充满活力与热情，富有朝气，所以比较适合年轻女性佩戴，彰显青春的风采。而红色宝石华丽热情，炙热如火焰，当红色宝石遇见纯白无瑕的珍珠时，红与白的顶级撞色在视觉上达到极致的美感。例如，这是一

[1] 刘云秀．珍珠首饰的创新设计研究［D］．北京：中国地质大学，2020．

款采用白色珍珠与红色宝石搭配设计的项链，它的链条是由三排珍珠组合而成，中间一排珍珠的颗粒相对来说比较小，在视觉上形成了大小、粗细对比（图3-49）。色彩的对比主要体现在项链的吊坠部分。吊坠最上面是由三个镂空式梨形边框连接而成的，中间分别镶嵌了一颗酒红色的红色宝石，展现了一种成熟的魅力。吊坠的中间则是三条参差不齐的链条，这些链条都是由大小相同的白色珍珠串联而成，且这些下垂的链条长短不一，在链珠末端分别点缀了一颗红宝石，显得格外耀眼。这样流苏式的设计佩戴在脖子上不仅起到修饰脖肩和锁骨线条的作用，也展现出一种时尚活力。

图3-49　白色珍珠与红色宝石搭配设计

如果白色珍珠搭配冷色系的宝石（蓝色宝石、紫色宝石等），则呈现皎洁、浪漫而又神秘的格调。例如，这款耳环采用白色珍珠与紫色宝石搭配设计，造型独特，色彩明快，风格古雅。耳环分耳垂和耳坠两部分，耳垂部分是一个由紫色宝石镶嵌成的花卉图案，宝石的周围还分别设计了一些方形的淡粉色小钻石，几种元素搭配在一起显得这款耳环格外有生机。耳环的吊坠部分是两条长短不一的串珠链条，是以大小渐变的白色珍珠串联而成的。这些白色珍珠的外观非常透亮，和紫色宝石结合在一起显得非常突出。大胆的设计使得珍珠耳环具有不一样的风格（图3-50）。

图3-50　白色珍珠与紫色宝石搭配设计

（2）金色珍珠与宝石搭配

金色珍珠是一种海水养殖珠，产自东南亚

的白唇贝或金唇贝中，产量稀少，十分昂贵。金色珍珠具有鲜艳、光滑的外表，其色调瑰丽悦目、雍容华贵，一直以来都受到人们的喜爱。金色珍珠与白色宝石相搭配，色调相对来说比较和谐，能够呈现出温暖的色度、柔和的光泽。金色色系珍珠与同种色系的宝石进行搭配，属邻近色、近似色搭配，色调更容易协调，也富有一定的层次感，如金色珍珠和黄水晶等邻近暖色系宝石搭配。与黄水晶相比，金色珍珠给人的感觉更偏暖，这样搭配就会显现庄重、沉稳、华贵的格调，能够衬托佩戴者的高贵气质。例如，这款珍珠吊坠是用金色南洋珍珠、18k金和红碧玺搭配设计制作而成的，整个造型如同孔雀开屏一样让人倾心炫目，珍珠的金色和K金的色彩为同一金色系，与红碧玺的玫瑰粉红色相搭配，显得华丽而不沉闷，让原本华贵的珍珠拥有了更多的个性和异域风情（图3-51）。

图3-51　金色珍珠与宝石搭配设计

（3）黑色珍珠与宝石搭配

天然黑珍珠整体上的颜色是黑色，但又不是单纯的黑色，而是在黑色的基调上泛有其他颜色的晕彩，比如我们常见的绿透黑、紫透黑、海蓝透黑等。所以，黑珍珠的光学颜色是由黑色、黑灰色、黑蓝色、蓝绿色以及较暗色彩组成的暗色系。各种深浅不同的黑灰色伴随着犹如彩虹般的珠光千变万化，异彩纷呈。当黑色珍珠与各种彩色宝石相搭配时，更呈现出不一样的视觉效果，赋予黑色宝石与其他颜色宝石的时尚与贵气。如图3-52所示，黑珍珠与

图3-52　黑珍珠与淡紫色宝石搭配

淡紫色宝石搭配呈现晶莹剔透的色彩效果，明度高的紫色映射在黑绿色的珍珠上，若隐若现，将最自然纯真的色彩体现得淋漓尽致，能为佩戴者增添一丝优雅。再比如这款黑珍珠与糖果色宝石相搭配的珍珠首饰也是颇有创意（图3-53）。在宝石市场上，有着晶莹剔透、清澈的糖果色的宝石一直很受欢迎，设计师也常用其来搭配各种首饰设计。当黑珍珠与糖果色宝石邂逅，色彩变幻的万能黑在清新糖果色的映衬下熠熠生辉，将黑珍珠的光泽和宝石的璀璨尽显无遗，从而呈现给世人一系列时尚、有质感的珍珠首饰。

图3-53　黑珍珠与彩色宝石搭配

（4）灰色珍珠与宝石进行搭配

灰色珍珠指深海中天然的银灰色珍珠，一般来说有两种，分别是大溪地灰珍珠和银灰色日本akoya珍珠。从色彩学角度来分析，灰色是色彩中最富有哲理的一种，给人宁静、祥和、神秘的感觉。灰色珍珠具有清冷雅致、低调沉稳的特征，展现一种极为和谐的中性气质，也是一种经久不衰的时尚色。其与其他的任何色系搭配都比较容易取得协调，并演绎出不同色彩丰富的层次感。特别是灰色珍珠与色彩艳丽的宝石（如红色宝石、锰铝榴石、紫水晶）进行搭配，可有效地中和色彩的浓烈程度，这样可以避免宝石因过于艳丽而显得俗气。例如，这款项链以灰色珍珠搭配紫水晶渐变色设计，色相明朗而不过分张扬，整体格调沉稳、清雅，不落俗套，彰显不凡的气质和时尚感（图3-54）。所以灰色珍珠与彩色宝

图3-54　紫水晶渐变珍珠项链

石搭配时，适当拉开色相的对比是必要的，要尽量避免色彩组合的鲜艳度过低而造成灰色宝石的黯然失色，以至于首饰整体视觉效果显得单一和消极。

（5）珍珠与多种彩色宝石混合搭配

面对自然界中种类繁多、色彩丰富的各种宝石，设计师的想象力是无穷的。设计师除了陶醉于珠宝的质地光泽之外，色彩也是他们获取创作灵感的源泉。而把各种彩色宝石和谐地搭配在一起，不仅需要独具匠心的设计，还需要有对色彩搭配的整体把控能力。一件首饰中，同时出现珍珠和多种彩色宝石组合在一起的混色搭配，在色相、纯度、明度上都要进行整体的搭配设计，最终达到既有丰富的色彩呈现，又具有统一而协调的色彩效果，并体现一定的装饰性和审美格调。例如，这款香奈儿品牌臻品珠宝耳饰采用多种彩色宝石镶嵌组合而成（图3-55）。在圆形红色的底托背景上，用珍珠串联成弧形线并组成装饰图案，并在图案显著位置点缀7颗大珍珠，再在图案中分别点缀沙弗莱石、橙色石榴石、蓝色宝石和粉红色宝石、钻石等彩色宝石，呈现出缤纷多彩的珠宝视觉盛宴。“浓艳丰富的色彩对比产生的视觉冲击力，透明宝石和不透明宝石之间形成的光泽度反差，宝石的柔和与坚硬形成的触觉碰撞，无不展现出珠宝各自独特的个性。”[1]这些彩色珠宝和谐地组合在一起，统一在珠宝整体装饰性框架内，显得高贵大气、华丽无比。另一款御木本高级珠宝系列，把各种彩色珠宝巧妙地搭配组合成充满静谧之美的花园（图3-56）。这些宝石包括天然珍珠、蓝宝石、碧玺、石榴石、亚历山大变色石、钻石等，都经过缜密的构思设计与精巧细致的搭配，变成繁密而色彩绚丽的花丛。在掩映的花丛中显露出铁艺装饰的花园之门，仿佛把人引入一个神秘梦幻的境地，也预示着一场美的旅程即将开启。该作品采取虚实结合的方法，以花园门前局部之实景来暗示花园中繁花争奇斗艳、鸟语花香的

[1] 刘云秀．珍珠首饰的创新设计研究［D］．北京：中国地质大学，2020．

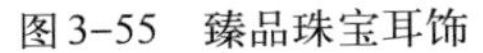

图3-55　臻品珠宝耳饰

图3-56　珠宝中的花园（御木本）

梦幻景象。首饰整体风格清新雅致，充满优雅浪漫的格调。

3.珍珠与金属组合的色彩搭配

珍珠首饰之所以能够散发优雅光泽，离不开多样化的色调搭配。除了与宝石色彩搭配为其增添光彩以外，搭配不同金属材料的珍珠首饰也展现出独特的色彩美感，从另一个角度给人们带来惊艳。珍珠色彩有白色、金色、黑色、粉红色、灰色等，常用于搭配的金属色彩可分为金色、银色两大主类。金色色泽感强，有一种张扬的气场，象征着富贵和华丽；银色是沉稳之色，相对较柔和，代表着纯洁、自然、永恒等。两种材质色彩的碰撞既带来强烈的视觉冲击力，也使珍珠首饰在色彩应用上变得更为活泼、时尚，为首饰创意设计带来无限拓展的空间。

（1）白色珍珠与金属色搭配

白色珍珠是最为常见也是最受欢迎的，不同产地、不同品质的白色珍珠所呈现出的色彩感觉不一样。如白色的南洋珍珠，其颜色饱满、细腻，有着高贵之感；白色的淡水珍珠色彩轻柔，感觉是安静、朴素、淡雅的；白色的日本akoya珍珠一般都有粉色或者金色的晕彩，更加明亮、灵动一些[1]。白色珍珠与银饰或者铂金进行搭配设

[1] 刘云秀．珍珠首饰的创新设计研究［D］．北京：中国地质大学，2020．

计，两种材质色彩明度较高，色相也比较接近，其色彩对比显得较为柔和，给人舒适、清新、爽朗的感觉，用此类材质制成的首饰往往适合年轻女性或轻熟女性等消费人群，佩戴起来整体视觉效果就显得简约、时尚、大方。白色珍珠和光泽感较强的铂金、钻石搭配是一种最优选择，珍珠和钻石都有一种优雅之感，再与铂金搭配组合会突出珍珠独特的形状和色泽，彰显出一种华美、高贵的气质。白色珍珠与光泽感较低的银搭配，会呈现出一种淡雅、古朴、高冷的质感，比较适合职场女性佩戴。

将白色珍珠与金色金属进行搭配，有两种情况。一种是与纯度较低的金色金属进行搭配，整体给人一种洁净、简约、温婉的美感，充满时尚、活泼又不失雅致的气息，比较适合追求时尚的年轻人选择与佩戴。另一种是与白色珍珠和纯度较高的纯金搭配，这是一种最为常见也最为古老的搭配样式。白色的珍珠在耀眼的金色衬托下，显得华贵、富丽、光彩照人，比较适合成熟女性或者喜欢复古的女性佩戴。若经过精心设计并注入时尚元素，能展现其自信、优雅、大方的气质（图3-57）。此外，白色珍珠亦可与玫瑰金搭配。玫瑰金是一种金色偏

图3-57 白色珍珠与金属色搭配（九蝶珍珠）

粉的颜色，带来的视觉感受是和黄金一样的光泽，但与黄金相比玫瑰金是略偏向红色调的黄色。玫瑰金与白色珍珠搭配起来十分时尚、靓丽，适合轻熟女性或职场女性佩戴。

（2）粉紫色珍珠与金属色搭配

粉紫色由紫色和粉色调和而成，粉色带给人一种雅洁、娇嫩、甜美、浪漫的气息，紫色给人优雅、高贵、神秘的感觉。粉紫色珍珠大多为淡水珍珠，色彩上兼有紫色和粉色的特性，在给人一种少女般的甜美、浪漫感觉的同时，又带有轻熟女性般的典雅、华贵的感觉。粉紫色珍珠与金色金属搭配，金色本身带有高贵、富丽堂皇的格调，两种带有高贵气质的颜色相遇，更能突显典雅、沉稳、高贵的气质。同时粉色元素的融入，又在一定程度上使其高贵、典雅的特性有所中和，削弱了金色的炫目、张扬的视觉效果，使整体格调趋向明净、轻松、雅致，比较适合当今成熟女性的审美趣味（图3-58）。此外，粉紫色珍珠和银色金属搭配，也中和了两种色彩的特性，但少了一些华贵的气息，风格趋于明朗、活泼、时尚，整体上给人率真、浪漫、可爱的感觉，比较适合大众的审美趣味，一般适合年轻女性或者职场人士佩戴。

（3）金色珍珠与金属色搭配

金色是大自然赐予的最为辉煌、最为闪耀的光色，亦如太阳光辉的代言，拥有照耀人间、光芒四射的魅力。从色彩心理学和文化学上来解析，金色寓意丰富，既代表着热情、温暖、喜悦，也代表着收获、成就、充实，还象征着高贵、奢华、光明、荣耀等。金色珍珠与银色和铂金色等搭配，则会降低金色的色相纯度，减少金色的浓郁感和所拥有的贵气，使珍珠首饰色彩在对比中趋于协调和谐，显现出丰富的层次感，彰显时尚高贵的魅力，因此比较适合优雅的女性佩戴（图3-59）。金色珍珠与黄金相搭配，会使首饰呈现浓郁的金色调，具有光泽耀眼的效果，增添奢华、贵气的感觉。原因是金色珍珠与黄金的金色除了在明度上有所差异以外，在色相上为邻近色或近似色，整体色彩属性较为接近。因此，金色珍珠与黄金相搭配更能显现出奢华、精

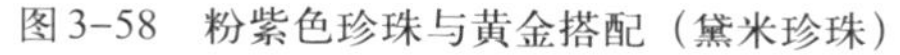

图3-58 粉紫色珍珠与黄金搭配（黛米珍珠）

图3-59 金色珍珠与黄金搭配（黛米珍珠）

致的视觉效果，较适合成熟的中老年女性佩戴，显得瑰丽悦目，雍容华贵。金色珍珠若与玫瑰金搭配，则又会呈现另一种格调。玫瑰金是一种金色偏粉的颜色，与金色珍珠属于临近色中和搭配，在一定程度上会降低金色珍珠的贵气，使首饰整体上产生一种奢华中带有时尚、靓丽的感觉，对于追求时尚的消费者来说，也是一种上佳的选择。

（4）黑色珍珠与金属色搭配

黑色是一种具有特殊的抽象表现能力的颜色，展现出其他色彩无法跨越的深度与广度。在色彩心理学和文化学上，黑色又是拥有多重文化心理与象征意义的色彩，代表着沉稳、寂静、庄重，也象征着古典、高贵、神秘等。在时尚界，黑色一直被视为经典、万能的颜色，拥有无可比拟的魔力。在珍珠各种颜色品类中，黑色系列珍珠以大溪地珍珠最具代表性。这是因为大溪地珍珠不仅浑然圆润，高贵天成，而且黑色系向来以深沉稳健著称，但完全纯黑的大溪地黑珍珠是极为稀少的，常见的颜色有绿透黑、蓝透黑、紫透黑、银灰黑等黑色

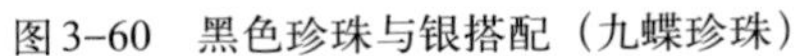

图 3-60　黑色珍珠与银搭配（九蝶珍珠）

图 3-61　黑色珍珠与黄金搭配

系颜色。黑色系珍珠给人神秘、魔幻之感，黑色之中伴有各种温文尔雅的灰色，像彩虹一样美丽，与不同的金属色搭配设计，会呈现不同的气质特征。比如黑色珍珠与银或者铂金搭配（图 3-60）。在众多贵金属中，银和铂金明度最高，光影也最明亮。与黑色相比，银色和铂金色的反差极为强烈，但经过巧妙的搭配设计，能呈现独特的视觉效果。一般银色金属给人以明净、高贵的感觉，黑色珍珠和银色金属搭配可展现出成熟、稳重的气质，非常适合成熟干练的女性佩戴，以展现其超凡脱俗、气质出众的个人魅力。黄金有暖色倾向，黑色珍珠有偏冷的感觉，黑色珍珠与黄金搭配呈现华丽、庄重而又神秘、温婉的格调，演绎女性雍容华贵、知性优雅的另一种气度（图 3-61）。“黑色珍珠与金色金属的搭配整体给人明媚、典雅、神秘的感受，整个首饰风格高贵、雅致，一般适合成熟女性。黑色珍珠与玫瑰金在进行搭配时，玫瑰金的时尚感则会减少黑珍珠的贵气，而玫瑰金是一种微妙的红色，体现了时尚以及成熟，这两者颜色相搭一起，颜色显得协调，主要适合年轻女性佩戴。”[1] 总而言之，黑色珍珠与多种金属搭配，通

---

[1] 李璐．珍珠首饰设计的色彩应用搭配问题探究 [J]．艺术研究，2018（5）：194-195.

过合理设计，其首饰风格显得既典雅又俏皮，适合不同年龄阶段和不同身份的女性。

（5）灰色珍珠与金属色搭配

灰色珍珠是产自深海的一种特有的海洋珍珠，十分稀有罕见。这种天然银灰颜色赋予珍珠与众不同的瑰丽光泽，蕴含有深海的神秘和高贵。一般来说灰色珍珠有两种，一种是灰色基调的大溪地黑珍珠，另外一种是银灰色的akoya海水珍珠。灰色与银色或铂金色相搭配，这几种颜色比较接近，搭配起来也容易取得协调，整体色彩显得适宜、中和以及沉重，但这种稳定而适宜的中性调子突显了首饰的时尚感（图3-62）。再比如，灰色珍珠与黄金进行搭配时，是属于两种不同性格的颜色搭配。黄色具有一定的张扬、华贵的特征，而灰色是属于沉稳一类颜色；在色彩冷暖对比方面，黄色比灰色要暖一些。看似灰色与黄色处于不对等的地位，然而两种颜色搭配，黄色不仅不会削

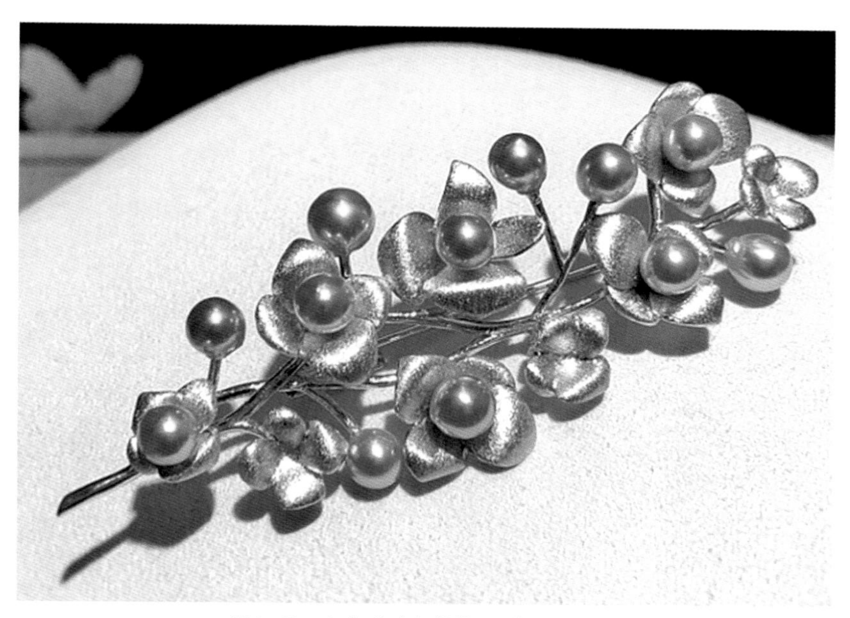

图3-62 灰色珍珠与银搭配（九蝶珍珠）

弱灰色光泽，反而为灰色增添更为丰富的幻彩多变的伴色，使首饰更具时尚感和装饰感。

总而言之，在珍珠首饰设计中，为了突出优质珍珠的高贵、优雅的品质，丰富首饰造型语言，创新工艺手段，设计师将珍珠与多种贵金属、高档宝石相搭配，通过巧妙构思和精心设计制作，将珍珠温润的色泽突显得更加时尚和绚丽，给人们带来新颖的视觉感受。随着人们审美水平的提升和对首饰消费个性化、时尚化设计需求的日新月异，以及首饰加工技艺的不断改进，为珠宝首饰设计师创意设计开拓了广阔的空间。珠宝首饰设计师追求与众不同的设计造型，尝试运用不同材质和色彩相搭配，以新颖独特的创意设计，将改变对珍珠以往单一的审美观念，使珍珠首饰更具有吸引力，更符合时尚潮流。

第四章 | 珍珠首饰的制作工艺

一、传统加工制作工艺

（一）珍珠优化工艺

珍珠优化是一个对珍珠进行初加工使其更加美观的复杂的工艺流程，需要综合手工技艺、机械加工、物理、化学、宝石学等技术手段进行加工，目的是改善珍珠的颜色、提高珍珠的光泽等视觉效果，以满足加工不同等级珍珠首饰品的需要。经过对传统工艺的不断改进，现代珍珠优化工艺包括分选、打孔、漂白、增白、抛光、后期处理等工艺流程[1]。

1.分选

分选就是把采收回来的原料珠按照一定的质量优劣标准进行分类。首先，看品相，即表层是否有螺纹、白带或其他明显的瑕疵。浅

---

[1] 郭守国，史凌云，王以群．养殖珍珠的改善工艺［J］．中国黄金珠宝，2002（1）：84-86．

螺纹、浅白带的珍珠就属于较好的原料珠。有些珍珠表层有深螺纹、深白带，或者有明显花皮和花点的，一般是比较差的原料珠，只适合做低端饰品材料、化妆品材料或用于药材。其次，还要综合珍珠的颜色、光泽、形态和大小来进行分类（图4-1）。比如，上好的原料珠又可以分为两类。一类是上好的圆珠，表皮光滑、干净，没有螺纹和白带，形状饱满，色泽透亮。如果粒径很大，且形状是正圆，则其价值很高，可以用来制作高端珍珠饰品。另一类是比较理想的米形珠，其形状、大小接近大米颗粒，没有螺纹和白带，且色泽及光洁度都很好。其他品相的米形珠也可以按照这个标准逐级进行挑选，以备分类使用。

2. 打孔

打孔也称钻孔或穿孔。从珍珠优化工艺来说，由于珍珠圈层结构紧密，漂白液很难垂直渗入珍珠内层，故打孔可以使漂白剂较容易地沿珍珠层直接渗入而达到分解色素的目的，有利于珍珠漂白[1]。从珍珠制作工艺来说，钻孔是为了加工各种首饰，平时我们看到的珍珠项链、珍珠手链、珍珠吊坠、珍珠耳钉等大部分都是需要进行打孔的（图4-2）。此外，打孔还可以减少或消除珍珠表面的瑕疵点、坑点等缺陷，直接提升某些缺陷珠的品相和价值。当然，不同类型珍珠首饰的设计与制作，对打孔的要求是不一样的，比如，在珍珠什么位置打孔、打多大的孔以及打孔的技艺水平如何等都会直接影响到珍珠首饰品质的好坏。后面在分析具体珍珠首饰制作工序时，还要分别进一步详述。

3. 漂白

漂白是珍珠优化过程中最重要的一环。从母贝中直接获取的原珠90%以上为污珠，在没经过处理之前一般不能直接使用，这是因为这些原珠带有不同程度的黑斑和黄色色素，对珍珠的光泽有不同程度的

---

[1] 郭守国．珍珠：成功与华贵的象征［M］．上海：上海文化出版社，2004．

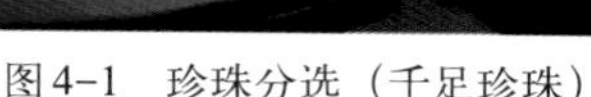

图4-1　珍珠分选（千足珍珠）

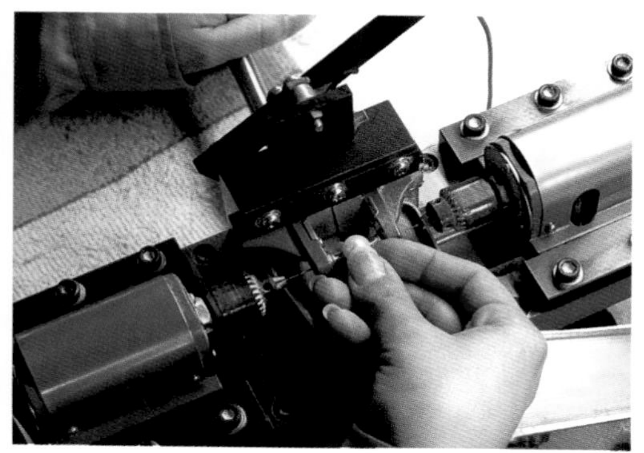

图4-2　珍珠打孔（千足珍珠）

影响。通过漂白工艺，可以去除掉珍珠内部的黑斑和珠层中的黄色色素，使珍珠色泽更亮更美。“目前常采用的漂白珍珠制剂为过氧化氢。漂白液的配方中除了过氧化氢漂白剂以外，还有溶剂、渗透剂、稳定剂、界面活性剂等多种试剂，各种试剂的选择、用量及组成是决定漂白质量的关键。”[1]其中，过氧化氢的浓度以3%为宜，漂白时的温度最好维持在40℃左右。对已钻孔的珍珠，漂白剂易于从孔口处渗入珍珠层内有深色色素的地方，这些色素被漂白剂溶解后即可达到清除的效果。漂白后的珍珠需用清水反复清洗，除去残留在珍珠内的漂白液。若珍珠内残存的漂白液没有处理干净，也会对珍珠质量产生一定程度的影响，即珠面会出现发蒙的现象，或出现泛白点及缓慢变黄现象，所以去液处理十分重要。

4. 增白

经过漂白工序后，虽然大部分珍珠已呈现晶莹洁白的效果，但还有部分珍珠漂白后仍然存在不同程度的杂色。为了更进一步提高漂白效果，改善珍珠的外观品相，提升珍珠的光泽度，往往还需要对这些

---

❶ 马红艳，袁奎荣，邓燕华．浅谈珍珠优化新工艺［J］．中国宝玉石，1997（2）：24-25．

珍珠进行增白优化处理。

增白通常采用荧光增白剂，它是一种带有荧光性的无色染料，又称光学增白剂，是利用光学作用增加白度的一种制剂。“荧光增白剂不仅能反射出可见日光中的红、橙、黄、绿、青、蓝、紫7种颜色，同时还因其吸收紫外光线，从而反射出一种极为明亮、可见的紫蓝色荧光，将珍珠纤维中的黄光清除，使珍珠具有更加明显的洁白感。”[1]也就是利用光学中的互补色原理来达到增白的效果。使用这种方法增白对水质要求很高，水中不能含铁、铜等金属离子，所以增白用水一般需要经过去离子处理，否则金属离子吸附在珍珠表面，会影响增白效果。近些年来，随着科学技术的进步，不断有新的增白工艺被发明并投入使用。如日本采用的是第三代增白技术——固体增白，通过特殊工艺将荧光增白剂填充或渗透到珍珠表面及内层，使珍珠表面呈现夺目的白色。

5. 抛光

抛光是一种对珍珠进行磨削与添补的加工工艺。一方面，抛光载体可磨削珍珠表面的凹凸不平，使珍珠表面更为光滑；另一方面，将光亮物质（即蜡质）添补到珍珠表面微小孔隙和表面缺陷中，使珍珠的光泽度保持均匀，映像更清晰，珍珠表面反光度更强。

珍珠抛光前要对珍珠进行上蜡，然后进行搅拌，使抛光蜡附着于珍珠表面。早期抛光上蜡、搅拌多采用人工操作，各个步骤连贯性较低。人工搅拌不仅费时费力，而且搅拌不均匀，加工效率不高。目前，随着机械抛光取代手工抛光，工作效率得到极大提升。抛光机如同搅拌机一般，由电机带动抛光滚筒组成。先准备好一定量的抛光蜡放入盆中，抛光蜡的主要成分是进口的玉米芯和蜡水，然后把烘干好的原料珠倒进盛有蜡水的盆中搅动均匀，再将其与核桃壳、羊皮、夹

---

[1] 杨军，赵素鹏，李映华．珍珠加工工艺探析 [J]．科技创新与应用，2018（2）：66-68．

有石蜡的小竹青三角片等抛光料混合，一同倒入抛光滚筒中，盖上盖子，拧紧螺丝，接着就可以把抛光滚筒放到抛光机中。机器开启后，电机带动安装在抛光机上的抛光滚筒高速旋转，珍珠与抛光料不断摩擦，即可达到抛光效果。抛光滚筒的旋转速度是可以调节的，快慢也因具体情况调整。如果原料珠颜色稍浅，滚筒旋转的速度一般是每分钟300转；如果原料珠颜色稍深些，滚筒旋转的速度一般是每分钟150转。无论速度快慢，抛光时间大约为一小时。抛光滚筒和抛光剂共同作用并与原珠表面进行摩擦，可达到去除漆面污染、氧化层、浅痕的目的。

6. 后期处理

后期处理主要是针对珍珠的颜色和瑕疵进行处理，包括染色、修复等。具体来说，一般是将那些品相较差、光泽和颜色不太理想的珍珠进行染色和辐照改色，对一些大颗粒珍珠的局部进行修复以增强其外观美感。后期处理的目的是让其更美观、改善颜色和净度，掩盖瑕疵，以增强其商业价值。

珍珠染色。染色可以使珍珠呈现各种各样的颜色。常见的有黑色、棕色、玫瑰色、粉红色等，其中以染色黑珍珠为主。珍珠染色主要有化学着色和中心染色两种方法。化学着色是将珍珠浸泡于某些特殊的化学溶剂中进行着色的方法，其原理是珍珠具有多孔结构，染料很容易被吸附于珍珠外表。具体来说，先用双氧水对珍珠漂白，再加热使其膨化、脱水，让珍珠结构变得更加疏松，使染色能更透彻，着色更稳定；然后选好相应色调的着色染料和溶剂，如染黑色则用稀硝酸银和氨水做染液，染棕色则用冷高锰酸钾做染料等；接下来将珍珠浸于化学溶液中上色，并根据所需颜色的深浅来设定温度和确定浸泡时间。中心染色法是先将珍珠膨化去杂后，再将染料注入事先打好的孔洞中，使珍珠呈现相应的颜色。

辐照处理。对珍珠颜色进行处理还可以利用辐照技术。目前常用的辐照改色方法有射线、高能电子束和中子反应堆等。“辐照改色的原理是辐射源发出的高能粒子穿过珍珠内部的文石晶体时，晶体内部会产生不同类型的点阵缺陷，诱发新色心的形成进而导致颜色的改变。”[❶]辐照改色的珍珠常呈灰黑色、银灰色、深蓝色、深孔雀绿色、暗紫色及古铜色等较深的颜色。“淡水珍珠辐照后大多颜色色调深，色彩丰富。通常为紫黑色，也有孔雀绿、暗紫色和古铜色。海水有核珍珠经辐照后基本为银灰色。”[❷]辐照时要充分考虑辐照剂量对颜色产生的影响，比如辐照剂量超过一定的强度时，则颜色反而变浅。辐照剂量过强时，有核珍珠的珍珠层变成不透明的瓷白色。此外，还要考虑辐照距离、方向和辐照时间等因素对珍珠改色的影响。

修复处理。主要分两种情况。其一，针对珍珠表面在漂白时造成的破损进行修复。一般采用生物酶技术进行处理，即用蛋白分解酶、肽酶和纤维酶配成混合试剂浸液修复，同时需要反复进行增光处理，可使表面凹凸不平的珍珠变得平滑而恢复光泽。其二，针对珍珠固有的瑕疵等情形进行修复处理。对于一些大颗优质原珠在生长过程中产生的固有瑕疵，如凹坑、腰线等，主要采用生物质珠光剂局部修复，抛光后可达到预期效果[❸]。

（二）串珠工艺

串珠的历史由来已久，最早可以追溯到石器时代，几乎贯穿了整个人类文明史。“串珠最初是为满足人们的生存需要而诞生的，随后以配饰的形式出现在人们生活的方方面面，成为古代社会生活中象征礼仪、宗教、阶级地位的重要物件。”[❸]古代串珠的材料多种多样，有石珠、骨珠、蚌珠、木珠、瓷珠、玉珠、陶珠、水晶、玛瑙、琉

---

❶❸ 郭守国．珍珠：成功与华贵的象征［M］．上海：上海文化出版社，2004．

❷ 李立平，颜慰萱，林新培，等．染色珍珠和辐照珍珠的常规鉴别［J］．宝石和宝石学杂志，2000（3）：1-3，63-64．

❸ 于鸿雁．物华天宝最怡人：小手串，大收藏［M］．北京：电子工业出版社，2014．

图4-3　串珠项链（千足珍珠）

璃、玻璃、东珠、象牙等。其中，蚌珠、东珠即是今天我们所熟悉的珍珠。中国古代皇帝登基祭祀大典戴的“冕旒”，前后各有12条串珠，据说这些串珠是由珍珠制成的；清朝皇帝上朝时，胸前所挂的朝珠即是用108颗东珠（珍珠的一种）串成珠链。此外，历代皇后、皇妃所佩戴的串珠首饰也大多采用珍珠材质制成，或者以珍珠搭配其他珠宝。

现当代，以珍珠作为串珠是一种最常见和流行的珠宝首饰表现形式。这得益于珍珠养殖技术的发展与进步，极大地提高了珍珠产量，也促进了以珍珠为材料的装饰品的生产规模的扩大，珍珠作为天然的串珠材质被广泛应用。同时，广泛的市场需求以及加工工艺的改进、生产效率的提高，也带动了珍珠饰品行业的快速发展。

珍珠串珠首饰是由许多大小相近、色泽均匀的圆形珠或异形珠串联成的款式各异的珠宝首饰，如珍珠项链、手链、手镯、腰链、耳坠等。串珠的魅力不单表现在能全方位展示单粒珠宝的美感上，还表现在能展示由众多粒珠材料通过设计组合而成的整体统一美的造型上（图4-3）。一串完美链相的珍珠项链并非是轻易加工而成的，从原料珠的挑选、打孔到串联成链要经过很多道工序，并且每一道工序都有非常严谨的标准要求。优质的珠料再加上能工巧匠的精心制作，使珍珠熠熠生辉，精美绝伦。这样才能不枉费一枚珍珠在母贝中孕育和诞生所经过的漫长时光。珍珠串珠工艺也多种多样。“常见串珠工艺种类有机织串珠、手工串珠、花式绳索串珠、流苏串珠、编网串珠和穗饰串珠等”[1]，但目前仍以手工类串珠工艺为主。其工艺流程分为筛选与分类、排列、钻孔、串珠等阶段。

1. 筛选与分类

珍珠的筛选。制作珍珠项链之前，首先需要从准备好的散珠中筛选出符合直径要求的珍珠。人工筛选主要是由工匠们采用刻度精确在0.25mm之内不同规格的筛盘反复筛选，从而选出不同粒径大小的珍珠。此外，目前还采用机器过滤筛选，将每个珍珠分开，按照1～2mm、11～12mm、12～13mm等粒径标准，一共需筛选十几遍。两种筛选方式通常结合使用，以提高筛选的精确度。

珍珠品相分类。主要采用人工分类方式，按照珍珠的形状、珍珠的瑕疵程度来分类。珍珠的形状包括米形、馒头形、椭圆形、扁圆形、正圆形等，珍珠的瑕疵包括无瑕、微微瑕、微瑕、大疤、小花皮、中花皮、大花皮等。一共需要分类数十遍，才能将这些形状上有细微差别的珍珠分类出来，以用于制作不同的饰品。

珍珠颜色分类。在颜色分类上也是采用人工分类的方式。以淡水珍珠为例，可将珍珠的颜色分为白色（纯白、白偏粉、偏青、偏黄）、橘黄色（淡、中、深）、紫色（淡、中、深）、怪色等，如同珍珠品相分类，也需要分类数十遍。

2. 排列

在完成筛选和品相、颜色分类后，工艺师还会按照形状、大小、颜色、光泽等进行排列。一般是按照塔链形状排成一排，即稍大一些珠粒放中间，稍微小一些珠粒放两边。总体来说，色泽颜色要一致，

---

[1] 吕一心，周橙旻．盘扣艺术与串珠艺术相结合的手工首饰创意设计实践［J］．家具，2018，39（6）：67-70，79．

大小要均匀，不能太突兀，相差太大。这样反反复复不断调整，直到呈现出最完美的链相。目前机器能进行大小筛选，但没办法精确识别每一颗珍珠的颜色与品相。只能依靠手工艺师的经验，在短短几秒内判断出珍珠之间的微妙差别，而这种经验往往需要5年甚至更长时间的学习积累，顶级串珠工艺大师一般都有着20年以上的制作经验。

3.钻孔

对于串珠工艺来说，钻孔的类型主要是钻全孔，也称“一字孔”。其工艺方法是：先将挑选出来的珍珠依次摆放好，再按顺序把珍珠逐颗固定在打孔机上，如珍珠表面有瑕疵点，则应把打孔的位置选在珍珠瑕疵的位置，以消除珍珠表面的缺陷；然后依据珍珠粒径的大小选择合适的钨钢针安装在打孔机的两边钻头上，比如，直径在4～7mm的原料珠一般选用直径为0.65mm的钨钢针来钻孔，直径在7mm以上的原料珠则选用直径为0.7mm的钨钢针，钻孔时钨钢针的轨迹要从珍珠的正中间通过。此外，还有一种钻孔工艺是V形孔，俗称“单鼻眼”，也就是两个孔眼并列斜向打通，以便将珍珠吊穿使用。V形孔大多见于一些20世纪初及以前的珍珠首饰中，现在已较少使用[1]。

4.串珠

筛选珍珠并且依据大小排列组合完毕后，才会真正地进入穿线串制环节。工匠们会使用特制穿针和串珠线仔细穿过每一颗珍珠。穿珠是串珠首饰制作过程中最重要的一个步骤，从最简单的线状链珠到比较复杂的花卉图案以及各种各样的复杂造型，都要靠一根普普通通的线把珍珠串联在一起。穿珠的手法有很多种，根据所穿饰品的不同而有所区别，一般有线状穿法、面状穿法、网状穿法。线状

---

[1] 张正乐．珍珠品质如何分类（http://www.chinavalue.net/Finance/Blog/2009-9-10/201953.aspx）．

穿法是最简单的穿珠方法，通常用于穿一些项链、手链等；面状穿法一般用于制作一些平面带状的串珠饰品；网状穿法指把珠粒有层次、有秩序地排列，并用线串联成网格结构状的串珠饰品。珠链的打结也很有讲究，最佳方式是在珍珠两头各4～6粒处进行打结，中间部分自然串联。具体打结的位置需要根据选择的搭扣而定，也可以一个接一个地打结固定住珍珠，结和珍珠要紧密相连，并且还要将打好的结藏入珍珠孔内，这样会使珠串看起来更加美观。只有串联后表面看不到一点线结，才能称得上是一串完美品相的串珠首饰。串珠完成结尾打结后，还要把结尾处的绳结用黏合剂固定，防止珍珠在佩戴过程中散开。也可以用金属材料绕线穿孔固定住珍珠，或者在孔的边缘插入金属封口，直接穿链子佩戴，做成简约的路路通吊坠[1]。

经过一系列工序后，不同形状、光泽、瑕疵的珍珠可以做成同色、混彩色、渐变色等珠链。穿珠用的线最好选择专用珍珠线，专用珍珠线比较细、结实耐用，也可以使用金属丝代替。考虑到珍珠与珍珠之间是要打结的，所以线长要留有余地。如果要做项链，线长一般比项链裸长要长30cm左右。

（三）镶嵌工艺

镶嵌工艺是制作珠宝首饰的一种主要工艺，也是一种让珠宝成为艺术品的工艺。古往今来，无数能工巧匠以他们的智慧和辛勤劳动创造出许许多多的珠宝镶嵌方法，这些精美的工艺把宝石的璀璨与华丽充分展现出来，也使得首饰的款式更为丰富多彩。时至今日，这种古老的工艺仍经久不衰。随着社会的发展，人们对于珠宝的需求越来越大，而将宝石镶嵌在贵金属上的首饰品尤为受到人们的喜爱。“珠宝首饰采用镶嵌工艺，能够突出珠宝的材质特色，多种材质的组合与烘

---

[1] 张美．亚欧地区珍珠首饰研究［D］．北京：中国地质大学，2019．

托，使整件珠宝首饰更具时尚感和装饰艺术美感。”[1]我们所见到的珍珠首饰非常美丽，拥有天然的丰富色彩和光泽，需要经过一系列复杂烦琐的加工工艺，其中镶嵌工艺起了至关重要的作用。众所周知，珍珠是一种有机宝石，不需像矿物类宝石一样通过采取切割、抛光等多种加工方式来呈现宝石的华丽，珍珠仅需初加工即可呈现其美丽的晕彩和光泽，而镶嵌的方式更让珍珠展现其锦上添花的魅力。珍珠首饰采用的镶嵌工艺主要有爪镶、针镶、包镶等。当然，采用何种镶嵌工艺取决于珍珠的形态、珍珠首饰的款式、特定的制作目的等多种因素。

1.爪镶

在珠宝首饰镶嵌工艺中，爪镶是镶嵌宝石应用最广、最为实用、最为普遍的镶嵌方式。爪镶不仅能将宝石牢牢地固定住，也能将宝石高高地托起，把宝石遮盖的部分面积降低到最小，这样也便于光线从四周照射宝石，从而最大限度地突出宝石的晶莹剔透、华丽高贵。爪镶的款式多种多样，有二爪镶、三爪镶、四爪镶和六爪镶等，其中最常见、最具广泛性、最经典的镶嵌款式是四爪镶和六爪镶。

不过，并非所有宝石都常运用爪镶工艺，如钻石和彩色宝石之类的宝石应用爪镶比较普遍，但爪镶用来制作珍珠首饰则不是十分常见，这是由珍珠的特殊材质决定的。一是珍珠表面光滑圆润，爪镶比较难以将其固定住，固定不牢则容易脱落；二是珍珠硬度偏低，比较容易被划伤，导致珍珠的品相降低。所以，目前市场上品相好、价值高的珍珠很少采用这种镶嵌方式就不足为怪了，相反，爪镶工艺用在廉价珍珠饰品上则十分普遍。不过，在传统经典珠宝制作工艺中，珍珠爪镶却很常见。在对珍珠没有做切割或者打孔的情况下，要想用爪镶的方式固定一颗珍珠，需依据珍珠的尺寸大小将镶爪加工成足够的大小、长度，便于牢牢地将珍珠固定在深爪里，这样在一定程度上会遮盖珍珠的面

---

[1] 傅氏藏书的图书馆.镶嵌工艺解密（http://www.360doc.com/userhome/14806282）。

积。虽说这种爪镶珍珠首饰在古董珠宝里常见，但这种古老的工艺通过创新开发，并融入现代元素，同样可以设计出现代感十足的爪镶珍珠首饰（图4-4）。

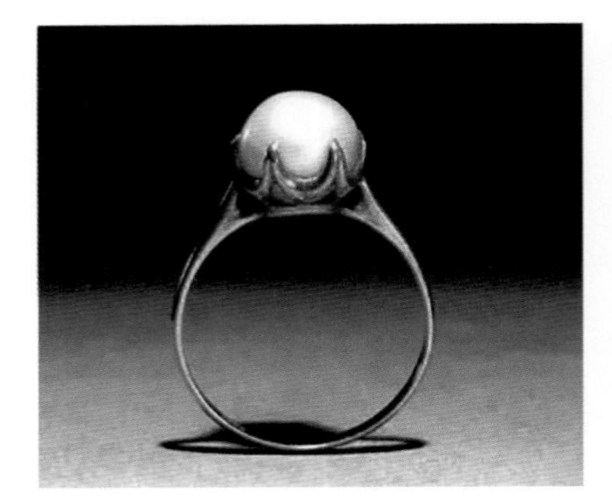

图4-4 珍珠爪镶

2.针镶

针镶也叫插镶。针镶在工艺上是将圆形或椭圆形珍珠打孔以后，用首饰金属托架上焊接的金属针来固定宝石的镶嵌手法。圆形珍珠或近似球状宝石的镶嵌很难用爪镶、钉镶或包边镶来完成[1]。采用针镶工艺，不仅加工制作变得简单，而且可以提升镶嵌的牢固度，使珍珠的美感得到完整展现。所以针镶是珍珠镶嵌中常用的方式，通常用来制作珍珠戒指、耳饰、吊坠等首饰（图4-5）。其工艺流程可分为打孔、选择石碗、粘珠、修整等工序。

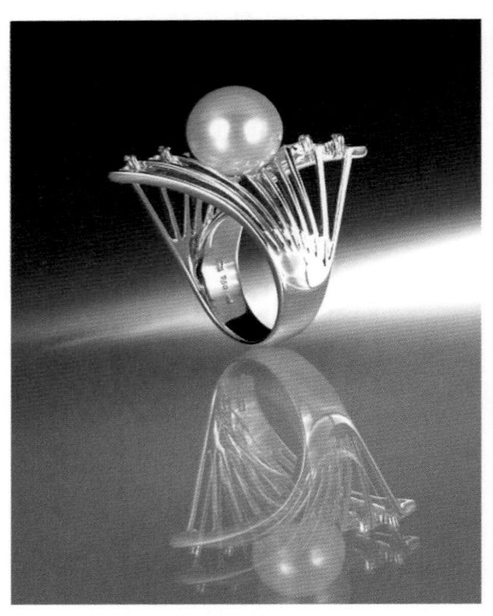

图4-5 针镶珍珠首饰（千足珍珠）

①打孔。针镶打孔也是一个非常重要的工序，与前述串珠工艺打孔较为类似。首先，需确定打孔的位置。对于没有瑕疵的珍珠可以自由选择打孔位置，但完全没有瑕疵的珍珠是十分稀少的，也是弥足珍贵的。通常情况下选用的珍珠会考虑在有瑕疵的地方打孔，以掩饰或消除珍珠表面存在的缺陷，这样加工出来的珠宝也可以达到洁净无瑕的效果。其次，确定打孔的尺寸。在珍珠上打一个深度为珍珠直径三分之二的半孔，孔径的大小一般根据珍珠的

❶ 傅氏藏书的图书馆.镶嵌工艺解密（http://www.360doc.com/userhome/ 14806282）。

大小或者按照珍珠首饰的款式来确定，以吻合针的粗细为最佳，孔太大会影响针与珍珠结合的牢固性，孔太小又会导致针无法顺利塞入孔中。切不可强迫将针塞入珍珠，以免对珍珠造成二次伤害。再次，选择打孔的方法。可以选择手工打孔，也可以用专业的珍珠打孔吊机钻孔。先确定好珍珠打孔的位置及珍珠孔径的大小，然后将珍珠固定在打孔机上，对准打孔位置往里钻一半或三分之一左右孔眼。

②选择石碗。所谓石碗，就是工艺上在一个碟形的金属石碗中间垂直伸出一根金属插针。石碗的形状可以设计成多种样式，如圆形、三角形、多边形等几何形态，也有复杂一些的样式，如花卉、树叶等植物造型。选择石碗的直径要小于珍珠的大小，这样不至于过多地遮挡珠宝，从各个角度看金属也不会太显眼，可以较为完整地展现珍珠。也有只用针不用石碗的情况，但需要将针做得粗一些，这样镶嵌起来针与珍珠的结合就比较牢固。

③粘珠。完成打孔和镶针的工序后，把准备好的黏合剂（通常为环氧树脂AB胶）以同样的比例搅拌均匀，然后取适量放到刚打好的珍珠孔处，再把针插入珍珠孔，并用夹子固定住针，直到黏合剂完全干燥即可完成粘珠工艺（图4-6）。

图4-6 粘珠工艺（千足珍珠）

④修整。针镶完成后的珍珠首饰，需要进行简单的清理工作，把珍珠托周边溢出的胶水处理干净，以保证珍珠首饰表面的光洁。此外，还要检查珍珠和首饰托之间紧密的吻合度，保证其牢固性。确认整件珍珠首饰达到严格的工艺要求后，才可以将珍珠首饰投放市场或呈现给消费者。

3.包镶

包镶也称包边镶，是用金属边把宝石四周围住的一种镶嵌方法。包镶也是一种非常传统、历史悠久的珠宝首饰工艺制作方式。与其他镶嵌工艺相比，包镶是一种较为简单的镶嵌方法。其特点是不仅牢固，而且可以掩盖宝石边缘或底部的一些瑕疵，能够充分展示宝石的亮光和色泽，突显宝石的美丽与质感。包镶的镶口主要由两个部分组成，分别为底部的衬片和立起的金属边。底部的衬片起着托起宝石的作用，立起的金属边起着包贴宝石的作用。“包镶也是固定珍珠的主要工艺方式，适用于形状规整的珍珠，如圆形珍珠、椭圆形珍珠、马贝珍珠等。包镶的珍珠首饰款式多为吊坠、戒指、耳钉等，此类首饰珍珠相对而言比较牢固。”[1]但包镶更多地用于马贝珍珠，这是因为马贝珍珠是一种半边珍珠，即有一个面较为平整。马贝珍珠的形态类似于馒头，所以也叫馒头珠或半圆珠。用包镶来镶嵌珍珠，至少要包住珍珠一半的面积，而马贝珍珠由于它的形状特性，很适合包镶。此外，用包镶工艺制作的珍珠首饰，在佩戴时较舒适、服帖（图4-7）。

包镶的制作流程主要分为制作镶口和镶嵌珍珠两大步骤，其中制作镶口尤为关键，讲究精准、细致。以下以馒头珠为例，具体分析包镶工艺制作步骤[2]。

①画出馒头珠的腰围投影边。将馒头珠的底面置于金属片上，勾画出馒头珠的底部轮廓线，注意不要紧贴着馒头珠的边缘画线，而是

---

❶ 刘云秀．珍珠首饰的创新设计研究［D］．北京：中国地质大学，2020．

❷ 张美．亚欧地区珍珠首饰研究［D］．北京：中国地质大学，2019．

要沿着馒头珠的投影边画线。

②制作底部衬片。在金属片上画好投影边线后，用锯条或者剪钳裁剪下来。

③制作金属边。剪裁出一定宽度和厚度的金属片，长度为馒头珠的周长，宽度为馒头珠高度的二分之一。下面制作金属环，方法是将金属条环绕馒头珠的腰围一周确定长度，再进行剪裁并加工成环形。

④焊接。把底部金属片和环形金属边焊接上，并进行打磨抛光。

⑤将馒头珠置入镶口。把馒头珠放在已经制作好的金属镶口，如馒头珠略大，不可将馒头珠硬敲进镶口，否则很容易损坏珍珠，这时需要调整扩展镶口使馒头珠可以放入。之后将镶珠摆正，底部要紧贴金属底片。

⑥推边压珠。用玛瑙刀或其他推具将金属镶边逐渐按压包裹边缘，使珍珠与金属结合得更为牢固，注意按压时用力均匀，不要出现形状走样的情况，以免看起来不服帖、不美观。

4. 缠绕镶

缠绕镶是指为保持宝石原有形态，用金属丝将宝石缠绕起来做成适合佩戴首饰的镶嵌手法。缠绕镶常常用于异形珠或形态不规则的宝石镶嵌，其艺术感比较强，比如有些艺术首饰和流行首饰多采用此种镶嵌手法，以追求独特的工艺和艺术效果（图4-8）。在珍珠消费市场

图4-7　马贝珠包镶

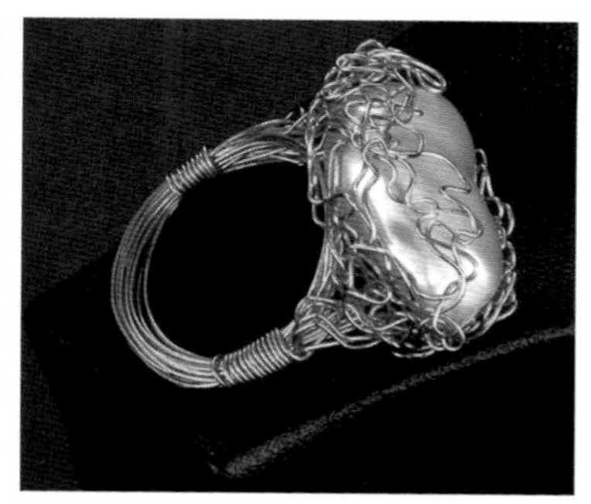

图4-8　缠绕镶珍珠首饰

上，缠绕镶珍珠首饰多选用普通淡水珍珠，用以缠绕的金属以铜丝居多，工艺简单、造价低廉且美观时尚，具有广泛的消费群体。

缠绕镶的方法是用金属线围绕珍珠连续缠绕，形成一个框来把珍珠兜住或固定住。首先，选择软硬适度的金属丝。太硬的金属丝在缠绕时很难恰到好处地固定珍珠，并且金属丝不服帖也会影响造型的美观，而金属丝太软则显得松垮，固定不住珍珠，这样珍珠又会容易脱落。其次，根据珍珠的形状选择适合的缠绕方式。缠绕方式多种多样，不同方式会呈现出不同效果。先按照首饰造型选择相应的绕线方式，再选用合适的钳子把金属丝缠绕固定住珍珠。在缠绕金属丝时要注意力度控制，力度过大会使金属丝变形，力度过小，绕线则会显得松垮、不紧凑，也难以达到理想的工艺效果。在缠绕时可以发挥一定的想象力和创意性，根据珍珠的形状进行设计，把金属丝缠绕的部分做出艺术化造型。

5. 笼镶

顾名思义，笼镶就是做出一个类似笼子的框架来把珍珠框起来，或者是将珍珠放入一个镂空的金属收纳坠中。用来放入珍珠的金属框架或金属收纳坠可以是固定形状的，也可以是不固定的流动样式，如同把珍珠放入柔软的收纳小网兜或小网袋；根据结构功能设计的需要，笼子可以是打开的，也可以是封闭的；可以放单颗珍珠，也可以放多颗珍珠。如图4-9所示，这是固定形状的收纳坠，笼镶的框架设计成网格状的球体造型，从球体的腰线位置可以打开，用来放置珍珠或圆珠形宝石，也可以放置多颗珍珠并搭配其他颜色各异的宝石使用。

采用笼镶工艺制作方式的优点是对珍珠的损伤较小，非常适合不舍得打孔的无暇裸珠。同时珍珠首饰款式独特，设计感较强，在造型上也更具独特的审美趣味。缺点是金属笼子或收纳坠在一定程度上会对珍珠有所遮挡，影响了对珍珠材质及色泽的全面展示。所以为了弥补其不足，采用笼镶的工艺制作需要更加注重设计，需要针对不同的珍珠形态、色泽，选择合适的金属材料搭配，并加强首饰结构设计，

图4-9 固定框架的笼镶

图4-10 非固定流动式笼镶

以充分展示珍珠的美感。如图4-10所示，这个笼镶是非固定流动式的，外部的金属框架收纳坠设计得好像一个软软的口袋，口袋的网格可以编织成各种花纹图案，起到很好的装饰效果，然后把珍珠放入其中，在佩戴走路时会摇曳晃动，可谓是设计感十足，工艺精湛，趣味性强。

二、新型加工制作工艺

（一）珍珠雕刻工艺

传统工艺之雕刻是指把木材、石材、金属或其他材料切割或雕刻成预期形状的艺术形式，其历史悠久、种类繁多、技艺精湛。按材质分类有木雕、石雕、玉雕、冰雕、金属雕等，还有特种工艺的宝石雕以及现代艺术形式的纸雕、叶雕等；在多姿多彩的雕刻形式中，有浮雕、圆雕、镂雕、透雕等多种手法。其中，珠宝雕刻艺术是将各种雕刻技法运用到宝石类首饰制作中的一种艺术形式，在珠宝首饰雕刻中按宝石种类划分又可分为玉石雕刻、玛瑙雕刻、珊瑚雕刻、水晶雕刻等，传统宝石雕刻的题材多为植物、人物、吉祥图案等。

珍珠作为一种有机宝石，在传统首饰加工中几乎未采用雕刻工艺，其主要原因有两点。首先，是由珍珠材质特性所致。珍珠由珍珠核和珍珠层构成，珍珠层薄而脆弱，容易损坏，并且珍珠单颗体积较小，难以雕刻。其次，是由人们对珍珠固有的审美观念所致，传统观念认为珍珠美的价值在于其与生俱来的温润、淡雅、光洁，雕刻会破坏其天然美感，降低珍珠价值[1]。但随着时代的发展，人们的审美观念产生变化并趋于多元化，传统珍珠工艺的单一性在造成珍珠饰品款式陈旧的同时，也导致人们审美疲劳。一些设计师开始打破传统珍珠首饰的加工方式，尝试把其他珠宝雕刻工艺运用到珍珠雕刻上来。雕刻珍珠与其说是一个加工过程，不如说是一个艺术创作过程，雕刻者需要兼具高超的艺术修养、精妙的艺术构思和精湛的雕刻技艺，才能创造出美丽、独特的珍珠首饰艺术品。珍珠雕刻可分为无核珍珠雕刻和有核珍珠雕刻两类。

1．无核珍珠雕刻

所谓无核珍珠，一般指淡水珠，是通过人工移植蚌的细胞膜的方式，生产从里到外都是珍珠层的珍珠。这样的珍珠长成正圆形的很少，大多是近圆形、椭圆形、扁平形、异形等形状，生长周期为4～5年。相对于有核珍珠来说，无核珍珠有更厚的珍珠层，所以无核珍珠是适合用来做雕刻的珍珠材料。同时，人工淡水养殖珍珠技术的成熟，也为珍珠雕刻工艺的探索提供了物质基础。目前雕刻无核珍珠领域以美国珠宝公司Galatea和日本艺术家Shinji Nakaba为代表。

Galatea公司以雕刻珍珠著名，也是世界上唯一一家以雕刻珍珠盛名的品牌。Galatea的品牌名字来源于希腊神话——皮格马利翁（Pygmalion）的故事。塞浦路斯国王皮格马利翁是一名出色的雕塑家，他十分钟情于自己用象牙雕刻的一尊栩栩如生的少女雕塑作品，并赋予她一个美丽的名字：加拉太亚（Galatea）。为了能让加拉太亚变成一名生活中真正的女人，他还前往女神阿芙洛狄忒的神殿祈求，女神最终被他的虔诚和痴心所感动，实现了他的愿望。由此可见，Galatea象征着对雕刻珍珠矢志不渝的理想与抱负。

Galatea公司的雕刻珍珠首饰，通常选用不同形状和不同颜色的

---

[1] 刘云秀．珍珠首饰的创新设计研究［D］．北京：中国地质大学，2020．

无核珍珠进行雕刻，并搭配各种金属材料和宝石，使珠宝首饰呈现熠熠生辉的艺术效果。如图4-11所示，该首饰选用多种颜色的圆形珍珠，并在珠面上以纯手工方式雕刻各种装饰图案，珍珠、宝石、金属材料和谐地组合在一起，不仅无损首饰的佩戴使用效果，也使首饰更显得与众不同，充满个性化和现代时尚气息。Galatea公司雕刻的异形珍珠，也表现出独特的设计理念和精湛的工艺水平。如图4-12所示，心灵手巧的工匠们根据异形珍珠的形态，不仅在其表面上雕刻丰富的装饰纹样，或在其部分表面镶嵌水晶，而且根据创作意图在珍珠腹面进行镂空、切割，然后在镂空的部分镶嵌金属和水晶，形成一种奇异的视觉效果。这种独特的想象力和创新雕刻工艺，颠覆了人们对珍珠首饰的传统认知与理解。

日本艺术家Shinji Nakaba是一位出色的珠宝设计师（图4-13），他十分热衷于雕刻珍珠。在他看来，珠宝是“可佩戴的雕塑”。他打破了传统的珠宝制作观念，创新出一种全新的珠宝制作方法，即把雕刻手艺融入珠宝首饰创作中去，以此来发掘珍珠本身潜藏的独特风采与魅力，并经过反复试验，终于在无核珍珠雕刻上取得了他所期望的

图4-11　珍珠雕刻首饰
图4-12　异形珍珠雕刻首饰
图4-13　日本艺术家Shinji Nakaba

11 | 12 | 13

惊艳效果。而他创作的名为“仙女的头骨”骷髅系列珍珠雕刻作品让人印象深刻。

该骷髅系列珍珠雕刻作品以欧洲16—17世纪的“死亡题材首饰”“哀悼首饰”作为灵感，借此表达他所认为的生命无意义性。在他看来，所有尘世间的美好和追求都是稍纵即逝的，或者说都只是暂时、过渡、虚无的。这与绘画中的虚空派美学主张如出一辙。“虚空派的绘画试图表达在绝对的死亡面前，一切浮华的人生享乐都是虚无的。也因此，虚空派在对世界的描绘中往往透露出一种阴暗的视角。”[1]他选用的雕刻题材是骷髅头骨，寓意着死亡、颓丧与愤怒；而珍珠本身光泽华美，象征着健康、纯洁、富有和幸福。把这两个本来互不相干甚至对立的事物融合在一起，在视觉上会产生强烈的冲击和震撼，同时，这种矛盾的关系也会引发人们更多的思考。此外，该骷髅系列珍珠首饰也打破了珍珠一直以来是女性专宠的局面，在市场上尤其受到男性的欢迎（图4-14）。

2. 有核珍珠雕刻

有核珍珠一般是海水珍珠，是将珠核事先植入母贝，珍珠层沿着珠核生长成为珍珠。由于珠核大多为圆形，也有半圆形的马贝珠等，所以长成正圆形的珍珠概率较大，但与同大小的无核珍珠相比，珍珠层则相对较薄。因此，在有核珍珠上比较难以运用雕刻技艺，如日本设计师Shinji Nakaba在采用无核珍珠雕刻之前，曾一度在有核珍珠上尝试雕刻，但是在雕琢的时候，对较薄的珠层总是难以把控，稍不留神就会使珠核显现出来，从而无法达到他所希望的最终效果。

虽然无核珍珠比有核珍珠更利于雕刻，但Galatea公司仍想在雕刻有核珍珠方面取得成就。利用人工养殖有核珍珠技术，Galatea公司开创性地培育出了彩色宝石核珍珠，也就是说在海水珍珠培育过程

---

[1] 虚空派 | 对生命与死亡思考的艺术（http://www.360doc.com/content/20/0922/17/71675149-937064673.shtml）。

图4-14 骷髅系列珍珠雕刻首饰

图4-15 雕刻、抛光好的宝石核珍珠

图4-16 宝石核珍珠雕刻首饰

中，Galatea公司独辟蹊径，将以往用贝壳作为珠核替换为用彩色宝石作为珍珠核，这些彩色宝石可以是绿松石、珊瑚、黄水晶、欧珀等。其培育过程大体是这样的：首先挑选大小适中的彩色宝石珠核植入母贝中，再将母贝放回海里生长，贝体在生长过程中不断分泌珍珠质包裹住彩色宝石珠核并形成珍珠层。这个过程比较漫长。"市场上的大溪地珍珠养殖时间一般在一年左右，而Galatea公司的彩色宝石核珍珠养殖时间更久，需要等待长达5年左右。如此长的时间，最终会长成比一般珍珠更厚的珍珠层。这样厚的珍珠层更利于雕刻，雕刻好的珍珠也更具有质感。"❶待珍珠长成之后，即可开始对珍珠进行雕刻加工，设计师依据彩色宝石核珍珠设计出装饰纹样，工匠依据纹样在珍珠表面进行雕刻，珍珠内部彩色宝石的颜色便从镂空花纹处显现出来，然后再对裸露的内核进行抛光处理，使其与珍珠表面一样光滑且具有光泽感（图4-15）。彩色宝石核珍珠雕刻工艺的创新，改变了传统珍珠仅能呈现单色系的认识，赋予了珍珠绚丽的色彩美和奇异华丽的视觉效果（图4-16）。这种以宝石为核的珍珠能够激发艺术家和设计师无穷的创造力与想象力，为他们的设计创作提供了更多可能性和更多的发展空间。

---

❶ 刘云秀．珍珠首饰的创新设计研究［D］．北京：中国地质大学，2020．

（二）珍珠切割工艺

自然界的矿物宝石一般不能直接用来做首饰，需经过原石切割、抛光、打磨等一系列工序后，才能将宝石美丽的光泽与色彩展现出来。与矿物宝石不同，珍珠是有机宝石，其形态圆润、表面光滑，具有天然美丽的光泽与晕彩，无需过多地对其进行加工，即可直接用来做成首饰。再者，由于珍珠成分的特点，无论是淡水珍珠还是海水珍珠，切割难度大，在工艺上对精密度的要求也非常高。特别是海水珍珠，因其拥有内核，不太适合切割，一旦切割不到位就会毁掉整颗珍珠。但日本品牌塔思琦却以其非凡的想象力与精湛工艺相结合，对珍珠进行切割加工，打破了对珍珠首饰的常规认知，让人们看到了珍珠创意的无限可能性。

塔思琦珍珠首饰向来以设计风格独特著称，具有鲜明的品牌特色。塔思琦使用的珍珠均来自私人的珍珠养殖基地，种类包括淡水珠和海水珠。其将珍珠切割开，并大胆地展示珍珠横截面，颠覆了恒常对珍珠传统“珠圆玉润”的印象，给人耳目一新的感受。无论是把珍珠一分为二，还是以四分之一直角切，珍珠截面上裸露的珍珠质层都如同泛开的涟漪一般，呈现出细致的结构纹理和生命年轮，让人们感受到珍珠的美感不仅体现在表层的光泽上，还体现在潜藏的独特肌理美感上。

塔思琦M/G系列珠宝，一直致力于探索现代摩登女性以有趣方式佩戴珍珠的可能，并以其突破传统的设计和天马行空的创意，赋予了珍珠现代摩登的魅力。其中，在命名为SLICED系列的首饰中（图4-17），设计师采用了淡水珍珠、南洋珍珠，结合金属、钻石等材质，不仅将圆润的珍珠切开，还将切开的珍珠和完整的珍珠结合起来。这种将珍珠的完整形态和截面搭配在一起的设计，呈现出冲撞的美感，增强了珍珠首饰的艺术气息及时尚潮流感。其设计风格可谓是将珍珠的传统概念完全解放，简约而不简单，十分符合现代女性的审美品味。

图4-17　M/G系列SLICED珍珠项链

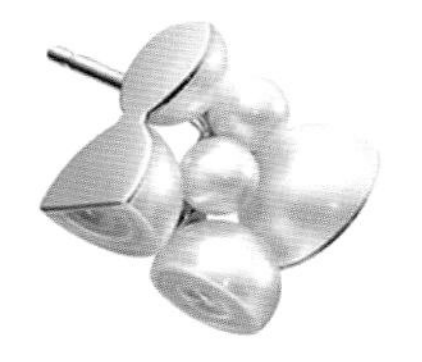
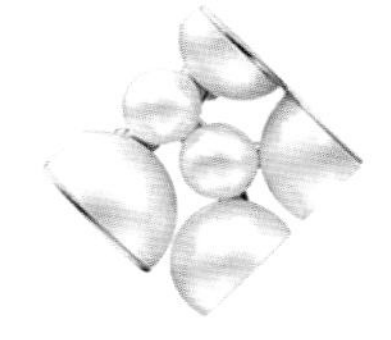

图4-18　SEGMENT系列珍珠耳钉

SEGMENT（分割）系列是继经典代表作SLICED系列之后的又一崭新系列作品。设计师将精心挑选的珍珠以不同角度切割，即分别以二分之一切割、四分之一切割，切割面的构造让我们可以近距离地感受到珍珠的魅力和大自然的奇妙之处。然后将切割后的珍珠组合成独特的几何方形珠宝，如果运用视觉错视原理分析，方形珠宝宛如圆润珍珠以立体前卫的方形切割，给人耳目一新的感觉（图4-18）。方形珠宝首饰同样延续了SLICED系列风格，其中不仅包括完整珍珠，还包括切割后的珍珠，形成圆润珍珠与截面的肌理对比。此外，被切割的珍珠上镶嵌了18K金，珍珠和金属结合形成一种柔软与坚硬的碰撞，让原本代表优雅的珍珠也显得凌厉炫酷，显示了塔思琦崭新的创意与独具匠心的工艺技术。

在WEDGE（直角）系列中，珍珠再一次以全新的工艺切割设计。将白色淡水珍珠切割成一个90°的截面，然后在被切割的珍珠表面包镶上细薄的18K金，且这些黄金薄片都经过抛光处理。这种珍珠与金属的创新性融合，不仅使珠宝首饰产生现代结构美学的简洁、几何化之美，也为现代追求美的摩登女性奉献了另一种时尚珠宝首饰产品。例如，在这款珍珠戒指、耳环中，白色淡水珍珠被切割成直角，显得

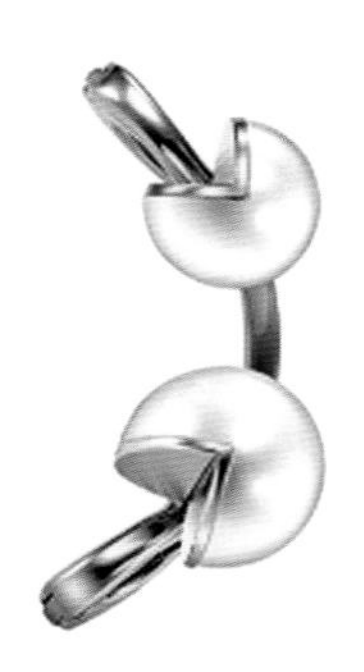

图4-19　WEDGE系列珍珠戒指、耳环

造型别致又有时尚感（图4-19）。戒指切割的直角与指环、珍珠未切割部分的优美曲线形成强烈的对比，展现出硬朗而不失精致的姿态。所有被切割的珍珠表面上都包镶了黄金，金色的黄金截面和白色珍珠碰撞一起，不仅形成了强烈的视觉冲击力，也点缀出美妙的层次感和空间感。“由工业文化兴起的机械美学，以颜色和材质的强烈对比构建干净利落的结构，用纯粹的装饰线条来体现珠宝美，造就了十足的现代摩登风格”[1]，传递出不可思议的独特美感，以迷人的艺术气息赋予珍珠新的时尚魅力。

（三）珍珠莳绘工艺

莳绘是一种日本传统的漆工艺，产生于奈良时代。其工艺与我国传统漆器技法中的描金（或称泥金画漆）相当，即用金色描画花纹，有的用一种金箔，有的可达二至三种，浓淡变化，模仿水墨效果。莳绘多以黑漆为地，朱漆地次之。其工艺是将金、银屑加入漆液中做成特制的生漆，然后在器物上描绘图案，待干后再做抛光处理，显示出金银色泽，以表现纹样的华丽感。在日本传统工艺中，莳绘漆器被称作“人间国宝”，如同在英文中“瓷器”与“中国”同为一词

[1] 张美．亚欧地区珍珠首饰研究［D］．北京：中国地质大学，2019．

(china)一样,“日本”的英文国名(japan)最原始的翻译就是“漆器”,可见其文化渊源根深蒂固和具有广泛的代表性。

把莳绘工艺与珍珠首饰工艺结合起来进行创新设计,看似偶然,但在背后也有一定的逻辑。其一,当代珍珠首饰求新求变的发展现状与趋势。设计师们对珍珠的运用已经不再局限于仅展示其自然的形态,他们更热衷于尝试通过不同的工艺对珍珠进行创意展示,以表达设计者的想法及情感,同时也满足消费者对首饰猎奇的心理。莳绘珍珠就是这种革新的产物,它让我们看到首饰设计在传统与现代之间的界限在不断被打破。其二,传统莳绘工艺在当代面临的传承危机。日本莳绘珍珠的创始者黑田幸女士在做杂志编辑工作时,就邂逅到了“莳绘”艺术,她深深地为这种极尽奢华的传统漆器所吸引。她从国外留学回来后又重新进入影视出版发行行业。在和歌舞伎演员的接触之中,她觉察到传统技艺的没落消逝,遂独立创立了“KARAFURU”这一品牌,致力于珠宝设计与传统工艺的活态传承与保护。

作为以莳绘珍珠风靡于珠宝时尚界的品牌,“KARAFURU”第一次将莳绘这项传统的技艺运用在珍珠上,为此,黑田幸聘请专业莳绘匠师在大粒珍珠上用24K金粉进行绘制。当然,在珍珠上进行莳绘创作并非是固守传统的莳绘工艺,而是将实用装饰艺术、时尚设计和传统工艺等融为一体,十分符合现代人的审美趣味,这种莳绘珍珠工艺的创新也让古老的莳绘艺术焕发出新的生命力(图4-20)。莳绘珍珠装饰的图案既有传统的元素,也有更为年轻时尚的现代元素,最

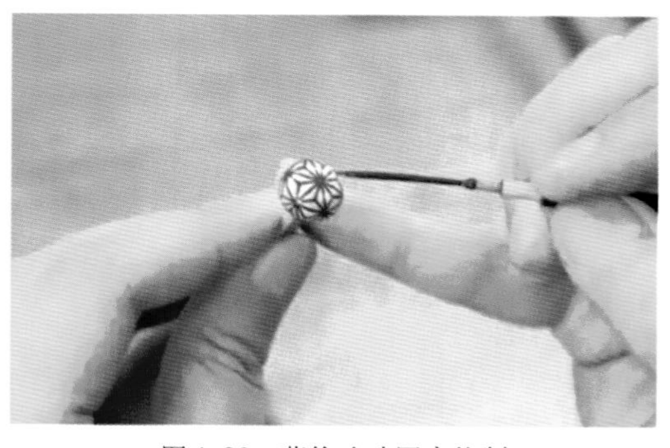

图4-20 莳绘珍珠图案绘制

为典型的传统装饰纹样有麻叶纹、菊纹、格纹、鱼鳞等。这些传统图案纹样不仅具有装饰的作用，也蕴含着丰富的传统文化内涵。例如，麻叶纹为正六角形的几何花纹，取自自然界中的麻叶形态，多用在小孩的衣服上，其挺直、易生长的特征寄托了茁壮成长的美好祝愿，同时，被看作有“驱邪”的效果；菊花纹自古以来都是日本喜爱的花卉图案，菊花生命力很强，呈放射状寓意充满生命的活力与张力，代表了高洁长寿，菊花在日本也代表皇室，是崇高的社会地位象征等。与市面上多以自然形态展示珍珠的饰品相比较，莳绘珍珠既有珍珠本身的莹润光泽与晕彩，又有传统工艺的加持，在珍珠自然材质美的基础之上又增添了一份新的光彩。由于使用纯度极高的黄金、铂金和银等贵金属，与其他珠宝因反射而浮于表面的光亮不同，这些有着贵金属绘刻纹饰的珍珠光泽更为柔润通透，宛如一颗颗香槟中的气泡。无论挂在脖子上，还是戴在手上，或是挂在耳边，看起来都是那么高贵而又细腻，令所见者皆为之心醉。此外，由于莳绘只能全手工来完成，无法借助现代科技手段来辅助或替代施艺，并且制作莳绘珍珠既耗费时间，也需要投入大量精力，所以莳绘是一种需要专注和耐心的工艺制作，每一颗莳绘珍珠都是经过工匠艺人精心绘制创作而成，凝聚着他们的智慧和精湛的手工艺。因此，莳绘珍珠成为独一无二的艺术珍品（图4-21）。

（四）新型镶嵌工艺

镶嵌工艺是珠宝首饰制作的主要工艺方法，有传统与现代之分。传统珍珠镶嵌工艺是指将一颗或多颗宝石用合适的方法固定在金属托架上的工艺，而新型珍珠镶嵌工艺是指把宝石直接镶嵌于珍珠之上，即以宝石镶嵌宝石的方式。这与传统的把宝石镶嵌在金属上的工艺手法有明显的区别，是对传统珍珠首饰镶嵌工艺的颠覆与创新。这种大胆、全新的设计与工艺理念，改变了以往只是一味地追求珍珠表面光泽圆润之美的认知，给人一种新颖而又别致的视觉感受。此外，这种新型工艺还可以有效地掩饰珍珠表面细微的瑕疵，一些看似价值不高的珍珠，经过这种新型镶嵌工艺的加工改造，可有效地改善珍珠外观，让珠宝重新焕发出光彩和时尚魅力，从而提高珍珠的利用率。

图4-21　莳绘珍珠首饰

在新型镶嵌工艺探索与实践方面，塔思琦的珍珠首饰为我们打开了另一番天地。塔思琦珍珠首饰向来以设计与工艺创新性风靡于珠宝首饰界，其新颖、大胆的设计和独特精湛的工艺，不断地为消费者推出了许多前卫时尚的首饰产品。其经典系列“Refined Rebellion”采用了新型镶嵌工艺手法，将珍珠和钻石非常完美地嫁接、融合在一起，两种珠宝材质组合形成强烈的反差，珍珠的圆润优雅和钻石的锋芒闪耀形成鲜明的对比，使珠宝呈现出优雅之中带有叛逆的美感。例如，这款戒指是用18K白金、akoya海水珍珠和钻石镶嵌而成，整体外形呈现尖角状，既独具个性又不乏时髦精致之感，钻石以小颗粒方式出现，钻石的璀璨和珍珠的晶莹光泽碰撞出冲突之美，呈现一种低调的奢华感官效果（图4-22）。正是这种带有标新立异、融合“优雅”和“叛逆”两种感官冲突的设计与工艺，俘获了年轻一代消费者的内心，展现出别具一格的魅力与

图4-22　“Refined Rebellion”珍珠戒指

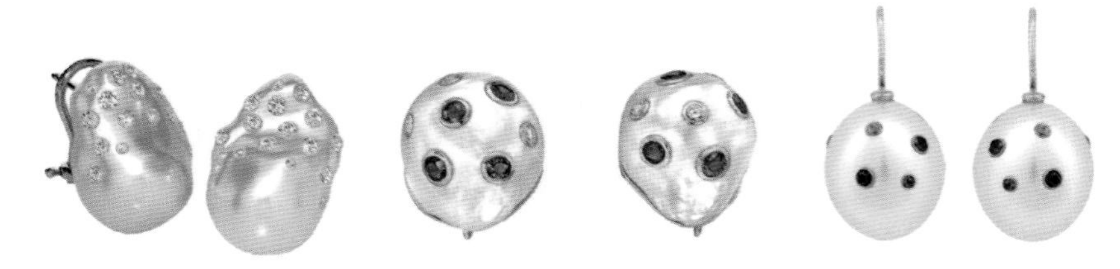

图4-23 珍珠镶嵌钻石、彩色宝石耳饰

品位，准确地把握消费心理和情感共鸣使设计具有价值，成为时尚潮流的“宠儿”。

新型珍珠镶嵌工艺不仅在塔思琦这类大品牌上进行了开拓性的创新，而且在许多小众珠宝品牌上也进行了尝试。例如，这些珍珠上镶嵌多颗小型钻石的珠宝首饰，在光照下，珠润柔和的光泽和钻石闪亮的光泽呈现强烈的反差；而珍珠上镶嵌多颗彩色宝石的珠宝首饰，那粉白色的珍珠与彩色宝石则形成鲜明的色彩对比，不仅具有时尚叛逆感，还多了一点复古的意味，散发出既迷人又耀眼的光芒，给人耳目一新的感觉（图4-23）。

国内对于新型珍珠镶嵌工艺亦开始探索与实践。关于新型珍珠镶嵌工艺的技术与方法，通常是选择珠面上有瑕疵的原料珠，采用切磨和镶嵌技术，或直接打孔镶嵌，使珍珠与其他宝石相融合[1]。下面以市场上常见的CZ钻镶嵌珍珠为例，进行简单介绍。

其一，切磨与镶嵌工艺相结合。一般采用椭圆形珍珠并将其加工成镶CZ钻的圆形珍珠，先选择椭圆形珍珠并将其切割为两个半圆珍珠，然后对其进行研磨，再将这两个半圆珍珠进行拼合，并在腰处镶嵌一排CZ钻以遮住拼合缝，这样整体看起来像是一个完整的圆形珍珠。

---

[1] 徐翀，李立平，杨春．淡水珍珠新品种及加工工艺新进展［J］．宝石和宝石学杂志，2010，12（1）：3，50-54．

其二，直接打孔镶嵌宝石。此种方法可以用于腰线珍珠、不规则形状的异形珍珠和马贝珍珠，镶嵌方法与上面的加工方法相同，先用伞针打孔，再用502胶水将CZ钻粘住，通过这样的工艺加工改造，能使珍珠看起来更为美观、更具有市场价值。

（五）刻面工艺

千百年以来，珍珠作为最瑰丽的有机宝石之一，深受世人喜爱。人们习惯了珍珠天然的珠圆玉润的形态和美丽的光泽，珍珠几乎不需要经过任何切磨加工就可以直接用于制作首饰。直到1995年，当刻面珍珠在东京国际宝石饰品展览中新出现的时候，立刻引起了人们的极大兴趣，从此刻面珍珠也戏剧性地颠覆了人们对珍珠原本较为单一形态的看法，珍珠爱好者们又多了一种崭新的选择。只是当时新首饰刚刚问世，还处在一个被适应接受的过程，还不能够广泛应用于市场，直到近年来其才越来越受到关注。

所谓“刻面”，就是将圆润的珍珠表面加工成若干切面，如同360°切割钻石一样切割珍珠，使其在阳光下如钻石一般闪闪发光，呈现独特的光彩。众所周知，钻石的光泽并非与生俱来，而是要经由人工切割琢磨后，方才向世人展示其独特的七彩光芒之美。抱着能让珍珠也像切割钻石一样变得更美的初衷，日本钻石切磨大师小松一男毕十年之功才成功研究出刻面珍珠，命名为华真珠。华真珠（Hanashinju）在日语中的意思是如花朵般盛开绽放的珍珠。

小松一男在年轻时就热心钻研各种宝石的刻面技术，他于1967年在日本的宝石之都——山梨县甲府市成立“小松钻石工业所”，这一工业所成立初期便是专业的钻石加工厂。现在世界上广为使用的千喜切工也是小松一男在当时潜心研究时开发出来的。但他不满足于仅加工钻石的现状，而是希望将他开发的刻面技术应用于各种彩色宝石。珍珠就是他尝试刻面工艺开发推广应用的宝石之一。此外，促使小松一男决心开发刻面珍珠的另一个原因是，他注意到所有的日本女性都拥有珍珠首饰，但是除了婚丧喜庆之外却很少佩戴，而钻石是女性的最爱，抱着尝试把珍珠做成钻石般的切面以便能让更多的女性喜爱佩戴的想法，他选择了研发“刻面珍珠”工艺。1992年，小松一男和他的团队在历经数年的潜心研究后，成功地将钻石切磨工艺改良并用于制作刻面珍珠，终于完成了第一颗钻石刻面珍珠的世界首创。

区别于传统珍珠较为单一的审美基调，刻面珍珠既有刻面的明亮光泽感，又不失珍珠的晕彩，十分特别。刻面珍珠的问世无疑是珍珠加工史上的一大创新，小松一男也因此获得了许多荣誉。2009年，由于在刻面珍珠上的突出贡献，小松一男获日本最有权威的创作奖“ものづくり日本大赏”。同年，小松一男在美国宝石切割竞赛中，凭借华真珠作品获得该竞赛第一名，这也是日本人首次在该项竞赛中斩获这一奖项的殊荣。

虽然珍珠具有天然的形态与光泽之美，但是并不是所有的珍珠都适合雕刻。在珠料选择方面是十分讲究的，用于雕刻的珍珠必须是品相绝佳的珍珠，几乎需要达到高等级珍珠档次，而那些表面不够完美、存在瑕疵的珍珠一般是不适合用来刻面的。究其原因，有瑕疵的珍珠或者是其珍珠层厚度不够，或者是其结构不够均匀、完整，一经打磨后，这些瑕疵不但无法消去，反而显得更加清楚。比如，珍珠表面如果带有水纹，无论是如何刻面或打磨加工，都无法消除珍珠表面的水纹瑕疵，从而影响珠面的美观；再比如，珍珠表面如果带有明显的凹陷瑕疵，加工后其凹陷处不仅不会消失，反而会看得更加明显。当然，对于一些表面有浅瑕疵的珍珠，刻面技术可以做到去瑕修正，使得刻面珍珠的商业价值比原始珍珠要提高很多。总体来说，比较适合用于刻面的是圆形、粒大、无核的淡水珍珠，最好没有明显瑕疵。如果要选用有核珍珠，也要选用珍珠层足够厚的珠料，一般适合刻面的珍珠最少要生长5年以上。所以一颗能用于刻面的珍珠从无到有，要经历的不只是精细的雕刻，还有漫长的培育养殖和优选过程，这导致了刻面珍珠是极为稀少的。

平常我们评估珍珠的价值无外大小、形状、光泽、颜色等，而评价刻面珍珠，除了要满足这些条件之外，切割工艺也不可忽略。众所周知，珍珠是有机宝石，主要成分是碳酸钙，珍珠层薄而脆弱，平时取戴都要十分小心，更不要说雕刻了。每一颗华真珠都会依据珍珠的大小在其表面琢磨出100多个平整刻面，其刻面看起来像凸起的弧面，但珍珠整体上却依然要保持圆形或水滴形等原本形状（图4-24）。每一颗刻面珍珠都是独一无二的，这是由于珍珠的形状、厚度存在差异，这样每颗珍珠在切割时就不可能一模一样，但经过人工精细的抛光处理后，珍珠均呈现晶亮无瑕的刻面。由此可见，刻面珍珠对工艺要求极为苛刻，是十分难得的珍品。

图4-24　刻面珍珠

刻面珍珠有一种规整、和谐而又炫目的美感，它兼具了珍珠的晶莹柔美与钻石般的繁华炫目。珍珠表面尽管被琢磨出180～200个平整的刻面，但刻面构成的整体依然保持圆形。未经刻面的珍珠由于表面的光滑、圆润，通过光的折射或反射来表现光泽和晕彩要相对柔和，让刻面珍珠有更多的面去折射和反射珍珠的光泽和晕彩，这等于把光的效应放大了，在强光的作用之下，形成衍射效应，像钻石一样闪耀，使珍珠的晕彩得到很好的展示，呈现华丽炫目的美，效果十分特别（图4-25）。

图4-25　刻面珍珠首饰

来自俄罗斯的维克托·图兹鲁可夫（Viktor Tuzlukov）是当代刻面珍珠领域中另一位杰出的代表，出自维克托·图兹鲁可夫的刻面珍珠和日本小松一男切磨出的珍珠都能让珍珠晕彩得到很好的呈现，亦如闪耀的钻石。其不同之处在于，维克托·图兹鲁可夫切磨出的珍珠一般有200个左右不对称的小刻面，珍珠表面像镜面一样平滑，有着玻璃制品的质感。而他创立的这种独特的切面珍珠则得到了俄罗斯的著名珠宝设计师Ilgiz Fazulzyanov的喜爱，并与维克托·图兹鲁可夫建立了长久的合作及朋友关系。

俄罗斯的著名珠宝设计师Ilgiz Fazulzyanov以善于制作珐琅首饰见长，他从20世纪90年代开始，就致力于在珠宝设计中加入珐琅元素，从此便在国际珠宝舞台上大放异彩。将珍珠和珐琅工艺结合是他在珠宝设计领域的又一个重要创举。在他和英国品牌Annoushka合作推出的“Ilgiz for Annoushka”系列珠宝首饰作品中，就见到了很多刻面珍珠的身影，而且这些刻面珍珠几乎全部来源于维克托·图兹鲁可夫的创作。用刻面珍珠结合精湛的珐琅上漆工艺，制成像足球、蜂巢一样的珠宝首饰，造型独特而又时尚，装饰性强，珐琅丰富而又不浮夸的色彩、温润而又不过度耀眼的光泽恰如其分地衬托出珍珠的高贵典雅，呈现一种和谐而又统一的美感（图4-26）。在Ilgiz Fazulzyanov的作品中，可以看到自然生灵和现代设计的高度结合，他将自然的生机和万物的蓬勃用刻面珍珠与各色、各种珐琅工艺展现出来，那些花卉、蝴蝶，或形态典雅，或薄如蝉翼，线条流畅，充满生命的律动，色彩清丽、淡雅，传达出一种触及灵魂深处的美。Ilgiz Fazulzyanov更是凭借其系列刻面珍珠作品“蝴蝶”第二次获得国际珠宝设计大赛金奖，开创了连续两次在国际珠宝设计重要赛事中获奖的先例（图4-27）。

刻面珍珠以其创新多面切割工艺来展现珍珠宝石的另一种独特魅力，颠覆了人们对珍珠的传统印象，给现代人以耳目一新的感觉，带来视觉上震撼的冲击，极大地满足人们求新猎奇的审美心理。目前国

图4-26 刻面珍珠珐琅首饰

图4-27 “蝴蝶”耳环刻面珍珠

内首饰市场上已经开始出现刻面珍珠，一些设计师亦尝试刻面珍珠首饰创作设计，并在一定范围内得到展示和应用，但整体上很多大众并不熟悉这种珍珠崭新工艺，其普及推广还需要一个过程。随着人们生活水平的提高和审美观念的变化，刻面珍珠首饰将有着更为广阔的发展空间。

（六）融合智能化工艺

随着计算机科技的发展，我们的生活正在逐渐走向“万物智能”时代。从社交软件、家居家电，到外卖快递、自动驾驶汽车，智能技术已经向各个产业渗透，改变着我们的吃穿住行方式。与人们生活息息相关的智能珠宝也已经走进了大众的视野并融入日常生活之中。智能珠宝突破了传统珠宝首饰的壁垒，赋予了珠宝首饰一定的科技含量和实用功能。借助“互联网+”、高科技等手段，在珠宝里植入各种智能模块，可以与人进行交互、产生互动。众所周知，传统珠宝首饰一般具有装饰价值和保值属性，智能珠宝首饰除了拥有类似的价值和属性之外，还拥有许多新的、便捷的实用功能，如健康监测、睡眠记

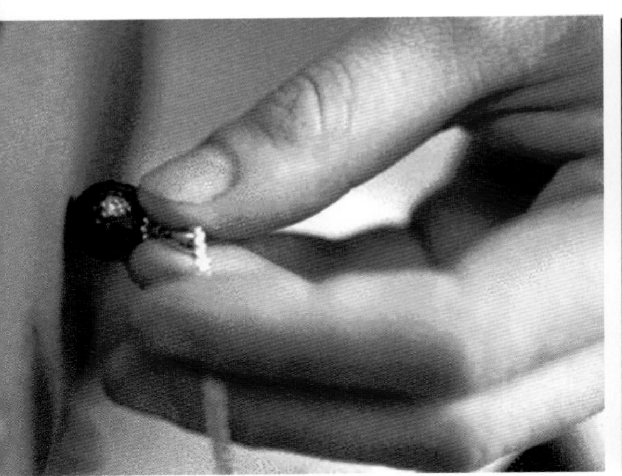

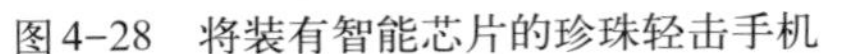
图4-28　将装有智能芯片的珍珠轻击手机

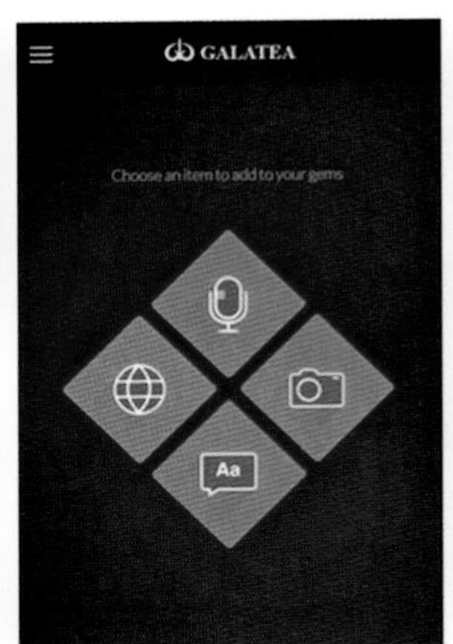

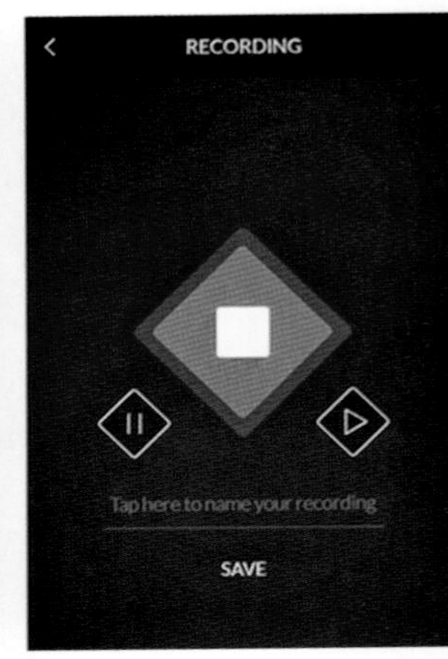

图4-29　软件“Galatea Jewelry”界面

录、卡路里消耗计算、来电提示、短信收发、一键拍照、远程关爱等功能。随着智能科技更多运用于珠宝首饰设计与制作领域，珠宝首饰与科技相交融已成为一种潮流和发展趋势，也为珠宝设计师和科技工作者共同合作、探索开发新的首饰产品提供了一个契机和广阔的舞台。

美国珠宝品牌Galatea，不仅在宝石核珍珠养殖和雕刻方面开了先河，而且在珍珠首饰中融入智能科技，设计出了名为“Momento Pearl”（记忆珍珠）的智能珍珠首饰。这种新型珍珠首饰不仅可作为佩戴装饰，还具有储存语音、照片、文字、链接等功能，在给人们带来智能化体验的同时，也让珍珠首饰具有直接传递情感信息的功能。

Galatea智能珍珠首饰的制作原理是：将NFC（近场通信）芯片嵌入珍珠中，通过NFC技术将手机内容信息存储到装有芯片的珍珠中，实现对珠宝信息的输入及读取（图4-28）。“当用户购买了一款（Momento Pearl）的戒指、项链或者耳环等首饰时，只需要将珠宝首饰轻击手机，手机就会自动跳转到应用商店的App页面。”[1]接下来，用户下载此款珠宝“Galatea Jewelry”专用App软件，再打开软件并将首饰轻触手机，通过手机操作App可将语音、照片、文字、视频等上传存储到珍珠中（图4-29）。当所有的信息上传完成后，用户只要再将珍珠轻击手机就可以保存内容。而在App中的内容也会和云信息同步，因此即使弄丢了首饰，也不用担心会丢了那些珍贵的内容[2]。

当珠宝作为礼物被赠送后，收到珍珠礼物的一方用珍珠轻轻触碰一下手机，便可以通过App获得珍珠内含芯片中存储的秘密。如果要听其中的音频或观看其中的影像，也只要用记忆珍珠轻轻碰一下手机，这些音频或者影像就能在手机上播放。通过融入智能化设计，记忆珍珠让传统珍珠首饰在佩戴功能之外又多了另外一种功能，即可以让用户进行个性化设置甚至是经常更新珍珠中的内容，使珍珠首饰拥有保存爱、传递爱的能力，特别是对那些经常不在身边的母亲、爱人和女儿而言，这样“珍贵记忆”的礼物更具有特别的爱意[3]。

Galatea智能珍珠首饰选用的是淡水珍珠，每颗记忆珍珠都是经手工雕刻并搭配银、黄金或铂金等贵金属材质制作而成，是一种独一无二的珠宝首饰品。其款式简洁大方，充满着时尚感和科技感，并且价格也较低廉，诠释了智能并不代表昂贵的理念。与其他智能珠宝不同，记忆珍珠中没有电池，也没有电路元件，内置的NFC芯片也不需要充电。此外它还具有防水的功能，从外观上看，与普通珠宝首饰并无差别，只是在功能上比后者多了“爱的记忆”。

---

[1] 智能珍珠首饰会有你的记忆（http://news.wto168.net/zTxun/jinrixinwen/2015/0405/1347885.html）。

[2] 会表白还会唱晚安歌的珍珠，你见过吗？（http://www.sohu.com/a/158578828_450367）。

[3] 许国蕤．男性首饰设计的影响因素及未来形态探索［D］．北京：北京服装学院，2017．

智能珍珠首饰有着现代科技元素，给人们带来享受和体验首饰的功能转变，符合当前消费者特别是年轻一代对科技化的追逐。然而，记忆珍珠也有它的不足之处。首先，珍珠中的芯片存储空间有限，无法存储太多内容。其次，用户在首次使用珍珠碰触手机时需要记住碰触点的位置，以后每次读取首饰中的内容或者更改内容都需要用珍珠碰触相同的位置，这就给用户体验和使用带来不便。随着科技的发展，智能珍珠首饰也会不断改进和完善。相信在不久的将来，越来越多的智能珍珠首饰将会更平常地出现我们的生活之中。

第五章 ｜ 珍珠首饰的品牌设计风格

一、御木本珍珠首饰

御木本是日本最具盛名的珍珠珠宝品牌，以特色珍珠养殖技术和高品质的珍珠首饰而闻名。1899年，该品牌由御木本幸吉在日本东京创立，最初致力于开发和改良珍珠养殖技术，成功研发出全球第一颗人工养殖珍珠。其产品涵盖面广，不仅有戒指、和服带扣、发簪等配饰，也包含镶嵌钻石、有色宝石的各类珠宝。御木本幸吉不仅将珍珠作为一种首饰，更将其视为一种文化和艺术品，在时尚界推广珍珠的应用，对于日本的珠宝行业和文化的发展做出了重要的贡献。其设计风格不仅融入了东方的审美观念，也结合了西方先进的加工工艺。他注重细节和工艺，在挑选珍珠时坚持高标准和良好的信誉，对于每一个珍珠的产地、颜色、大小和纹理等都要求极高。另外，御木本幸吉的开创和成功也得益于他的跨界思维和跨文化交流的经验。他将日本传统工艺和欧洲加工技术相结合，提高了御木本珍珠产品的设计和加工水平。同时，他也走向国际市场，在欧洲和美国开设了分店和展示厅，为御木本的品牌和珍珠文化在全球范围内的传播和推广做出了贡献。

（一）御木本品牌发展的历史沿革

1858年1月25日御木本幸吉出生在日本三重县，他从12岁起便承担起照顾家庭的责任，20岁时他对珍珠蚌产生兴趣。1888年他参加了国际渔业展览会。1890年他师从东京大学的一位教授学习培育养殖珍珠知识。1893年11月11日，半圆珠插入的蚝体培养成功，并取得注册专利权。1896年，他获得培育养殖半圆珠的专利权，同时将珠场转移，继续研究培育养殖圆形珠的方法。在19世纪，人们对养殖珍珠技术不理解，认为养殖珍珠只是仿制品。他因为养殖珍珠而面临诉讼官司和误解，但他在世界各地传播珍珠养殖，纠正人们对养珠的歧视与误解。他不仅在珍珠养殖业上创立了规范，而且为日本现代首饰业的发展奠定了坚实的基础。

自1906年御木本第一家珠宝店在东京银座开业起，御木本逐渐成为日本乃至全球的珍珠品牌。自1911年起，御木本的珠宝店遍布世界各地。1914年，御木本幸吉在日本冲绳岛开始钻研养殖黑珍珠。1922年，御木本多德珍珠农场在今帕劳共和国成立。1924年，御木本成为日本皇室指定的御用珠宝商，在日本成为珠宝的重要品牌。

御木本塑造了许多经典的设计，1929年在美国费城进行的纪念美国独立150周年的万国博览会上展示了御木本“五重塔”，这是以日本奈良法隆寺的五重塔为原型设计制作的珍珠工艺品，整座塔使用了12 000多颗珍珠，塔的主体镶嵌有白蝶贝的贝壳，在真实还原五重塔造型的同时用珍珠和贝壳增加了五重塔的隆重和威严。

1937年举行的巴黎世博会上，御木本展示了一件具有御木本风格特色的、开创多功能首饰先河的作品，即现代设计与日本传统文化风格相结合的珍珠饰品——“矢车”（图5-1）。它的设计源于日本的

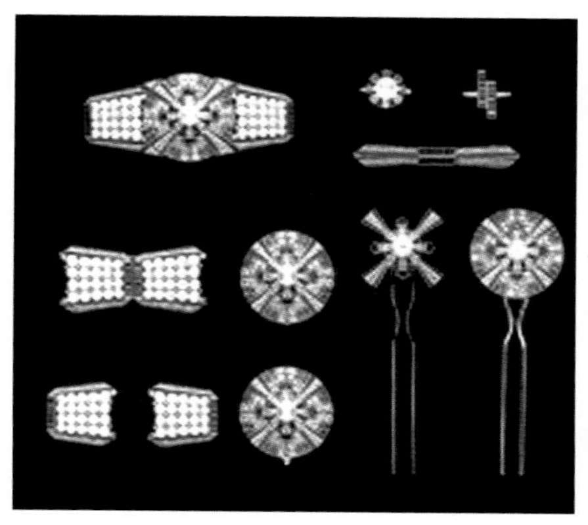

图5-1 “矢车”腰带

图5-2 环球小姐桂冠

传统装束“带留”，其中的“矢车”寓意着幸运与发展。在艺术美学基础上，开创了多功能造型结合的首饰的先河，可以拆分成发饰、胸针、戒指等12款不同造型的饰品。

1939年举行的纽约世博会上展出的“自由之钟”，象征着自由、平等、和谐发展。整个作品总共使用了12 000多颗珍珠和300多颗钻石，在当时引起了关注，被人们誉为“百万之钟”。

1990年设计面世的珍珠地球仪，它的海水部分是用珍珠组成，陆地部分用22K金制作。整个地球仪共用12 000多颗珍珠镶嵌，300多颗红宝石寓意赤道，近400颗钻石则代表着黄道。以青铜制成的底座上有12朵日本花朵，象征着12个月，将日本文化与设计美学展现无遗。

从2002年到2007年的6年间，御木本成为环球小姐的官方赞助商，负责设计制作环球小姐桂冠（图5-2）。以环球小姐比赛背后的价值观为灵感，运用优质的高档珍珠和精细的工艺设计出这款桂冠，体现了珍珠首饰设计独有的魅力和东方美学观。自1996年起，在瑞士巴塞尔国际钟表珠宝展陆续推出其具有代表性的高级珠宝系列。

2011年巴塞尔展出了御木本具有浪漫特色的作品“白色花束”

(图5-3)。其采用小尺寸的日本akoya珍珠与大颗粒的南洋白珍珠相结合，同时搭配100多颗珍珠。整体设计有繁复的浪漫美学特点又兼顾了东方美学的柔和精致，清新淡雅的白色却又具有高贵优雅的浪漫特色。

（二）御木本珍珠首饰品牌的设计风格

1.御木本的优雅设计风格

御木本珍珠品牌不仅代表着日本文化的独特魅力，还代表了御木本幸吉的个人精神。他的独特审美和非凡才华是通过深入研究珍珠的特点和工艺，以及大胆尝试各种珍珠形状和设计样式而获得的。创始人御木本幸吉希望珍珠成为女人首饰的首选。御木本用严苛的挑选标准选择用以制作首饰的珍珠，这也是御木本品牌的品质特色。御木本幸吉在首饰产品中最重视珍珠项链的设计。为了让每一颗珍珠都能同样散发出美丽的色泽，他总是不厌其烦地仔细重复“配色”的作业，以让女性在佩戴珍珠项链时颈部线条和项链之间有着最美丽的协调。正因如此严谨的质量管理与耗时费力，御木本的珍珠项链才能超越世代，卓尔不凡，体现出御木本源远流长的珠宝工艺技术和对品质要求尽善尽美的品牌哲学。御木本非常重视高品质的匠人技艺，而贵金属加工工坊是其成功的重要组成部分之一。这个工坊主要专注于使用黄金和白金等贵金属制作珠宝，并将珍珠与各种宝石和金属相结合，为其品牌的产品线带来了更多的样式和多样化的设计。御木本的匠人们非常注重细节和精度，非常擅长使用传统工艺制作珠宝，如镶嵌、刻画和镂空雕刻等技术。这些技术的运用不仅展示了御木本的匠人们的高超技艺，也帮助其打造了更多的精致和高品质的珠宝作品。

一直注重珠宝设计的传承和创新的御木本，为了保持御木本珠宝的独特风格和卓越品质，将以往的设计图作为珍贵的资产和参考，使其设计师们能够对御木本的设计传统和历史有更深刻的了解。御木本

图 5-3 白色花束

图 5-4 “Fortune Leaves Collection”戒指

的珠宝设计师不仅需要掌握传统珠宝设计的技巧，还需要具备创新和独创性。

设计是其品牌成功的重要因素之一，御木本一直注重珠宝设计的研究和创新。在御木本幸吉的领导下，将珠宝设计与日本的传统主题相结合，开创了新的珠宝设计风格——“御木本风格”。这种独特的设计风格具有浓郁的日本传统文化气息和欧洲现代主义的风格，以及精湛的手工艺术和技术。御木本的珠宝都围绕珍珠设计和制造。其经典款“Fortune Leaves Collection”戒指，选用白色大颗粒珍珠为主材，用镶嵌着钻石的18K白金四叶草与珍珠呼应相依，衬托珍珠的圆润与光泽，采用均衡感的美学设计方式，寓意着幸运与美好，尽显优雅与大气（图5-4）。御木本以珍珠作为核心，以彩色宝石和金属作为辅助的设计方式，在展现了珍珠的饱满与优雅的同时，又使得珍珠首饰整体设计精致美好。

2. 御木本的现代设计风格

（1）御木本的现代简约设计风格

御木本的设计展现了日本美学的独特理解，使用简洁的几何图形或点、线、面等节奏韵律元素，突显珍珠首饰的现代设计感。将日本的文化理念与现代设计元素结合，展现珍珠首饰的美感，展现既时尚简约又具有美好寓意的品牌哲学。御木本将设计元素融入珍珠中，塑造出极简的设计作品，高贵又不失优雅之感，镜面抛光的质感相较于磨砂质感更能突显耳环的富贵之气，设计师将珍珠巧妙地融入其中，使得整体视觉效果更加丰富。设计师巧妙地在“V”字母中融入日本akoya珍珠作为装饰，区别于黄金的耳环，白金的项链更加符合优雅之气，其中珍珠的增添更是为较为雅静的“V”增添了生气（图5-5）。

（2）御木本的现代时尚设计风格

随着御木本的设计越来越多样化，丰富的主题给了受众更多的选择。自然主题的设计一直是时尚设计界的宠儿，而如何突破珍珠材质的刻板印象，成了更大的挑战。御木本的非洲系列设计从非洲大自然汲取灵感，动物元素的设计主要依靠肢体动态姿势的把握，如跳跃、腾飞、翻滚、拉伸等动作，掌握了这些动态姿势便可准确地表达出动物元素的“神”。在首饰设计中经常可见各种姿态的动物元素，甚至可以通过它们的表情而感知它们所传达出的情绪。设计师通过对元素的提取与概括，将狂野奔放的非洲动物形象淋漓尽致地展现在我们面前。设计中既有珍珠的高贵和优雅，又充满了非洲文化的内涵和机智。例如，这款斑马项链将斑马身上黑白的条纹设计成装饰珠宝的图样（图5-6）。黑珍珠与图形的结合淋漓尽致地显示了珠宝的光泽和璀璨，却并不张扬和夸张。通过简约的设计和细节处理，更显出珠宝的高贵与典雅，展现出简约大气之美。18K白金和黑色镀铑的材质搭配非常合适，黑白分明的对比非常有力，给人一种简约而大气的美感。此外，黑色镀铑加工的处理也为项链增添了一份神秘感和高级感，极富个性，呈现出逼真的斑马条纹。御木本采用了多种不同大小的珍珠，设计了一条精美绝伦的珍珠项链，让佩戴者感受到斑马的美丽和自然之美。既突出了斑马黑白条纹样式之美，又以黑南洋珍珠吊坠搭配其七彩斑斓色彩，更是添加了其神韵之味。

这款以火烈鸟为主题的胸针描绘出了一幅生动的火烈鸟停留在水中的场景（图5-7）。彩色宝石和天然海螺珍珠的组合，将高贵和柔美相结合。这款火烈鸟胸针的主材使用了珍贵的海螺珍珠（Conch

图5-5 V Code项链

图5-6 御木本斑马项链

图5-7 非洲篇——火烈鸟胸针

Pearl)。海螺珍珠也叫孔克珠，是一种无珍珠层珍珠，通常尺寸小，而且很少外形呈现圆球形，绝大多数为椭圆形或不规则形，长度通常在10mm以下。所谓无珍珠层珍珠，是指由方解石和文石晶体的混合物组成的珍珠，这些晶体呈柱状排列，大部分垂直于珍珠表面。当晶体群相交时，它们会引起光学现象——“火焰结构”。由于十分稀少且罕见，所以海螺珍珠的价值十分珍贵。

胸针中的渐变色彩是自然界中难得的美丽景象，也加强了珠宝饰品的独特性和魅力。以蓝粉宝石镶嵌加钻石打造出渐变的羽毛，突出火烈鸟渐变颜色之美；鸟喙采用了黑玛瑙，将整个珠宝饰品的造型从纯粹艺术转化为了具有实际特点的鸟的形象，区别于其他粉蓝的颜色，整体造型惟妙惟肖。钻石点缀在火烈鸟的长腿上，就像火烈鸟在水中嬉戏时溅起的层层浪花，优美而充满动感。多种颜色和形状的钻石，使珠宝胸针更加富有层次感和韵味。

将美洲动物多样化的颜色，以钻石和珍珠打造出来，植物与动物的组合，将丛林里的色彩和层次感展现得淋漓尽致，同时也更容易引起人们的共鸣和喜爱。这款金刚鹦鹉胸针中的羽毛细节非常精致，彩色宝石刻画出了它五彩斑斓的外表（图5-8）。同时，南洋金珠作为鹦鹉的腹部，恰到好处地为胸针增添了一份清新和自然之美。设计师将金刚鹦鹉高高振翅的瞬间定格成胸针的造型，非常巧妙地展现了珠宝饰品的动感和灵动性。同时它也是一款独特、美丽、高雅和富有珍珠文化内涵的珠宝设计。它的设计巧妙、细致，展现出了珠宝的高贵和优美。形态错落有致，充满生机，整个珠宝材质的色彩过渡得非常具有动感和自然之感，让整个胸针更富有连贯性和流动感。动物世界的鸟语花香展现无遗。

从大洋洲汲取设计灵感，以珠宝配上巧妙的设计，呈现了憨态可掬的大洋洲动物形象。维多利亚冠鸠的设计，让人们感受到了它傲人的美丽和独特的气质。颜色和材质相得益彰，镶嵌红宝石的眼睛非常夺人眼球，更让人们感受到了维多利亚冠鸠那份骄傲和自信。以多样的珠宝搭配形成惟妙惟肖的维多利亚冠鸠，既展现了珠宝的高贵和优美，又融入了维多利亚时代的元素，展现出了它的非凡价值和文化特色（图5-9）。

图5-8　美洲篇——金刚鹦鹉胸针

图5-9　大洋洲篇——维多利亚冠鸠

图5-10　欧亚大陆篇——孔雀项链

图5-11　南极洲篇——浮冰飞跃

自欧亚大陆汲取灵感，将稀缺的欧亚大陆动物形象展现在我们面前。设计灵感源自美丽优雅的孔雀羽毛，项链中的黑珍珠和彩色宝石渐变效果非常惊艳，淋漓尽致地展现了孔雀开屏的美丽尾羽。排列有序的钻石则类似于孔雀羽毛，让整条项链更具自然之致和灵动性。项链的色彩和材质非常协调和细致，从而让整个项链更具高雅和贵气。黑珍珠非常具有神秘和高贵感，令整条项链更富有品质感和时尚感（图5-10）。

对生存在水与雪中的南极洲动物形象设计是御木本南极形象设计的主要设计形式，使用异形珍珠来表达极地的冰川，展示了设计师的创意和巧妙运用珠宝材料的技巧，增加了珠宝的动感和艺术性。这枚胸针描绘了一幅以珍珠定格住企鹅嬉戏的画面，虽然是一枚静态胸针，却能让观者体会到自然生态的南极洲。这款胸针体现了珠宝制作者对材质的巧妙运用和精湛技艺。巴洛克异形珍珠打造的冰川让整个胸针更加自然、优雅和迷人。钻石的点缀则增添了整个胸针的高贵和闪耀感。特别的是，在洋面泛起水波的部分，设计师采用了3颗榄尖形钻石来模仿海中自由摆动的鱼群，让整个胸针显示出一种自然生命力和活力（图5-11）。

二、塔思琦珍珠首饰

（一）塔思琦品牌发展的历史沿革

塔思琦创立于1954年，是一家以珍珠为主的集珍珠养殖、加工、销售于一体的珠宝品牌。日本塔思琦家族自1933年起就有了自己的珍珠养殖场。1954年1月，在日本神户创立塔思琦珍珠品牌。1962年10月，在东京银座开设首家塔思琦门店。1970年9月，以人工采苗技术成功养殖母贝，开启了全球第一个马贝珍珠养殖的品牌。1979年10月，在日本长崎县开启了akoya珍珠专门养殖场。塔思琦在20世纪90年代获得日本唯一一家戴比尔斯（De Beers）原石采购权资质，并且只选取品质排名前三等级的原石，而真正符合前三等级的原石在总比例中不到3%。这种追求品质的理念在全球珠宝品牌中是屈指可数的，这也为塔思琦的珠宝加工设计提供了更多的可能性。塔思琦揭示了珍珠和钻石的神秘面纱，并创造了一件件时尚而富有创意的珠宝杰作。在这个充满挑战的行业中，只有坚持自己的理念才可以赢得市场认可。塔思琦以严格的审查标准和卓越的工艺，精选上乘原材料，精心制作出璀璨夺目的珠宝佳作，同时也将其独特的材质魅力展现给了世人。塔思琦成为珠宝界一颗耀眼的新星。

2009年，在田岛寿一的带领下，塔思琦开始改革，打破品牌原有的保守状态，开始塑造塔思琦的时尚前卫的国际化珠宝品牌形象。塔思琦聘请前美国第一夫人米歇尔·奥巴马（Michelle Obama）青睐的设计师塔库恩·帕尼克歌尔（Thakoon Panichgul，简称塔库恩）出任创意总监，突破珍珠传统式设计，用更加时尚的元素来诠释珍珠之美。秉持着可持续发展的理念和文化，致力于拥抱大自然的美妙之处。自此之后，塔思琦在产品设计中巧妙地融入了时尚元素，并在国内珠宝市场消费需求的基础上进行了改良和创新，以更好地满足国人佩戴的需求。塔思琦致力于将珍珠打造成一件集高雅与时尚于一身的精美饰品，将这一理念贯穿于产品的设计、制作和销售等方方面面。通过不断地改良产品结构，提升产品质量，满足消费者个性化需求。塔思琦所设计的珍珠饰品以简约大方为主旨，既不失高雅格调，又不失时尚个性的独特魅力。

（二）塔思琦设计师及其作品

塔思琦的每一款产品都是由其专业设计师精心设计而成，无论是款式设计还是材质的选取，塔思琦都力求精益求精，每一件产品都具有极高的收藏价值。塔思琦的产品包含了各类风格，不论是职场女性还是时尚辣妈，塔思琦的每一款珍珠饰品都能满足不同消费群体的佩戴需求。无论是商务场合还是休闲娱乐，塔思琦淡水珍珠饰品都能将佩戴者衬托得与众不同。塔思琦作为潮流风向标，有给人标志印象的经典系列，简约而不简单；有不断提升产品时尚指数的14种平衡系列，打破了传统珍珠饰品的单调性，通过不同材质和色彩的搭配，为消费者带来更多的选择；有颠覆传统珍珠的野性系列，以及融合了经典中的精致，又再次创新了野性的朋克新风尚系列。随着时尚的更新，还推出了切片的神秘邂逅系列。

1. 设计师塔库恩·帕尼克歌尔及其作品

塔思琦创建的平衡系列引入了来自纽约的设计师塔库恩进行珠宝设计，塔库恩的设计理念深受其东西方背景的影响，独特而精致，打破了传统珠宝品牌只使用专业珠宝设计师的惯例。在这个激进的转变中，内部团队的工作习惯与跨界创意人之间经历了长期的磨合，最终的创新成果像珍珠一样获得了成功。

塔库恩出生于泰国，在美国内布拉斯加州的奥马哈市（Omaha）长大。他创建了自己的品牌“THAKOON Collection”，并以设计风格多元化、设计元素多样性而为世人所知。在波士顿大学修得工商管理学位后，塔库恩来到纽约，并成为时尚杂志哈泼时尚《Harpers Bazaar》的一名编辑。而后他转战设计领域，并成为设计师。2004年

9月，塔库恩的首次成衣发布会成为纽约时尚圈的热点话题，而他本人也被公认为最具才能的设计师之一。2006年，塔库恩荣获服饰与美容时尚基金（Vogue Fashion Fund）大奖。2009年被CFDA（美国时装设计师协会）提名，角逐施华洛世奇奖女装设计奖（Swarovski Award For Womenswear）。他的作品一贯采用造型优美的女性化设计风格，摩登、知性，却又不失浪漫和性感。作为专业时装设计师，跨界珠宝对塔库恩而言无疑是一个巨大挑战，而这对于首次启用外籍人士执掌设计的塔思琦而言更是一次豪赌。在塔库恩非传统的视角下，塔思琦诞生出品牌至今最具标志性的并列珍珠设计，创造性地赋予了珍珠珠宝现代化的美感。最终强劲的市场表现证明，塔思琦赌赢了。塔库恩擅长使用多种不同的材质相结合，展现珍珠首饰的更多可能性和艺术性，不仅兼顾了珍珠首饰的优雅与奢华的品牌产品形象，也突出了塔思琦的时尚特点，先后入围美国国家设计大奖决赛、2011年CFDA施华洛世奇女装设计大奖、2015年纽约素描中心颁发的首届创意奖等。他设计了12个经典系列，其中“balance”（平衡）系列目前成为塔思琦的明星产品，而明星产品的立足也反哺了塔思琦，使其得以跻身当今高级珠宝品牌。平衡系列的设计灵感来自珍珠的美感，其“悬浮”美学贯穿始终，并成为塔思琦创造的经典时尚符号。从过去到未来，平衡系列将持续抒写塔思琦的典雅传承。

平衡系列是塔思琦最经典的系列，也是最受大众欢迎的一款产品(图5-12)。设计师塔库恩用标志性的简约而利落的金属线条，勾勒出珍珠独有的莹润灵动。平衡系列不只是优雅内敛，更是勇敢和果决。以大小不一的圆润珍珠排列于金属直杆之上，流畅的韵律更添一份精致与优雅。平衡系列甄选日本代表性的阿古屋珍珠，融入标志性金属平衡杆，将几何线条与柔美珍珠结合，以不断突破的经典美学，营造出富有现代感的和谐之美。

塔思琦“balance decade pearls & diamonds”系列延续了平

衡系列的经典设计，以4颗莹润珍珠与1颗密镶钻球呈现。每一颗钻石镶嵌都经过缜密计算，华丽精致，佩戴于胸前闪耀现代设计之美。散发莹润光泽的南洋珍珠和密镶钻球相互衬托，彰显塔思琦的品牌优势和特色（图5-13）。

将平衡理念融入耳环中，巧妙地将几何线条与珍珠的柔美相结合，创造出一种经典的平衡美学，让人感受到现代感十足的和谐美。这款经典的耳坠采用了迷人的珍珠点缀在白金直杆上，搭配着璀璨夺目的钻石，其设计巧妙地突显了脸部线条，散发出优雅动人的光芒（图5-14）。以音符为创作灵感，借由弹奏着温柔音调的珍珠，以及清脆声响散落在旁的钻石，创作出悠扬旋律的完美节奏，宛如耳边传来乘着春风轻盈飘扬的舒服乐曲，不仅有充满浪漫温润色调的樱花金款，还有白金、K金款式，用结构之美打破了传统的珍珠与钻石的结合方式，带有更加现代的时尚之感。

野性系列（“Danger”系列）也是塔思琦代表作品之一，以大自然中植物的荆棘和动物的利齿为灵感，并将其作为装饰与珍珠形成强烈对比，增添了个性又时髦的神秘魅力。野性系列将奇趣和危险的迷人特质混合，呈现出了极具摩登张力的对立美感。这款戒指以自然界中“锯齿状”的动物利齿为灵感，定格捕猎时刻的张扬姿态，珍珠和尖锐组合，可以制造出危险的气息（图5-15）。这一大胆

图5-12　平衡系列戒指

图5-13　“balance decade pearls&diamonds”系列

图5-14　平衡系列耳环

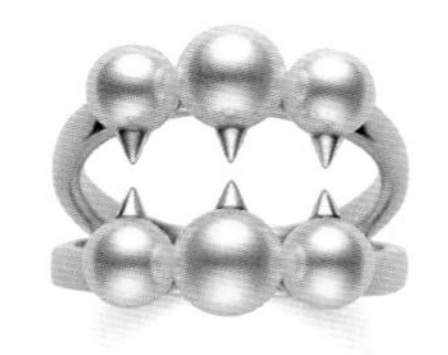

图5-15　野性系列戒指

的突破，突出原始狂野的自然之美。“Danger tribe”系列作品是将珍珠与锋利的金属线条相结合，散发出华丽、现代的气息，亦呈现出危险生物的迷人魅力，探索大自然的神秘世界。“Danger scorpion”系列作品运用蝎子造型来表现隐藏在危险之下的独特美丽，鲜艳亮丽，散发出致命诱惑。灵动造型与锐利荆棘和谐搭配，展现暗藏危机的美感。

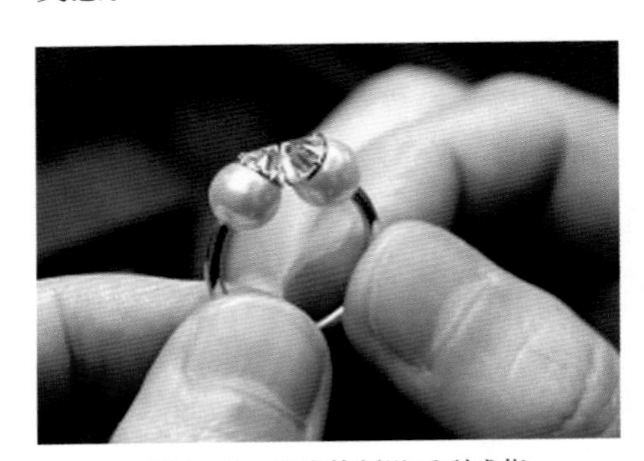

图5-16　优雅的叛逆系列戒指

“Refined rebellion”译为优雅的叛逆，这一系列作品融合了珍珠的经典优雅和精致，结合了朋克的野性与前卫。塔库恩设计的优雅的叛逆系列，采用全新的切割技术，将钻石棱角与珍珠相结合，尖锐和柔和、优雅与叛逆这看似矛盾的形式却在这款作品中结合出了新颖的火花。这一颠覆性的设计与切割工艺，给钻石带来了另一种生命。工艺师花了6小时的时间来试做样品，并不断地完善，总共花费1个月的时间，最终在2009年末完成了“优雅的叛逆”切割作品（图5-16）。2010年春季，优雅的叛逆系列首次上市。

2.设计师普拉巴·高隆及其作品

美籍设计师普拉巴·高隆（Prabal Gurung，简称普拉巴）生于新加坡，成长于尼泊尔，是时装界新锐设计师，米歇尔·奥巴马、凯特王妃均欣赏并使用过他的设计作品。普拉巴以璀璨天空为主题，将珍珠与绿松石等宝石进行搭配，创造性地将具有东方美学的珠宝材质置于传统欧美珠宝设计的框架中。普拉巴设计的珍珠作品在拍摄广告时邀请国际时尚摄影师保罗·罗维西（Paolo Roversi）执掌，并由新生代超模萨拉·格雷斯·华勒斯德特（Sara Grace Wallerstedt）出镜，风格在一众温和写实派的珍珠珠宝广告中极具辨识度。普拉巴曾直言

图5-17　山泉系列耳环

图5-18　海湾系列耳环

图5-19　极光系列耳环

道："尼泊尔是一个既美丽又有灵性的地方，也是给了我灵感来源的地方。"成长环境和民族文化成为普拉巴永不枯竭的灵感源泉。普拉巴的时尚设计作品非常出色，获得许多奖项。

普拉巴设计了塔思琦下的16个不同系列产品。"TASAKI Atelier"珠宝系列，是他以20世纪20年代法国超现实主义艺术运动为灵感而进行的创作。"Cascade"（山泉）系列中，普拉巴的灵感来源于水流从高处缓缓落下的动态之美，通过金属的流畅结合钻石的折射光，以超现实主义的自由视角，深刻表现了山泉缓缓流动瞬间优雅自然的形态（图5-17）。"Cove"（海湾）系列同样是以超现实主义手法让整个首饰作品具有大气而又奇特的艺术效果，钻石与珍珠相隔点缀着随风摆动，模仿了波光粼粼的海面的动态效果，梦幻和灵动的设计给海洋主题带来了时尚动感的设计造型（图5-18）。如同"Aurora"（极光）系列一样，海洋有许多表达方式，这取决于水的深度和光线的流动规律（图5-19）。用18K金和樱花金勾勒出的线条展现了海洋内的极光光芒轻轻包围珍珠的浪漫奇观。闪耀的钻石展现了极光彩虹般的明亮色彩，而深浅不一的蓝宝石则体现了深海之光的独特层次感。珍珠、钻石与蓝宝石的完美融合，使这一珠宝系列呈现出优雅时尚又不失精致考究的外观。多姿的曲线结合动态的造型设计，凸显女性柔美的魅力。极光系列的设计融合了许多古典元素和柔美的线条，在传统中

图5-20 “Atelier Illimitable”系列项链

图5-21 “Atelier Sunset Glow”系列耳环

又富有现代的时尚感。

普拉巴想要在设计作品中传递女性的独立与主导地位，将女性从传统中解放出来。他说：“当我深入挖掘并学习珍珠的历史时，我了解到海女像美人鱼一般潜入海中，寻找自然孕育的、以近乎完美的形式呈现的美丽珍珠。于我而言，珍珠是存在于真实与超现实之间的梦幻般的生物。”深受海女与当代女性超现实主义者的启发，普拉巴从她们丰富的自我表现力、创造力以及对于美的不懈追求中找到了共鸣[1]。他设计的“Atelier Illimitable”系列以设计造型为基础，运用大量的几何图形来映射大自然的灵感，并采用了多种材质，常见的海湾、瀑布、山泉、波光和洞穴等，都以独特的方式通过首饰设计展现大自然之美（图5-20）。“Atelier Sunset Glow”系列的灵感源于沙漠中的美丽湖泊，该系列用马赛克元素来设计珠宝，充满复古美学的即视感，同时又有灵动的美感，这种设计充满着对生活的热情，将饱满的色彩美学融合到设计中，让珍珠饰品不再单调（图5-21）。

[1] 超现实主义的启迪与当代自由精神.TASAKI创意总监Prabal Gurung (https://www.wgue.com)。

3. 设计师梅勒妮·乔治·科普洛斯及其作品

珠宝设计师梅勒妮·乔治·科普洛斯（Melanie Georgacopoulos，简称梅勒妮）生于希腊雅典，生活于伦敦。2007年她硕士毕业于伦敦皇家艺术学院珠宝专业，曾在爱丁堡艺术学院学习雕塑，具有国际化的生活背景和多元的视野。2010年她创建了自己的设计品牌。2012年她与塔思琦合作的代表作“SLICED”系列，给珍珠的饰品设计带来前卫大胆的突破与尝试，被伦敦时装周（London Fashion Week）评选为英国十大顶级珠宝之一。

梅勒妮一向以反传统著称，她对珍珠和珍珠母贝的运用可以说得上是化腐朽为神奇。她认为，珍珠如同“青春般的纯真与历经风霜的智慧”，“柔美与忍耐”“生与死”等相对立的元素是珍珠最具代表性的特质。她在作品中想要极力表达的，也正是这种珍珠所独有的、非常神秘的特性。从古典的珍珠项链所象征的意义中，将珍珠的传统概念完全解放，并作为一种承前启后、吐故纳新的独特设计材质，赋予珍珠崭新的光华。梅勒妮对珍珠的独特理解和创新设计使她与塔思琦结缘，2013年起她开始和日本珍珠品牌塔思琦合作，诞生了“M/G TASAKI”系列。随着这个系列的巨大成功，梅勒妮于2015年被任命为这一系列的首席设计师。梅勒妮采用全新的设计手法，赋予了珍珠更多的时尚元素，从而强调并提升了其艺术层次与时尚的潮流感。简洁的层级感和中性化的设计风格，尤其符合现代女性的品位。梅勒妮设计的塔思琦系列作品融合了传统和现代元素，同时注重珠宝的美学价值、佩戴舒适度和制作工艺，成为时尚界的一大亮点。

梅勒妮的作品也受到了许多艺术和设计爱好者的青睐，她曾被《纽约时报》誉为“将珍珠从古老的雕琢中解放出来的先锋设计师”，并荣获多项国际珠宝设计大奖。她的设计不仅在时尚界成了一种趋势和标志，更彰显了她的珠宝设计理念：探索珠宝的内在价值和美学，用创新方式传承珠宝的文化和历史。切片神秘邂逅系列是塔思琦珍珠设计的一项创新（图5-22）。将珍珠切割成两半，呈现出一种独特的质感，引起了广泛的关注和探讨。虽然切割被认为是一种危险的行为，可能会破坏珍珠的完整性，但这个大胆的做法却将珠宝设计带入了全新的境界。

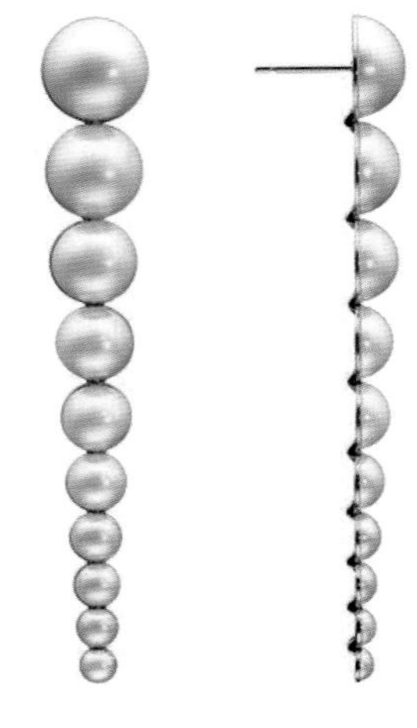

图5-22　切片神秘邂逅系列项链

许多人对这种独特而富有创意的首饰感到震惊和困惑。然而，这一构想激发了很多人的灵感，使他们对不同的设计产生了浓厚兴趣。许多拥有传统珍珠珠宝的顾客，开始对新颖的珍珠设计产生浓厚的兴趣，呈现了一种革新的珠宝文化。随着时间的推移，切割珍珠的设计手法发展成为一个时尚界广受欢迎的品牌和标志。切割珍珠的做法因此也逐渐被认为是一种具有创意和激情的新颖珠宝设计方法。在这种文化的烘托下，越来越多的珠宝厂商开始尝试这种手法，推出更多采用新颖构思的珍珠设计。在这个过程中，“切片”已经不仅指这种珍珠处理方法，而是指一个充满乐趣和创意的珠宝设计领域。切割珍珠成为一种创新式、前沿式的闭环和开拓性的设计方式，其探索的内在价值也成为珠宝文化特有的优势，不断地在寻找珠宝新的生命力。塔思琦用珍珠为媒介，抒写天马行空的艺术，才能让这一传统珠宝在现代工艺的打磨下可以超脱年龄，跨越传统，重新焕发出魅力与光彩。

三、帕斯帕雷珍珠首饰

（一）帕斯帕雷品牌发展的历史沿革

帕斯帕雷（Paspeley）始于1953年，诞生于澳大利亚，目前该品牌是全球著名的珍珠品牌之一，其公司也是澳大利亚历史最悠久、最大的珍珠公司，其澳洲白珍珠被誉为“世界上最美丽的珍珠”。

20世纪30年代，在一位年轻企业家的大胆愿景下，19岁的尼古拉斯·帕斯帕雷买了他的第一辆珍珠雪橇。当时，布鲁姆、哥萨克和达尔文是世界上最重要的珍珠港。在鼎盛时期，128km左右的海滩和布鲁姆地区占世界珍珠母产量的75%，每年有400多艘船只，产量高达2 000t。

20世纪50年代，对珍珠母贝的需求急剧下降，珍珠行业几乎遭到重创。在频繁的飓风和其他逆境的危险中，帕斯帕雷踏上了一段彻底改变珍珠业的旅程。几十年来，帕斯帕雷的潜水员一直在澳大利亚西北部的海床上搜寻罕见的大珠母贝。

尼克·帕斯帕雷对他童年时熟悉的一幕有着美好的回忆。从海上回到著名的珍珠港达尔文，他的父亲（尼古拉斯·帕斯帕雷）和其他珍珠人会花很多晚上来检查他们最近冒险的奖品。被天然珍珠的美丽所吸引，他们会讨论它的美丽、光泽和优点。

尼克目睹了他父亲的天然珍珠领地被人类对宝藏的热爱所摧毁。过度捕捞和塑料纽扣的发明最终摧毁了这个行业，将世界上的天然珍珠床推向了几乎灭绝的境地。正是在这种情况下，创新和戏剧性的变化出现了——受日本这种方法的成功启发，培育珍珠成为澳大利亚新珍珠产业的重点。20世纪50年代，他们与日本专家合作，继续开发独特的珍珠养殖技术，注重质量。如今，帕斯帕雷是世界上最重要的养殖珍珠生产商。尽管这些宝石仍属于南海珍珠类别，但由于其卓越且广受认可的质量，帕斯帕雷的珍珠已成为一个独立的类别。因此，这些宝石通常被简单地称为帕斯帕雷珍珠。

帕斯帕雷在珍珠养殖业中的领先地位源于其对品质的严格要求、对基因系统的研究以及对养殖环境的细致管理。帕斯帕雷在数十年的沿革中，积累了大量珍珠培育的经验与技术，使其成为南洋珍珠行业的佼佼者。珍珠是帕斯帕雷珠宝系列中的精髓之一。除了项链之外，帕斯帕雷还生产各种不同类型的珍珠珠宝，如耳环、戒指和手镯等。其珍珠的品质和美感为其带来了高端客户和藏家的青睐。

（二）帕斯帕雷珍珠首饰品牌的设计风格

帕斯帕雷是一家非常独特的奢华珠宝品牌，其使命是利用澳大利亚金伯利地区的自然资源，开采世界上最美丽、最珍贵的南洋珍珠。该地区的独特环境为南洋珍珠的培育提供了绝佳的条件，帕斯帕雷充分利用这些天然优势，开采出最优质的南洋珍珠来制作高端奢华珠宝。帕斯帕雷致力于为顾客提供最高品质的珍珠首饰，并在设计和工艺方面追求卓越。他们深信，每一颗珍珠都有其独特之处，竭尽全力在每一款珠宝中展现出这种独特之美。其坚持以诚信、品质和创新为核心价值观，为客户创造无与伦比的购物体验。其设计作品是经典元素与创新工艺的完美结合。每一款设计都巧妙融合了灵活百搭的元素，让每一位女性在不同场合都能展现自己的个性和时尚品位。最具特色的便是其代表设计作品“无需钻孔即可佩戴的珍珠项链”，以最原始的形态呈现珍珠的完美之美，让每一个欣赏它的人都会被惊艳到。其设计颂扬了大自然的原始之美和帕斯帕雷珍珠产地令人难以置信的自然环境。

帕斯帕雷珠宝功能多样，趣味十足。其设计旨在珍藏和穿着，其系列作品采用了适应性强的元素，让穿着者能够在帕斯帕雷单品的基础上打造出独特风格的外观。

总之，帕斯帕雷珠宝是集自然之美、科技之力和艺术之韵于一身的顶级珠宝，其代表了南洋珍珠培育和加工的最高水平，并成了澳大利亚珠宝行业中不可替代的一部分。

1. 帕斯帕雷的经典设计

“Lavalier”系列是一款极具经典和独特魅力的珍珠项链，其名字源自路易十四的心爱之物。其设计灵感来源于潜水员用来存放珍珠牡蛎的绳索和网，网的形式象征着捕获真爱。如图5-23所示，耳环镶嵌有48颗1.41克拉的白钻，每颗钻石都被放置在黄金网上，增强了整个耳环的亮度和耀眼度。与此同时，黄金网的设计也相当精湛，呈现出复杂的细节和纹理，为这对耳环增添了更多的奢华感和艺术韵味。这对“Lavalier”耳环已成为澳大利亚知名珠宝品牌帕斯帕雷的代表作品之一，展示了该品牌对材料和工艺的严格控制，以及其对珍珠艺术和设计的独特贡献。它是一款独特、珍贵、极具价值的珠宝奢侈品。

图5-23 “Lavalier”系列珍珠耳环

帕斯帕雷的设计和珍珠工艺在全球范围内备受关注，并受到了各种国际机构的高度认可和赞赏。在过去的几十年中，该品牌的珍珠作品曾被展出在世界各地的博物馆、画廊等展览场所，如华盛顿特区的史密森尼博物馆，以及在佳士得瑰丽珠宝拍卖会等各种国际拍卖会上出售。帕斯帕雷在珍珠耳环的设计中一直坚持保留完整珍珠、不在珍珠上打孔的设计理念，推出了一系列精美高雅的珍珠耳环作品，并获得了全球消费者的高度认可和赞赏。每一款耳环都代表着帕斯帕雷对高品质珍珠的追求，同时也展现了其对珠宝工艺和设计的独特贡献。天然珍珠耳环沿袭着帕斯帕雷的宗旨，以珍珠的天然形状为灵感，创造出精美典雅的耳环设计，并加入不同尺寸的钻石搭配，呈现出珍

图5-24　帕斯帕雷天然珍珠耳环

图5-25　“克什花科利尔”珍珠项链

珠与钻石的完美融合，展现出高贵典雅的风格（图5-24）。在2017年5月举行的佳士得瑰丽珠宝拍卖会上，这对独特的天然珍珠和钻石耳环以830 000美元的高价成交。这些耳环代表了帕斯帕雷天然珍珠系列中天然珍珠的卓越品质，它们在形状、光泽和大小上进行了精心匹配，没有钻孔，以展示它们的完美。

每隔一段时间，帕斯帕雷都会向市场推出一些珍贵的收藏品，都是挑选优质天然的珍珠所组成的高品质珠宝。例如，“克什花科利尔”珍珠项链是由上百颗精挑细选的天然珍珠制成的，每一颗珍珠都近乎天然，未经过后期打磨处理，84颗宝石级帕斯帕雷珍珠和2 907颗20.56克拉的白色钻石展现出绚烂多彩的美丽（图5-25）。这件艺术品创造历经30年，体现了帕斯帕雷的珍珠工艺与长期以来对珍珠和钻石这两种宝石的追求和创新，展现了品牌在珠宝和艺术领域的突破和超越，而且其珍稀和美丽程度也是无与伦比的。这是一件令人惊叹的珍品。

2.帕斯帕雷的简约设计

“牧羊人钩形”耳环是利用天然带螺纹异形珍珠进行设计，没有

26 | 27 | 28

图5-26 “牧羊人钩形”耳环
图5-27 “Rockpool”系列珍珠耳环
图5-28 金伯利巴洛克金色黄昏手链

添加材质之外的装饰，10 ～ 11mm的异形珍珠镶嵌在18K金的支架上，简约、低调的风格充满了优雅的魅力（图5-26）。耳环的设计风格非常符合现代女性的需求，既可搭配正式的场合，也适合日常佩戴。其天然珍珠的螺纹形状使得整个耳环看起来更为流畅和优美，而珍珠和黄金材质的搭配也展现出深受女性喜爱的高贵典雅的特质。

“Rockpool”系列的设计灵感源于海洋，以珍珠为核心元素，营造出独特的海洋氛围和高贵的珠宝体验。这个系列的设计采用了非常高端和精致的珠宝工艺，将南海珍珠与其他高品质的宝石和钻石相融合，营造出一个充满珠宝气息的、极致奢华的珠宝系列（图5-27）。

金伯利巴洛克金色黄昏手链是一款时尚的珠宝设计，其设计灵感源于海洋与大海的交汇之处，手链上的巴洛克式澳大利亚南洋珍珠和缟玛瑙等材质，也增强了手链的海洋气息和独特风格，展现了现代女性对简洁和精致的追求（图5-28）。该手链由手工挑选的15mm巴洛克式澳大利亚南洋珍珠、缟玛瑙、18K金圆锥和深色檀香木组成。澳大利亚南洋珍珠的巴洛克式和规则式形状提供了一种独特的视觉效果，富有节奏感和材质跳跃的设计，色彩上深色檀香木和玛瑙衬托出白色珍珠之美，展现出了整体设计的韵律美。

3. 帕斯帕雷的自然设计风格系列

提取自然元素与现代设计结合也是帕斯帕雷近些年的设计趋势，如野生珍珠羽毛耳环是一款独特、时尚、高雅的珠宝，其设计灵感来源于大自然的魅力和珍珠自身的自然之美（图5-29）。这款耳环镶有珍珠母贝和闪亮的白色钻石，凸显出珍珠母贝的自然之美，并通过其精雕细琢的工艺方式展示出珠宝设计的高超技艺。这款耳环栩栩如生地呈现了珍珠母贝的自然外观，同时与26颗白色钻石和18K金相结合，体现了它们之间的完美和谐。每一颗钻石的闪亮光芒都与珍珠母贝中的微妙光泽产生了迷人的交汇，营造出一种人类和自然之间的完美结合。

图5-29 野生珍珠羽毛耳环

“雨鸟”是一款充满自然灵感的珍珠首饰，这款戒指的设计灵感源自自然，采用了充满魅力的羽毛形状，展示出天然之美和其他元素的完美契合，营造出一种神秘和独特的视觉效果（图5-30）。这款戒指使用的澳大利亚南洋珍珠是在南太平洋海域中产生的稀有珍珠，具有高光泽度、丰富的颜色和极高的价值，再加上精选的甜美蓝宝石和闪闪发光的白色钻石进行点缀，呈现出珍珠和宝石的完美融合，以及大自然的美丽和原始之美。

图5-30 “雨鸟”野生珍珠羽毛戒指

绿色沙弗莱石是“季风花开”系列吊坠的主要宝石材料，拥有非常明显的绿色色调和自然的纹理（图5-31）。而闪闪发光的钻石则为吊坠增添了亮丽和光彩，相互映衬更加突出吊坠的美感。以绿色沙弗莱石和帕斯帕雷珍珠的组合为最大特色，突显了金伯利热带环境的活力和生命力。这个系列的每件作品都以立体花蕾为设计元素进行雕刻，给人们带

图5-31 “季风花开”系列吊坠

来了自然和鲜活的感觉。整个吊坠的设计风格非常流畅和精美，呈现出一种非常高雅和精致的感觉。整个吊坠的灵感来源于大自然，同时又采用了精细的珠宝工艺，展现了帕斯帕雷对珠宝文化和自然之美的追求和热爱。

总的来说，帕斯帕雷作为一家具有悠久历史和卓越品质的珍珠品牌，一直致力于提高珍珠产业的技术和品质，同时也在珠宝领域中表现出了自己的特色和创新力量。通过珍珠文化和时尚文化的融合，帕斯帕雷成功把握住了时代的脉搏和市场的需求，成为珍珠行业的佼佼者。

四、阮仕珍珠首饰

（一）阮仕珍珠的历史沿革

阮仕珍珠（RUANS）始创于1988年，是中国珠宝行业品牌代表之一、专业珍珠品牌。阮仕珍珠使用卓越的淡水珍珠，同时也是大溪地黑珍珠协会（名誉会长）单位。1998年，诸暨市富源珍珠首饰有限公司成立。1999年，引资后更名为“阮仕”，替代原有的“富源”成立“浙江阮仕珍珠首饰有限公司”。2000年，成立珍珠研究所，建成中国珍珠行业内首家科研基地，并自主研发高亮泽度的珍珠。

2001年，阮仕珍珠首家珠宝专卖店在诸暨市正式营业，并完成了独立知识产权的珍珠漂白增光技术“固液双相吸附氧化漂白增光和染色工艺技术”，通过了浙江省科技厅的“科学技术成果鉴定”。同年10月投入试生产，12月出口创汇达100万美元。2002年，浙江省科技厅、国家科技部将阮仕珍珠“高亮泽珍珠”推荐列入《中国高新技术产品出口目录》。“高亮泽珍珠加工工艺”项目被列入国家科技部“农业科技成果转化基金”项目。“珍珠漂白增光和染色技术及其应用研究”获浙江省科学技术二等奖。

2005年，阮仕珍珠对品质的严格要求得到社会认可，作品“源”

荣获CCTV时尚中国珠宝首饰设计大赛金奖，作品“玛雅的舞裙”荣获第三届淡水珍珠首饰设计大赛一等奖。2007年，阮仕珍珠入选福布斯“2007中国潜力百强企业”。其设计的珠宝作品在国际珠宝大赛中屡次获奖，作品“人鱼公主”获第五届国际大溪地珍珠首饰设计比赛亚太区一等奖。2008年，阮仕珍珠品牌升级，提出“阮仕珍珠 光华自在”的品牌文化理念。华东国际珠宝城旗舰店同期盛大开业；同年，阮仕珍珠北京专营店隆重开业，奥运期间成功接待各国知名运动员。同年11月，阮仕珍珠作为标准样品研制单位参与中国珠宝玉石首饰行业协会、珠宝玉石首饰管理中心出台的《中国淡水珍珠标准样品3SLC质量评价体系图解》。2012年，阮仕珍珠年度新品“龙凤呈祥”首度亮相2012年6月上海国际珠宝展。阮仕珍珠荣获2012年中国最具价值品牌500强。2016年，在G20杭州峰会被授予“G20杭州峰会高级赞助商”的荣誉称号，设计推出了20个峰会国家的国花与珍珠元素结合的胸针系列。2019年，阮仕珍珠获颁“中国珠宝玉石首饰行业诚信示范单位”称号。2020年11月世界珍珠大会期间，胡润百富发布《2020全球珍珠企业创新品牌榜》，阮仕珍珠荣列全球Top3、中国珍珠品牌Top1。2021年阮仕珍珠线上新零售业务突破10亿销售额，创下历史巅峰。

（二）阮仕珍珠首饰品牌的设计风格

阮仕珍珠不断与国内外的优秀设计师进行合作，融合中西合璧的设计理念，匠心臻选1%的珠宝级珍珠，以独特的风格、精湛的技艺、非凡的品质、典雅的造型，纵情演绎着对珍珠的极致研究与筛选，不断与当代女性身上的优雅、自信、独立、灵慧相融合，赋予了珍珠更多的珠宝语言及时尚美感，高贵典雅，尽显东方女性美的魅力。

1. 中西合璧，成就阮仕独特的珍珠珠宝美学

阮仕珍珠结合东方文化的精髓，融入现代东方女性的品质，以独特风格和精湛技艺，纵情演绎着奢华世界的极致考究，将女性特有的“风情”、珍珠本身的韵味、西方的审美完美融合，呈现出一件件精致

的珠宝作品。G20国花胸针系列作品为阮仕珍珠与美籍华裔王春刚教授合作设计制作。1986年王春刚教授毕业于中央工艺美术学院（现清华大学美术学院）并留校任教，1988年赴美从事艺术创作，1990年开始从事首饰设计和制作工作，1994年自己创建了“LINEA”首饰设计公司，其间就读美国GIA珠宝学院，学习珠宝鉴定。现王春刚为杭州师范大学美术学院教授，中国工艺美术协会金属艺术委员会副主任委员，美国金属工艺协会（SNAG）会员，美国美术学院（CAA）协会会员，美国密歇根州金属工艺协会会员。G20国花胸针系列作品在2016年G20杭州峰会期间展出，成为G20杭州峰会期间的惊艳之作。结合各国的国花所设计的具有各民族特色的、独特象征意义的国花系列胸针，汲取了各国的传统文化并结合了现代设计手法，与珍珠元素完美结合，带着美好的寓意和真挚的情感，融合了中国文化和珍珠文化，成为经典的G20国家礼品。G20国花胸针系列作品中，“中国·牡丹”特别受到关注（图5-32）。牡丹是吉祥昌荣的象征，也是国家繁荣昌盛的象征。“在花瓣的设计上，艺术化处理花瓣‘心’形，通过镂空技艺的处理，将牡丹的富丽繁多抽象化传承；花瓣的多种呈现，也表示全世界各种文化交流、各个国家齐聚一堂。国花，是一个国家的拟态象征，对一个国家的文化具有特别的意义。它代表着一个国家的形象和精神内质，反映出一个国家的文化底蕴及历史。”[1]它象征民族团结精神，增强民族凝聚力，是国民人格美德的精华，反映出浓郁的民族感情。

珍珠是由生命孕育的宝石，在世界范围内有着几千年悠久的历史文化底蕴，中国更是较早发现和使用珍珠的国家。珍珠纯洁、优雅、高贵，象征着富贵、好运、健康、长久与幸福，受到世界人民的喜爱，不仅在国际珠宝界扮演重要角色，更是传递美好祝福与情谊的礼品之选。“澳大利亚·金合欢”作品中，金黄色的状花序象征着美好与幸

[1] 王春刚．国花元素融入杭州G20峰会礼品设计解析［J］．丝网印刷，2023（5）：15-18．

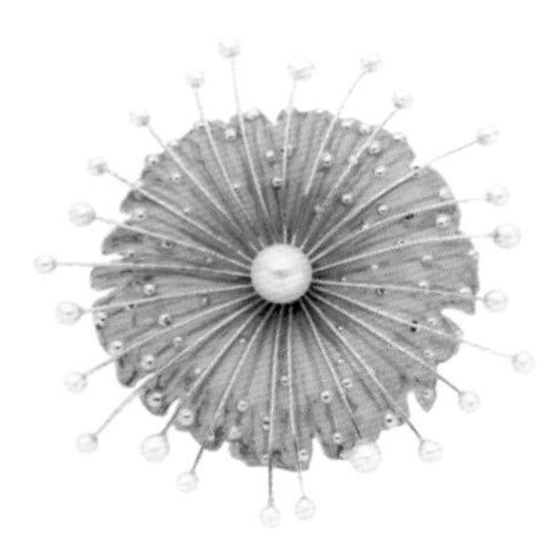

图5-32 “中国·牡丹”G20国花胸针系列作品（阮仕珍珠）
图5-33 “澳大利亚·金合欢”G20国花胸针系列作品（阮仕珍珠）
图5-34 “龙凤呈祥”系列（阮仕珍珠）

32 | 33 | 34

福，从而备受青睐（图5-33）。此款设计将金合欢作为主要设计元素，将黄色与澳大利亚国旗上蓝色的色调运用其中，表达澳大利亚人民的热情，突出澳大利亚文化，表达澳大利亚人民的热情与开朗[1]。

“龙凤呈祥”系列以古时两个擅长音律的青年男女弄玉与箫史的爱情故事为演绎灵感（图5-34）。汉代刘向《列仙传·卷上·萧史》记载：“萧史善吹箫，作凤鸣。秦穆公以女弄玉妻之，作凤楼，教弄玉吹箫，感凤来集，弄玉乘凤、萧史乘龙，夫妇同仙去。”“龙凤呈祥”系列通过一根根精致的镶钻K金线和珍珠演绎出了龙凤形状的余音绕梁景象，两股音韵代表着青年男女相互缠绕，呈现出了一双璧人合奏的美好景象。阮仕珍珠通过不一样的艺术方式诠释了中国古代寓言中所描绘的幸福生活。“龙凤呈祥”代表着吉祥富贵与天下和平，同时也表达出了幸福、和谐的美好愿景，而龙与凤两个尊贵图腾的美妙结合象征着传统道家理论中宇宙力量的圆融及阴阳调和相生，这款产品使得金链与珍珠项链完美结合，以不同的方式彰显了每个人独一无二的自身魅力。

---

❶ G20神秘大礼！20国国花胸针实物惊艳面世！（http://www.360doc.com/content/16/0912/18/17132703-590319179.shtml）。

图5-35 “光华之花”系列（阮仕珍珠）

图5-36 “御花园”系列（阮仕珍珠）

2.阮仕珍珠的经典设计

阮仕珍珠坚持优雅与知性的气质底蕴，并将东方文化作为高级珠宝的设计核心方向，倾力选取国际一流的珠宝原料，融合现代设计理念和顶级精湛工艺，将阮仕珍珠独具魅力的品牌精髓通过一件件扣人心弦的高级珠宝作品表达出来，在锻造兼具艺术、情感以及收藏价值珠宝的同时，也赞誉着女性在各自不同领域历久而见的光华[1]！“真我如初，历久见光华，阮仕珍珠，光华自在。”阮仕珍珠的经典设计，源于对珍珠的理解和对传统文化意蕴的传递。时光从不会驻足，但是光华却能够永存。珍珠汲取了日月精华，因此充满魅力，扣人心弦，经典永存。阮仕珍珠的设计传递“历久见光华”的品牌理念。阮仕珍珠“光华之花”系列打造了全新的“光华之花”形象，标志性的四叶花代表着幸福、真爱、健康、成功，为可拆卸的扣式，“R”“S”两个字母代表着阮仕品牌的图腾（图5-35）。花瓣用钻石镶嵌，内部用粉色天然珍珠母贝搭配与点缀，而“浪漫”与“确信”则为真爱的代名词。阮仕珍珠推出的“御花园”系列，就充分体现了东方韵味，幽兰、竹节等东方元素的结合，用一种不一样的方式表达出了用珍珠饰品刻画的中国风（图5-36）。“御花园”系列“一花一世界、一叶一菩

---

[1] 郑金武．中国原创力量论坛呼吁专注产品研究［N］．中国科学报，2016-11-18．

提”，大千世界，万物皆有灵性，每个场景都有着不同的意境。中国几千年的文化，无不体现着中华文化底蕴的深厚，文人墨客不断歌咏着大自然的美丽与奇妙，而文化的沉淀、积累，更是体现着东方文化所包含的哲学意义，一花、一叶为艺术创造了灵感。

图5-37 “盛放”系列（阮仕珍珠）

“盛放”系列含苞待放，沉淀自身，洗尽浮华，褪去浮躁，寻求合适时机，即刻盛放（图5-37）。“盛放”是一个很美好的词语，包含着花骨朵蕴藏能量的娇羞，包含着花苞褪去时的青涩，包含着尽情盛放后的美艳，年华正当好。运用珐琅的多彩来尽显花朵的色彩，也表示着贮存最美好的时光，同时选取山茶、玫瑰、兰花三种元素，分别象征着美好的品质。

匠心品质和并入东方精髓是阮仕珍珠成功的重要因素。阮仕珍珠通过花、草、水乡等元素，来突出不同年龄段的女性之美，充分诠释精致女性的优雅和从容。将元素融入珍珠珠宝的设计中，让珍珠迸发出不同年龄的活力与光彩、清新与时尚。传统的东方元素传递出别样的韵味，也将东西方审美紧密结合。

3. 阮仕珍珠的现代设计

阮仕珍珠的现代设计款涵盖了每一个重要时刻，覆盖了日常场景或特殊场合，融入纯美哲学想法，展现东方神韵。

韵华多用来比喻美好的时光与年华，“韶华”系列的梅兰竹菊分别对应四个节气，代表着四段不同的时光，也有着不同的人格魅力（图5-38）。梅花一身傲骨，为高洁志士的象征，自带清冷与正直的气质。兰花有着“人不知而不愠”的君子风格，美好而高洁。在中国古代竹子通常代表着潇洒之人，他们清雅淡泊，为谦谦君子的象征。挺拔常青的竹，既有梅花的傲骨，又有着兰花的空谷幽放。菊花多为世外隐士的象征，凌霜飘逸，特立独行，同时拥有着豁达的胸襟，其开

图 5-38 “韶华”系列（阮仕珍珠）

图 5-39 “忆江南”系列（阮仕珍珠）

图 5-40 “蝶舞”系列（阮仕珍珠）

朗进取的气质成了古代文人人格和气节的象征。

“忆江南”系列，光听这个名字，脑海中就不由浮现出江南女子如水一般温婉、秀气的形象，与珍珠在秀气中又不乏时尚大方的气质搭配在一起（图 5-39）。这个系列既有着江南的空灵，又透露着中华文化的大气与自然，造型立体，将文人墨客的图文栩栩如生地用珠宝表现出来，再搭配精湛的阮仕工艺，显得气宇非凡与洒脱大气。

花灿蝶媚、花繁蝶欢，翩翩起舞的蝴蝶如同流星稍纵即逝，但是在破茧成蝶的那一刻却是令人难以忘记、印象深刻的。醉花迷人眼，阮仕珍珠“蝶舞”系列的灵感就源自翩翩起舞的蝴蝶，蝴蝶的造型由钻石镶嵌与勾勒，与温润饱满的珍珠一起展现出了优雅的姿态，将最美的那一刻生动定格，这一刻的定格却留下了永恒的美丽（图 5-40）。

五、黛米珍珠首饰

（一）黛米珠宝的历史沿革

黛米珠宝始创于2003年。作为中国时尚新锐的珍珠品牌，黛米珠宝秉承着“将中国珍珠的传统之美与时尚融合，传承并发扬珍珠美学”的宗旨，凭借时尚新颖的珍珠款式设计，结合对珍珠多维度、高标准的品质要求，成为新一批珍珠领域的佼佼者。

2003年，黛米珠宝在上海市南京东路成立实体专柜店，并提出“遇见黛米，爱上珍珠”的品牌文化理念。黛米珠宝以著称为中国珍珠之都的诸暨市山下湖镇为珍珠基地，利用与国际接轨的大都市上海市为桥头堡，挖掘专业资深的珍珠研究人员，采用优质的源头珍珠货源，融于精湛的制作工艺，兼具独特品位的设计，在国际珍珠市场享有很高的声誉。2009年，互联网迅速进入人们的生活中，但当时市场混乱，珍珠品质参差不齐，真假难辨，人们对互联网购物缺乏信任。黛米珠宝作为首批入驻互联网的珍珠品牌，率先提供线上购物、线下亲自送货到家的服务；为了让更多人了解珍珠、喜爱珍珠，黛米珠宝在互联网众多渠道做大量的专业珍珠知识科普；黛米珠宝秉承“以客户为先，真诚服务”的理念，自主研发生产黛米珠宝品牌专用的插棒扣，包装品牌礼盒，至今仍被广泛效仿延用。2012年，黛米珠宝成功塑造了5月母亲节“感恩母爱，珍情相伴”的节日理念，让珍珠项链成为母亲节送礼的首选佳品；同年，黛米珠宝推出满天星珍珠项链系列以及时尚baby小珍珠珠链的路线，打开了90后、00后的市场需求，并将这一产品线持续开拓、延展，在互联网掀起了珍珠热潮，推动了互联网珍珠行业的发展。

2019年，黛米珠宝荣获中央电视台财经频道报道；同年，黛米珠宝携精美的珍珠首饰亮相北京婚博会和上海婚博会，让更多人认识黛米珠宝，感知中国珍珠品牌。2019—2020年，黛米珠宝受邀参展中国国际进口博览会，优雅奢华的珍珠与钻石、红宝石、祖母绿等尊贵宝玉石豪镶的珠宝设计，成功宣传了中国珍珠品牌。2023年，黛米珠宝受邀参展香港国际珠宝展，携“国货之光”精品淡水珍珠系列亮相，深受国际珠宝爱好者的青睐，将中国珍珠之美发扬光大。

黛米珠宝品牌的作品设计会更加贴近生活，它结合了都市女性对于珠宝的审美和需求，用简约的线条勾勒出轮廓结构，配以精湛的制作工艺，呈现出极简的都市风格。同时吸纳了众多80后、90后优秀的珠宝设计师的创意，不断引进最新最优秀的珍珠原料，把珍珠首饰制作得更加新颖有趣、时尚个性，让珍珠首饰不再是昂贵的、不可触摸的，而是能够融入当下女性的生活中，成为女性喜爱的日常首饰之一。

（二）黛米珠宝设计风格

1．黛米珠宝时尚设计风格

当代女性是极具个人魅力的新生代，她们接受高等教育，在经济上独立，在生活和工作中实现自我价值。黛米珠宝的都市极简风格珍珠首饰就用最简单直观的线条设计，展现当代女性自信、果敢、优雅的特性。极简在任何时代、任何场合都是经典，即便是在职场上，也能起到恰到好处的衬托点缀作用，不喧宾夺主，温润的珍珠赋予女性勇往直前的自信与光芒。

黛米珠宝善于使用各种不同大小的珍珠进行组合搭配，起到相辅相成、互相衬托的作用。例如，图5-41中的小铃铛珍珠吊坠运用视觉差异，采用一颗大颗粒的akoya海水珍珠搭配一粒精致小巧的18K金铃铛球，沿用最传统最经典的吊镶结构，让珍珠的光辉和形态最大限度地展现出来。珍珠旁边点缀一颗黄色的金属球，增添一份活泼与俏皮，珍珠的柔与金属的刚，碰撞出女性外柔内刚的气质。再比如，T字形的珍珠耳钉呈现出的是一种大女主气场。12mm的圆形大珍珠，在视觉上的冲击力很强，当佩戴者在面对很多重大决断的时候，大珍珠的首饰可以在无形中增加其自信，且珍珠的温润气质不同于重金属那么犀利，让人望而生畏。18K金打造的立体T字形珍珠耳钉，也可以作为配饰戴在前面，显得更加时尚新潮。耳钉的设计是取“TA”为灵感，视觉上与“一”相似，设计师希望每一位女性都能做自己心中的第一（图5-42）。

图5-41　小铃铛珍珠吊坠

满天星珍珠项链是黛米珠宝早期比较经典的时尚设计款式（图5-43）。它是利用小巧的珍珠、祖母绿以及彩色宝石，与K金链条组合设计，打造出极具梦幻美感的珍珠首饰。为此，黛米珠宝专门量身定制了适合制作满天星项链的“闪O链”，在链条的视觉感会更纤细的同时，密度会提高，达到了既美观又牢固的目的。满天星珍珠项链是采用现在流行的巴洛克珍珠制作，每一颗珍珠的形态都不一样，也如同每一位女士生来都是独一无二的一样；两颗珍珠之间是采用祖母绿以及彩色蓝宝石镶嵌，用料尊贵；宝石与珍珠之间错落有致，色彩鲜艳，起到点睛的效果，就像把满天星辰戴在脖颈间一样，唯美浪漫。

图5-42　T字形的珍珠耳钉（黛米珍珠）

年轻女士对于珠宝的选择会更偏向于“仙气”“灵动”这样的关键词。如何让珍珠既具备珠宝的品质，又兼具饰品的设计美感？黛米珠宝的时尚简雅的设计风格就满足了这部分的需求。这款流苏珍珠耳钉将贵金属利用精湛的工艺锻造成灵动的线条；利用小颗粒的钻石、宝石等来做点缀，在增加闪耀度的同时也提升了产品本身的价值；再选用合适的珍珠作为主体，珍珠的温润色泽能够使整体造型柔和、优雅，摆脱了金属的钢硬（图5-44）。这种多链条的下垂的设计样式也被称作流

图5-43　满天星珍珠项链（黛米珍珠）

苏设计，如古时女性头饰步摇、帝王的冕旒等，一举一动中尽显优雅气质。

2.黛米珠宝浪漫设计风格

19世纪中期至20世纪初，维多利亚女王一个人就冠名了一个时代，她的一举一动都能掀起皇室贵族的效仿风暴，珠宝也不例外。维多利亚时期的珠宝偏向于奢华、唯美、浪漫，配上华贵的礼服，就是一场极具艺术感的视觉盛宴。但这样的设计放在现代就显得过于浮夸，黛米珠宝结合现代的审美，在款式设计上做了精简与再创造，打造出具有现代感的法式浪漫风格的珍珠首饰。中长款珍珠项链一直深受人们喜爱，它的可塑性非常强。黛米珠宝沿用复古奢华的设计理念，制作了60cm的双层珍珠链，中间是用S925银打造的镂空欧式花边设计，镶嵌合成立方氧化锆，璀璨闪耀；中间环绕一颗绿色碧玺，充满生命力的绿色点亮整体的色彩，透着欧式复古的韵味（图5-45）。中长款的项链佩戴起来贴近胸口的位置，能够拉伸上半身的比例，显得脖颈纤长。同时，它的包容性很强，搭配晚宴礼服，显得高贵典雅；搭配大衣风衣，又很英姿飒爽；搭配绸缎服饰，尽显雍容典雅。中长款的项链在聚会时佩戴或者是作为日常首饰佩戴，都非常有优势。

2013年国内珍珠市场品类单一，大多数品牌都是以销售淡水珍珠、

图5-44　流苏珍珠耳钉（黛米珍珠）

图5-45　中长款珍珠项链（黛米珍珠）

中国南海珍珠以及少量的日本海水珍珠为主。这时，黛米珠宝去日本学习考察发现，在当地奄美大岛有一种半圆形的玛贝海水珍珠，绚丽多彩的珠光美轮美奂，业内赋予它“梦幻之珠”的称号。在当时，玛贝珍珠被大量使用于欧洲贵族的珠宝首饰中，而在国内是非常少见的。通过互联网，黛米珠宝让更多的人认识到这一珍贵的珍珠品类。因珍珠的尺寸较大，色泽漂亮，故采用大颗粒的圆形钻石豪镶包裹，唯有钻石的光芒才能与玛贝珍珠的光彩相辅相成，辅以18K厚金工艺打造，极尽奢华，且这种半圆形的设计具有法式的浪漫格调（图5-46）。

珍珠首饰从传统的串珠项链不断延伸，生活中常见的一些素材也被设计师运用制作成各种头饰、颈饰、耳饰、手饰、胸饰等。直到新艺术时期，珠宝就像是一场珠宝艺术家们的冒险之旅，花朵绚丽、草叶蜿蜒、精灵鸟兽络绎不绝……但这些款式都偏浮夸繁冗。黛米珠宝以新艺术时期的珠宝为灵感，推出了一种更加贴合现代主义的、新式的自然浪漫主义风格。这种设计款式通常是将生活中一些常见的鸟兽、花卉等形态与各种宝石、贵金属相结合，雕刻出栩栩如生的作品，显得更加精致与细腻。飞鸟象征着自由、身心轻盈，不为外界所惑，追求自我梦想。飞鸟不仅深受诗人的喜爱，还是众多文人墨客的作品中的常客。如图5-47所示，由18K金打造的飞鸟

图5-46　珍珠耳环（黛米珍珠）

图5-47　“飞鸟”珍珠项链（黛米珍珠）

造型，姿态轻盈灵动，鸟身用黄钻微镶而成，增加了立体饱满度；祖母绿点缀的眼睛让飞鸟看起来更加灵动，栩栩如生。展翅飞翔的翅膀由白色钻石镶嵌点缀，在阳光下闪闪发光；白色和金色的颜色搭配，配合精湛的打磨工艺，每片羽毛都立体生动，让翅膀的层次感突显出来，使得飞鸟的动态感更强，仿佛瞬间就会展翅飞走一样。此外，吊镶一颗真珍珠，珍珠的纯洁美好，寄托了设计师对自由美好生活的向往。

3.高级定制珠宝设计

高级定制珠宝是艺术与时尚的双重结合。选用最珍贵的珍珠、钻石、彩色宝石、贵金属等，结合顾客的需求模稿设计，定稿之后再交由技艺超高的工匠艺人不断打磨，一件作品至少需要3个月的时间才能完成。黛米高级定制珠宝被赋予了动人的故事和情感的寄托，每一件高级定制的珠宝都承载了一段美好动人、充满希冀的愿景。黛米高级定制珠宝都是选用最难得的珍珠、尊贵的宝石、贵金属和最先进的技术打造。这件“维纳斯之恋”的大溪地黑珍珠项链是一位先生为其妻子定制的结婚30周年的尊贵礼物（图5-48）。黛米珠宝的设计师选用38颗珍贵的大溪地黑珍珠，集孔雀绿、孔雀蓝、孔雀紫三种稀少的色泽配色定制，极具奢华浪漫。大溪地黑珍珠也被誉为“珠中皇后”，独特的颜色充满了神秘、魅惑的特性，这与女性的气质正好相符。18K白金雕刻而成的爱心形态的镂空设计，轻盈又富有美好寓意；链身全部使用尊贵的钻石镶嵌，钻石的光芒与大溪地黑珍珠的色彩相

图5-48 “维纳斯之恋”珍珠项链（黛米珍珠）

互衬托，低调又华丽。

黛米珠宝的设计元素来源于生活，通过精湛的工艺将珍珠与元素完美融合，“盛放的牡丹”属于其中具有代表性的作品（图5-49）。刘禹锡在《赏牡丹》里提到：“唯有牡丹真国色，花开时节动京城。”牡丹是花中之王，自古以来也被誉为富贵之花，美的化身。设计师用18K白金打造盛放的牡丹姿态，18K白金的颜色尊贵内敛，自带一种天生的高贵清冷感，与纯洁美好的白牡丹相得益彰。牡丹花瓣的舒展、蜷缩尽显优雅，线条柔畅，立体勾镶，花瓣周身铺满了群镶的钻石，不仅增加了整体的精致闪耀，也更能衬托出白牡丹的高贵典雅。南洋白珍珠被誉为“珠中之王”，南洋白珍珠点缀在中间，尽显高雅华贵，也唯有它才能配得上白牡丹的华美。

图5-49 “盛放的牡丹”珍珠戒指
（黛米珍珠）

第六章 | 时尚珍珠首饰的选择与搭配

一、时尚与珍珠首饰的关系

（一）珍珠首饰与时尚的相互影响

珍珠首饰自古以来就被认为是象征高贵、优雅和永恒的美的饰品。时尚行业作为一个充满创新和变化的领域，不断地对珍珠首饰进行重新诠释和设计，使之适应不同的时代背景和审美需求。珍珠首饰和时尚之间存在着紧密的相互关系。

一方面，时尚影响着珍珠首饰的设计和流行趋势。在时尚界，珍珠首饰经常被用于时尚搭配中，如搭配晚礼服、宴会装、优雅的商务装等，珍珠首饰成为一种重要的时尚元素(图6-1)。时尚设计师们也在不断尝试将珍珠首饰与时尚元素融合在一起，创造出更多的时尚珍珠首饰款式。这些新颖的设计和流行趋势，推动了珍珠首饰的发展和创新。在不同的文化和地域中，珍珠首饰的流行趋势也会有所不同。例如，在亚洲文化中，珍珠首饰被视为象征幸运和长寿的宝石，因此珍珠首饰在亚洲市场中具有很高的地位（图6-2）。而在西方国家，珍珠首饰则更多地被视为一种时尚元素，与其他宝石首饰一样被用于搭配时尚装扮。此外，珍珠首饰的设计和流行趋势也受到了消费者需求的影响。随着消费者需求的多样化，珍珠首饰的设计也在不断地变革和创新。例如，随着消费者对珍珠颜色的需求不断增加，珍珠首饰的设计也开始呈现出更多样化的颜色，如粉色、蓝色、紫色等，以满足消费者对颜色的需求。

图 6-1　瑞卡兹“江山如画”海水珍珠胸针

另一方面，珍珠首饰也影响着时尚的流行趋势和设计风格。珍珠首饰以其优雅、高贵的气质深受消费者的喜爱，成为时尚潮流中的重要组成部分。在时尚潮流中，珍珠首饰被赋予了更加丰富多彩的设计和用途。时尚设计师们在设计时也会考虑到珍珠首饰的特点和美感，以打造出更具珍珠特色的时尚款式。这些时尚款式也推动了时尚界的发展和创新。珍珠首饰也常被用于一些特殊的场合和活动中，如婚礼、晚宴、颁奖典礼等。珍珠首饰的高贵气质和优雅风格（图6-3）使得其成为这些场合中的流行元素，成为展现个人品位和风格的重要途径。

图6-2　黛米珍珠项链

除此之外，珍珠首饰还对时尚界的可持续发展产生了积极的影响。由于珍珠首饰的原材料具有天然、环保的特点，越来越多的时尚品牌开始倡导环保理念，推出了使用天然材料、绿色生产方式的珍珠首饰产品。这些绿色时尚珍珠首饰不仅满足了消费者对环保品牌的需求，也在推动时尚界向更加可持续和环保的方向发展。

图 6-3　名皇“琥珀宫”南洋金珠藤曼项链

珍珠首饰与时尚之间的相互关系非常密切（图6-4）。这种相互影响的关系推动了珍珠首饰和时尚界的共同发展和创新，珍珠首饰成为时尚潮流中不可或缺的重要元素。

（二）设计创新在珍珠首饰中的作用

设计创新在珍珠首饰中的作用是不可忽视的。在时尚行业中，设计师不断地重新诠释和设计珍珠首饰，除了保持一直以来的高贵、优雅和永恒美丽的象征外，还尝试不同的设计特点，以适应不同的时代背景和审美需求。设计创新不仅让珍珠首饰更加时尚和个性化，还能够创造出更多元化、多样化的款式。

珍珠首饰的设计创新除了将珍珠与黄金、白金、钻石等贵重材料相结合之外，也让珍珠首饰更加高贵和典雅。有些设计师甚至将珍珠本身作为一种珠宝材料来使用，如用珍珠制作吊坠、戒指等，这种设计方式突出了珍珠的高贵气质。此外，一些设计师以珍珠的特点为灵感，创造出一些独特的珍珠首饰，如仿生设计的珍珠耳环、珍珠腕表等，这种设计方式不仅突出了珍珠首饰的美感，也加强了珍珠首饰的艺术性（图6-5）。珍珠的形状也是设计师进行创新的一个方向。一些设计师会使用珍珠的自然形态，将其制成不规则的珍珠项链、手镯等，以呈现出一种自然、随意的美感。同时，一些设计师还会将珍珠切割成不同的形状，如星形、心形、方形等，以创造出更多样化、独特的款式。

设计创新在时尚与珍珠首饰之间的相互影响中扮演着重要的角色。设计师将时尚元素融入珍珠首饰的创新设计中，创造出更多的时尚化的珍珠首饰款式，为消费者提供更多选择。珍珠首饰在传统的美学观念和现代的时尚元素中不断融合和变化，这证明了珍珠首饰设计的不断创新和进化。未来，设计师们可以通过更多的创新设计，将珍珠首饰打造成更具有创意和独特魅力的时尚配饰（图6-6），满足消费者不断变化的审美需求。

图6-4　黛米黑珍珠项链耳环

图6-5　瑞卡兹“纸醉金迷”巴洛克珍珠套装

图6-6　名皇“翎羽”澳白珍珠项链

（三）珍珠首饰与时尚传播

随着社交媒体和数字传播的发展，珍珠首饰在时尚界的影响力得以迅速扩大。时尚博主、明星等知名人士通过分享他们的搭配技巧和穿戴珍珠首饰的方式，将珍珠首饰的魅力传播给更广泛的受众。此外，时尚杂志、广告和视觉展示也不断强调珍珠首饰的时尚地位，吸引更多人关注并尝试佩戴珍珠首饰。

时尚传播在时尚产业中扮演着不可或缺的角色，而作为时尚界的重要元素，珍珠首饰在时尚传播中扮演着重要的角色。随着社交媒体和数字传播的兴起，时尚传播渠道得到了极大的拓展，这也使得珍珠首饰的影响力不断扩大。消费者可以通过各种电商平台方便地了解和购买珍珠首饰产品（图6-7），并从社交媒体和网站中获取到丰富的关于珍珠首饰的信息，更深入地了解珍珠首饰的特点和魅力。

图6-7 山下湖珍珠直播基地（华东珠宝城）

品牌合作也是推广珍珠首饰的重要途径。珠宝品牌将珍珠作为一种独特的设计元素，用来突显品牌的时尚特质。品牌与珍珠首饰的合作，从定制化高级珠宝到大众化的时尚饰品，都涵盖了不同价位和风格，使得珍珠首饰更加普及和亲民。在提升了珍珠首饰在时尚界的地位的同时，也为消费者提供了更多选择。

（四）珍珠首饰与可持续发展

在当今社会，可持续发展越来越受到重视。许多珠宝品牌和设计师开始关注珍珠养殖过程中的环保问题和可持续性。他们会选择经过认证的环保养殖场，确保珍珠的生产过程尽量减少对环境的影响。这种对可持续发展的关注，使得珍珠首饰在时尚界的地位更加稳固。随着人们对环保和可持续性问题的日益关注，可持续发展的时尚设计在珠宝行业中越来越重要。珍珠首饰作为一种“绿色”珠宝，占据了可持续时尚领域中的重要位置。可持续发展的时尚注重生产过程的环保性和社会责任，其中珍珠养殖成为关注的焦点之一。传统的珍珠养殖方式往往采用非环保和不可持续的方法，这种方式需要使用大量化学物质和消耗能源，如大量使用化肥、杀虫剂和过度使用水资源等，从而导致资源浪费和环境污染。可采取使用有机肥料、植被修复、水资源回收和废弃物处理等环保措施，有效改善珍珠养殖对环境的影响，同时推动珍珠行业向可持续发展方向迈进。

此外，消费者越来越注重环保和社会责任，珍珠养殖的环保问题也成为消费者选择珍珠首饰的考虑因素之一，注重使用可持续材料和制作工艺。除了珍珠养殖和珍珠首饰的制作外，可持续发展还注重珍珠首饰的使用寿命和回收利用。由于珍珠具有较长的使用寿命和高度耐久性，一些珠宝品牌也开始推出回收计划，鼓励消费者将旧珍珠首饰进行再利用或回收。可持续发展的理念为珍珠首饰产业带来了积极的变化，珍珠首饰的独特魅力和优雅气质也符合可持续时尚中追求高品质和耐用性的理念。

珍珠首饰与可持续发展之间的关系紧密相连，在环保养殖、设计制作和使用寿命等方面得到了大力发展。可持续发展的时尚理念的不断推进，将会推动珍珠首饰产业更加注重环保和社会责任，为珍珠首饰的可持续发展带来更多机遇和挑战。

二、时尚珍珠首饰的选择

首饰是一种符号，具有象征意义，它反映了人与人之间的个体差异。首饰不仅是一个从属于主人的物品，也是人类精神层面的反映，是思想的一面镜子。首饰具有反映时代性的特征，是人类历史发展的一个缩影。首饰具有民俗文化的特色，不同地区、不同时代的首饰造型是不同的，这种差异具有重要的社会性意义。它反映了工艺技术的变更、文化与艺术风格的变幻，具有一定的象征功能，代表不同的审美观念、不同的精神理念。它也具有一定的观赏功能。

（一）珍珠首饰的搭配选择

在人们的印象中，珍珠首饰是年长者的偏爱，一方面珍珠首饰带给人高贵、端庄、优雅的感觉，另一方面却似乎并不是人们心中时尚的选择。珍珠总是与华贵、端庄相关联，但在款式上却固有保守，造型设计和色彩搭配等没有变化、设计千篇一律的珍珠首饰让人难以将其与时尚、前卫、潮流联系在一起。由于天然珍珠的价格比较昂贵，所以佩戴珍珠的常常是皇室贵族，似乎珍珠代表的是贵族文化，而不是时尚文化。从早年间中国的皇后到英国的女王，珍珠给人们留下了“王权贵族、保守老气”的印象。但在近几年珍珠首饰的发展中，设计师打破了固有的设计款式，不拘于正圆、椭圆的形态，大胆尝试不同形状、不同色彩，甚至用珍珠母贝作为设计素材，与不同材质的首饰搭配，逐渐摆脱了传统的观念束缚，使得珍珠首饰在时尚领域中占有一席之地。“时尚”成了珍珠新的标签，不同年龄段、不同风格的女性和男性均可选到合适的珍珠首饰款式，随意搭配，尽显时尚个性（图6-8）。

图6-8 瑞卡兹“红宝戏珠”海水珍珠红宝项链

20世纪90年代以中国为代表的亚洲国家（地区）的人们开始大规模养殖珍珠，伴随着珍珠产量的提高，珍珠的价格也大大降低，使得珍珠首饰从贵族专属变成人人都可拥有的首饰。珍珠首饰在过去通常采用完整的珠形，日本的塔思琦珍珠品牌却打破了这一局限，用马贝珍珠来设计珍珠首饰，一颗珍珠从此可以一分为二进行设计制作，同时各类异形珍珠被使用在珍珠首饰设计中。珍珠首饰以前总是用打孔绵绳串珠，渐渐的，很多品牌开始使用黄金、银、合金等金属材料串珠。随着珍珠养殖技术和珍珠调色技术的发展，珍珠首饰也不再局限于白色珍珠，粉色、黑色、金色、灰色等光泽度极高的珍珠出现在大众视野。同时珍珠饰品不仅限于首饰，鞋履、背包、礼服、眼镜、帽子等都能看到珍珠的身影。珍珠也不再是女性的专属饰品，越来越多的男性开始佩戴珍珠首饰，袖口、领带夹等也成为男士的个性搭配。

珍珠首饰一直以来都是女性追求高贵典雅的代表之一。随着时尚潮流的变化，珍珠首饰的佩戴方式和搭配风格也受到了很大影响，逐渐从正式场合走向日常穿搭。搭配一条简约的珍珠项链或手链，可以为日常穿搭增添一份典雅和高贵的气息。这种搭配方式突破了珍珠首饰的传统定位，使其更适应现代生活的需求。设计师和时尚潮人尝试将珍珠首饰与各种风格的服装相搭配，如牛仔裤、运动服、简约裙装等，展现出不同的时尚风貌。这种多样化的搭配风格使得珍珠首饰更加符合现代人的审美需求（图6-9）。珍珠首饰在时尚搭配中也扮演着细节装饰的角色。例如，将一条珍珠项链作为衬衫领口的点缀，或者将一串珍珠手链搭配在毛衣袖口处，都可以为整个造型增添一份亮点。这种细节装饰不仅提升了整体造型的精致感，还能突显个人独特的品位。

图6-9　瑞卡兹“流星之畔”巴洛克珍珠项链

珍珠首饰与服装的搭配需要遵循一定的规则，根据场合和服装风格进行选择。一般来说，珍珠首饰搭配简约的服装可以突出珍珠的高贵和典雅，而搭配复杂的服装则可能显得过于烦琐。此外，在珍珠首饰与其他首饰的搭配上，也需要注意避免搭配过多的首饰，以免影响整体造型的协调性。

（二）珍珠首饰的搭配方法

珍珠饰品是必不可少的，而职场女性对于珍珠饰品的选择要求更高。珍珠首饰被誉为“东方宝石”，不仅具有纯洁高贵、自然柔美的特质，而且更具职场女性的气质。如何正确选择佩戴珍珠首饰是搭配的重要环节，珍珠饰品以其特有的光泽与细腻的质地，成为女性最喜爱的时尚饰品之一。珍珠饰品可以与各种衣服相配，但与职业装搭配能够更好地体现珍珠饰品的美丽与优势（图6-10）。

珍珠首饰之所以被视为办公室饰品的首选，不仅是因为它能给人以优雅、大方、清新之感，而且因为它的高贵典雅的气质能够给人以信心与安全感。珍珠首饰具有的这些特殊的气质，很适合与职业装搭配使用。职业装在款式上相对沉闷，可以搭配珍珠饰品来塑造轻盈的感觉。例如珍珠项链、珍珠手链、珍珠耳环等，都是不错的选择。职业装中的领带一般比较普通，而珍珠项链和珍珠手链在款式上比较新颖，因此会显得非常突出。一般情况下，职业装以同色系为主，但也可以选择一些不同材质、不同色彩或花纹的款式。在选择项链、手链时可适当多佩戴几条，而在选择耳环时则要注意与自己的脸型、肤色等相配。

珍珠与休闲服饰的搭配是简单而又不失创意的，休闲服装与珍珠首饰一起搭配，可以提升整体效果（图6-11）。在休闲场合里，可以把珍珠和服装结合在一起，把它当作点缀。在选择珍珠首饰时，除了要注意珍珠的颜色外，还要注意衣服的颜色与之协调。服装的颜色一

图6-10　名皇“翎羽”大溪地黑珍珠项链

图6-11　名皇“纯净浪屿”澳白珍珠珀斯港湾手镯

般以白色、黑色为主，而珍珠首饰却可以在选择服装时就与之搭配，这是因为珍珠具有天然光泽、色泽鲜艳，还能给人以高雅、华贵的感觉。如穿黑色衣服时，可选择白色、咖啡色等颜色比较浅的珍珠首饰；穿红色衣服时，可选择黑色、蓝色等颜色比较深的珍珠首饰；穿绿色衣服时，则可以选择白色或颜色较浅的珍珠首饰；穿黄色或橘色衣服时，则可以选择蓝色、绿色或颜色较深的珍珠首饰。

珍珠首饰与礼服搭配，能将礼服衬托得更加亮丽。尤其是在参加晚宴或出席各种活动时，佩戴珍珠首饰会给人以美好、高雅的感觉，因此，珍珠首饰一直为广大女性所喜爱。选择珍珠饰品搭配首先要考虑服装的色彩和款式，例如，若选择一件白色或紫色系的礼服，那么珍珠首饰最好不要选择有明显彩色条纹或图案的款式，应选择单色系、素面款式或简单的线条装饰。另外，对于一些造型别致、款式新颖的礼服，佩戴珍珠首饰更能显示出穿着者与众不同的个性。在各种造型中最常见也最吸引人眼球的是以项链为中心的配饰。因此，佩戴珍珠项链时应该选择款式简单、线条流畅、有质感的款式，这样才能使穿着者显得更加光彩照人。

一件与礼服相配的珍珠饰品，除了能彰显女性的高贵气质外，还能给人留下深刻的印象。首先，珍珠的光泽是与礼服搭配最重要的因素。珍珠饰品中的银色和金色光泽给人以高雅、端庄之感，而白色光泽给人以纯洁、文静、清新之感。其次，珍珠饰品本身所散发出来的气质也能成为礼服的亮点。在所有材质的珠宝中，珍珠饰品是最能体现出女性魅力的材质。无论你穿什么款式、什么颜色的衣服，你都可以佩戴一款与礼服相搭配的珍珠饰品来突显自己美丽的一面。

珍珠首饰是旗袍的绝配，珍珠会搭配出不一样的旗袍。旗袍在中国有着悠久的历史，其样式、颜色、图案以及做工都代表了中国传统文化的内涵。现代旗袍与珍珠首饰搭配，以珠光宝气衬托典雅庄重的东方风韵。而珍珠首饰是所有珠宝中最能体现女性柔美气质的，其温润的光泽不仅可以给人以典雅、端庄、大方的印象，还能让旗袍更富有内涵和魅力。珍珠是一种优雅的饰品，可以用于制作各种首饰，并被广泛应用在各种时尚活动中。旗袍是中国的传统服装，优雅大方，不仅能展现女性的身材曲线，还能展现出东方女性的魅力。很多人不知道怎么搭配旗袍才更好看，要注意的是可以把珍珠装饰在旗袍上，但不要把所有的珍珠都放在一起。一个珍珠项链应该是一个单独的珠链。珍珠饰品适合搭配颜色亮丽的衣服，会使得首饰看起来更明亮。

用珍珠项链来搭配旗袍是一种经典的组合方式（图6-12）。一般而言，旗袍比较适合古典优雅型的女性。如果想尝试更时尚的风格，可以选择一些珍珠耳环、戒指和项链。珍珠围巾配在旗袍上既好看又精致，给人一种优雅自然的感觉，搭配在一起也非常好看。但是，在搭配旗袍时也要注意和其他配饰的搭配协调。不要把所有装饰都放在一起，不然会显得太单调和杂乱。

图6-12　旗袍与珍珠项链搭配

珍珠首饰其实有着较强的适应性，可以与各类服饰进行搭配，例如，英国戴安娜王妃、英国女王伊丽莎白等经常佩戴珍珠套饰出席各种场合，珍珠与服装的搭配能展现典雅的气质。珍珠首饰与服装的搭配也有一定的规则，需要根据场合和服装风格进行选择，珍珠首饰搭配简约的服装可以突出珍珠的高贵和典雅。珍珠首饰与其他首饰搭配时，需要注意避免搭配过多的首饰，以免影响整体造型的协调性。时尚潮流对于珍珠首饰的佩戴方式和搭配风格的影响越来越大，设计师们也在不断尝试创新和变革，将珍珠首饰与时尚元素融合在一起，打造出更多样化、个性化的时尚珍珠首饰。

参考文献

边玉函．首饰设计中宝石材质的色彩表达与工艺实现［D］．北京：中国地质大学，2015．

陈聪．浅谈现代石雕的造型与材质语言［J］．大众文艺，2015（7）：114-115．

程惠琴．浅析首饰设计的形态语言［J］．艺术设计（理论），2008（2）：142-144．

崔美娜．首饰设计中异形珍珠的应用［J］．现代装饰，2016（2）：142．

崔晓晓．我国当代男士首饰设计的影响因素及发展趋势［J］．超硬材料工程，2010，22（3）：56-60．

戴玲，刘翠敏，谢子奇．探析情感首饰的表现形式［J］．轻工科技，2015（3）：87-88．

丁洁雯．珍珠 散落在东西方之间的宝贝［J］．文明，2017（4）：18．

董一澳．组合材质对实用性首饰设计风格的影响［D］．北京：中国地质大学，2013．

甘小亚．基于多模态隐喻的《误杀》中羊的意象解读［J］．语文学刊，2023，43（2）：83-88．

高兴．浅析欧洲文艺复兴时期的珠宝首饰［J］．北方文学，2016（10）：93．

郭守国，史凌云，王以群．养殖珍珠的改善工艺［J］．中国黄金珠宝，2002（1）：84-86．

郭守国．珍珠：成功与华贵的象征［M］．上海：上海文化出版社，2004．

郭新生．论艺术设计的思维模式及应用原则［J］．中州学刊，2008（3）：233-235．

海南京润博物馆．珍珠：源远流长的文化和无与伦比的美丽［M］．哈尔滨：哈尔滨出版社，2011．

韩丹丹．珠宝首饰设计中的审美意象研究［D］．北京：中国地质大学，2018．
胡楚雁．在投资收藏中如何看待珠宝玉石的价值？［J］．中国宝玉石，2014（4）：128-133．
胡俊，杨漫．首饰记［M］．北京：中国纺织出版社，2022．
胡俊．谈当代首饰艺术的风格与类型化［J］．艺术与设计，2014（29）：97-99．
黄丹莉．浅谈现代首饰设计在造型中的多样性研究［J］．明日风尚，2017（20）：5．
姜晓微．创造性思维方法在机械类工业设计中的应用［J］．长春大学学报，2011，21（8）：84-86．
金瑛．因材施艺：异形珍珠首饰设计初探［J］．明日风尚，2016（7）：133．
李富强．壮族传统服饰与人生礼仪［J］．广西民族研究，1997（3）：67-76．
李家乐，白志毅，刘晓军．珍珠与珍珠文化［M］．上海：上海科学技术出版社，2015．
李理．流光可惜：末代皇后婉容的珍珠情怀［J］．收藏家，2012（10）：19-23．
李立平，颜慰萱，林新培，等．染色珍珠和辐照珍珠的常规鉴别［J］．宝石和宝石学杂志，2000，（3）：1-3，63-64．
李璐．珍珠首饰设计的色彩应用搭配问题探究［J］．艺术研究，2018（5）：194-195．
李敏，杜锌．自然形态在首饰造型中的应用研究［J］．安徽文学，2017（10）：60-61．
李姝，湛磊．浅析自然在首饰设计与制作中的表达［J］．西部皮革，2020，42（16）：57-58．
李维娜，周怡．浅谈珠宝首饰的趣味性设计［C］//国土资源部珠宝玉石首饰管理中心(NGTC)，中国珠宝玉石首饰行业协会．2011中国珠宝首饰学术交流会论文集．中国地质大学(北京)珠宝学院，2011:5．
李芽．明代耳饰款式研究［J］．服饰导刊，2013，2（1）：13-22．
梁增元．浅谈质量的涵义［J］．黑龙江科技信息，2007（19）：16．
刘芳．探寻首饰中的自然：论首饰设计中自然元素的运用［D］．苏州：苏州大学，2008．
刘宇婷．品牌珠宝的历史和设计风格：以Tiffany、Mikimoto、Dior为例［D］．北京：中国地质大学，2014．
刘云秀．珍珠首饰的创新设计研究［D］．北京：中国地质大学，2020．

罗雪梅．珍珠史话［J］．珠宝科技，1994（3）：10-12．
吕一心，周橙旻．盘扣艺术与串珠艺术相结合的手工首饰创意设计实践［J］家具，2018，39（6）：67-70，79．
马红艳，袁奎荣，邓燕华．浅谈珍珠优化新工艺［J］．中国宝玉石，1997（2）：24-25．
潘炳炎．我国珍珠历史的考证［J］．农业考古，1988（2）：262-271．
裴瑞峰．平面构成在现代首饰设计中的应用研究［D］．北京：中国地质大学，2016．
蒲利云．俯首拾珠：我国珍珠利用的历史［J］．生命世界，2008（6）：38-41．
钱琳萍．珍珠文化论［M］．北京：中外名流出版社，2013．
任进．以中国文化来定位珍珠的产品设计［J］．中国黄金珠宝，2009（2）：56-61．
申柯娅．中国古代的珍珠文化［J］．中国宝玉石，2001（2）：76-77．
沈晓丽．信息时代书籍插图的形式语言［J］．齐鲁艺苑，2007（5）：31-33．
沈志荣．自然瑰宝神奇的珍珠［M］．杭州：浙江大学出版社，2006．
石慧娜．自然元素在当代首饰设计中的表现［J］．明日风尚，2018（12）：26．
宋歌．浅谈清代宫廷首饰［C］//北京画院．大匠之门13．南宁：广西美术出版社，2016．
索斯马兹．视觉形态设计基础［M］．莫天伟，译．上海：上海人民美术出版社，2003．
谭杉．节奏与韵律在现代首饰设计中的应用［J］．艺术与科技，2015（2）：24-25．
唐纳德·诺曼．情感化设计［M］．付秋芳，程进三，译，北京：电子工业出版社，2005．
唐树清．谈现代珍珠饰品的款式设计［J］．中国宝石，2007（1）：193-195．
田欣欣．论平面广告设计思维方法的创新［J］．河南大学学报（社会科学版），2005（4）：137-140．
汪尚．中国古代官员的服饰［J］．决策与信息（下旬刊），2012（11）：66-70．
王超鹰．从异形珍珠到艺形创意［J］．上海工艺美术，2009（4）：36-40．
王春刚．国花元素融入杭州G20峰会礼品设计解析［J］．丝网印刷，2023（5）：15-18．
王方．异形材质饰品化设计：浅谈异形珍珠的首饰设计［C］//国土资源部珠宝玉石首饰管理中心（NGTC），中国珠宝玉石首饰行业协会．2013中国珠宝首饰学术交流会论文集．中国地质大学(北京)珠宝学院，2013：4.
王佳楠．分析动物元素在首饰设计中的视觉表达 [J]. 鞋类工艺于设计,2022 (16)：84-86.
王琦．设计思维与产品设计 [J]. 艺术与设计（理论），2009 (11)：213-215.
王受之．世界现代设计史 [M]. 北京：中国青年出版社，2002.
吴佳恒．艺术设计的后现代主义转向与美学特征研究：以首饰设计为例 [J]. 南京邮电大学学报（社会科学版），2022 (6)：93-99.
吴西．浅析珍珠首饰设计的色彩应用搭配问题 [J]. 山东青年，2015 (6)：42-44.
吴小军．现代首饰的设计元素与创作思维 [J]. 艺海，2013 (1)：86-88.
向祎．材料在装饰设计中的艺术表现 [J]. 美术大观，2009 (7)：122-123.
徐翀，李立平，杨春．淡水珍珠新品种及加工工艺新进展 [J] 宝石和宝石学杂志，2010，12 (1)：3，50-54.
徐光理，陈革．现代首饰设计主题及审美情趣 [J]. 高等职业教育（天津职业大学学报），2007 (4)：59-61.
徐可．异形珍珠饰品的设计构想 [J]. 宝石和宝石学杂志，2013，15 (4)：83-85.
徐丽燕，吴宣润，汪美凤，等．异形珍珠产品设计方法研究 [J]. 山东纺织经济，2016 (12)：10，14-15.
许国蕤．男性首饰设计的影响因素及未来形态探索 [D]. 北京：北京服装学院，2017.
许海禄．浅谈平面广告设计的创新模式 [J]. 建材与装饰（中旬刊），2007 (10)：26-28.
阳琳，周怡．中国珍珠首饰设计初探：以香奈儿和御木本为例 [C] //国土资源部珠宝玉石首饰管理中心(NGTC)，中国珠宝玉石首饰行业协会．2011中国珠宝首饰学术交流会论文集．中国地质大学(北京)珠宝学院，2011：4.
杨晶晶．优雅态度：珍珠饰品的设计定位及其文化推广 [D]. 北京：中国地质大学，2009.
杨井兰，张艳婕．首饰中宝石的色彩搭配 [J]. 中国宝玉石，2007 (2)：103-105.
杨静兮．元大都蒙古族妇女服饰探究 [J]. 首都博物馆论丛，2014 (00)：312-318.
杨军，赵素鹏，李映华．珍珠加工工艺探析 [J]. 科技创新与应用，2018 (2)：66-68.
杨天舒，丛劲涛．节奏与韵律在艺术设计中的体现 [J]. 辽宁工学院学报（社会科学版)，2004（6）：60-61.
杨中雄，陈敏．异形珍珠在现代珠宝设计中的运用［J］．艺术教育，2018（21）：225-226.
于鸿雁．物华天宝最怡人：小手串，大收藏［M］．北京：电子工业出版社，2014.
袁嘉蔚．异形珍珠在现代珠宝首饰设计中的运用［D］．北京：中国地质大学，2014.
苑洪琪．珍珠与清代后妃首饰［J］．中国宝石，2001（3）：57-59.
张夫也．外国工艺美术史［M］．北京：中央编译出版社，2002.
张丽辉．浅析首饰设计中的材质因素［J］．中国宝玉石，2008（3）：96-97.
张莉．现代首饰设计对古代饰品文化的继承与发展［D］．北京：中国地质大学，2008.
张美．亚欧地区珍珠首饰研究［D］．北京：中国地质大学，2019.
张娜，张小平．发散思维在首饰设计中的应用［J］．艺术与科技，2015（2）：22.
张卫峰．饰品设计的内在寓意——论绳结艺术［J］．南京艺术学院学报（美术与设计版)，2008（6）：131-133.
张艳红．图形设计教学中思维能力的培养［J］．教育探索，2008（8）：79-80.
张羽，刘继华．“畸形的珍珠”也是珍珠：巴洛克的启示［J］．华中建筑，2008，26（12）：12-17.
赵剑侠．首饰设计中材料的自然形态表现研究［D］．石家庄：河北科技大学，2014.
郑恒有．珍珠与权力［J］．中国宝玉石，2000（4）：59.
郑金武．中国原创力量论坛呼吁专注产品研究［N］．中国科学报，2016-11-18.
周良，陈德琥．澄怀·味象·观道与现代异形珍珠饰品设计［J］．安徽理工大学学报（社会科学版)，2018，20（3）：93-96.
周良，张慧光．从异形珍珠设计看当代饰品消费倾向［J］．怀化学院学报，2017，36（7）：113-115.
周良．现代珍珠首饰的设计类型［J］．才智，2013（35）：294.
朱欢．浅析当代自然风格首饰的设计思路［J］．艺术与设计，2009（10）：279-281.

后记

笔者开始接触珍珠首饰行业应从2014年算起，一方面得益于从教的学校坐落于素有“中国珍珠之都”之称的浙江省诸暨市，有更多的机会接触和了解珍珠行业，另一方面是个人热衷于时尚设计和研究的兴趣之使然，多年来在教学工作之余，经常光顾诸暨华东国际珠宝城市场，走访调研珍珠企业，对珍珠首饰行业发展现状有了大致的了解。此外，还经常利用参加浙江省内外各种珠宝首饰博览会和学术研讨会机会，广泛接触珠宝行业企业家、专家和学者，对珍珠及珠宝行业有了更深的认识。2020年6月，浙江省诸暨市政府与浙江农林大学暨阳学院联合创办的地方特色产业学院——中国珍珠学院成立，笔者作为产业学院主要负责人和相关专业负责人，主持或参与了产业学院的发展规划和人才培养方案的制定与组织实施，特别是在应用型人才培养方面，结合产业发展，以珍珠产业及企业对人才的需求为向导，以珍珠产业转型升级为目标，将行业、企业的先进技术、设备、项目、理念等引入学院，建设了符合珍珠产业特色鲜明的专业（群），成为绍兴地区珍珠产学研融合协同育人示范平台，同时为诸暨市的珍珠行业企业解决生产实践中的一批具体问题和难题提供智力支撑。通过创新链、产业链和教育链“三链”融合的培养模式，发展成为服务珍珠特色产业的技术创新和人才供应基地，为地方输送培养服务区域经济发展的高水平国际化珍珠产业人才，得到地方政府、行业专家和企业商家的充分肯定，在省内外产生了一定的影响。此专著是浙江省教育科学规划2022年度一般规划课题“地方高校产业学院产学研协同育人模式的构建与实施——以中国珍珠学院为例”（项目编号：2022SCG353）的研究成果。

这本专著的顺利完成，要感谢诸位专家学者和行业界有识之士的鼎力支持和倾情奉献。在此，特别鸣谢：中国珠宝玉石首饰行业协会副会长、秘书长毕立君，中国珠宝玉石首饰行业协会专职副会长、中宝协珍珠分会会长史洪岳，浙江省珍珠行业协会会长陈夏英，秘书长何铁元等；设计教育界著名专家、中国美术学院教授、国家艺术基金评委、浙江树人大学艺术学院院长赵燕，中国地质大学（武汉）珠宝学院院长、教授尹作为，中国美术学院副教授倪献鸥，北京服装学院副教授胡俊等。国内知名珍珠企业和优秀企业家包括：浙江阮仕珍珠股份有限公司董事长阮铁军，诸暨华东国际珠宝城有限公司董事长何建良、副总裁鲁丹萍，浙江千足珍珠股份有限公司董事何永吉，浙江亿达珍珠有限公司董事长何伟永，黛米（香港）珠宝集团董事会主席郑宗斌，浙江长生鸟健康科技股份有限公司董事长阮华君，浙江胡庆余堂本草药物有限公司董事党支部书记何延东，浙江清湖控股集团有限公司董事长郭伟锋，浙江东方神州珍珠集团有限公司董事长詹伟建，国家珠宝玉石首饰检验集团有限公司诸暨实验室总经理周淞崧，浙江省黄金珠宝饰品质量检验检测中心主任严雪俊，浙江星达汇电子商务有限公司总经理沈敏，诸暨市瑞雅珠宝有限公司总经理陈颖之，浙江辉宝珍珠有限公司董事何亚萍，诸暨市九蝶电子商务有限公司总经理陈刘琼等。他们在繁忙工作之余，或欣然作序，或提出宝贵的建议，或提供珍贵的史料和图片资料，或接受调研访谈等等。本书得到浙江农林大学暨阳学院中国珍珠学院资助项目（项目编号：PCC2021F03）资助，在此一并致谢！

图书在版编目（CIP）数据

珠光溢彩：珍珠首饰艺术 / 王静敏，汪洋著. —
北京：中国农业出版社，2024.4
ISBN 978-7-109-31909-7

Ⅰ.①珠… Ⅱ.①王… ②汪… Ⅲ.①珍珠—首饰—
设计 Ⅳ.①TS934.3

中国国家版本馆CIP数据核字（2024）第082644号

中国农业出版社出版
地址：北京市朝阳区麦子店街18号楼
邮编：100125
责任编辑：张潇逸 边 疆
版式设计：杨 婧 责任校对：吴丽婷
印刷：北京中科印刷有限公司
版次：2024年4月第1版
印次：2024年4月北京第1次印刷
发行：新华书店北京发行所
开本：700mm×1000mm 1/16
印张：16.5
字数：250千字
定价：98.00元